口絵 1 薄片の偏光顕微鏡写真（いずれも，クロス・ニコル）
(a) 累帯構造とアルバイト式双晶が発達した斜長石，(b) セクター累帯構造を示すゾイサイト (Enami, 1977)，(c) 玄武岩，中央の斑晶はカンラン石，石基の部分は，主に斜長石，単斜輝石とガラス相からなる，(d) 斑れい岩，主に，斜方輝石（単斜輝石の離溶ラメラをもっている），単斜輝石と斜長石からなっている．（本文 1.4.7，1.4.8 項，4.1 節参照）

口絵 2 主な岩石の写真
(a) 玄武岩中のレールゾライト捕獲岩，(b) ミグマタイト，(c) 泥質片麻岩，(d) 泥質片岩，(e) 泥質ホルンフェルス，(f) エクロジャイト．（本文 6.1，8.1 節，8.1.1，8.1.2，10.1.6 項参照）
（写真 (b)〜(e) は，日本地質学会地質基準委員会 編著 (2003) より引用）

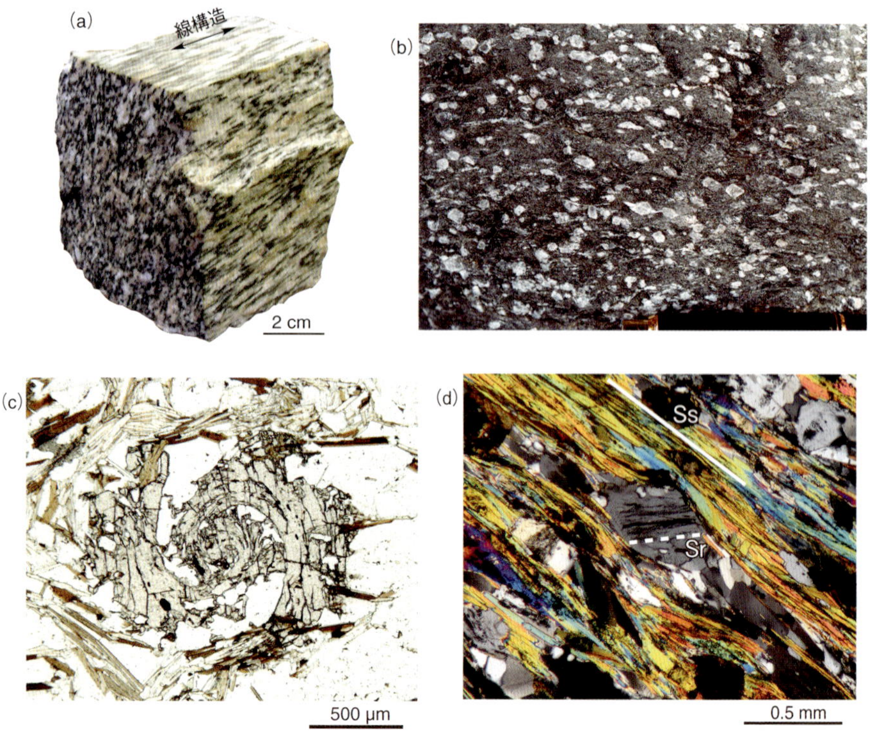

口絵3 岩石試料や薄片に認められる変形構造

(a) テクトナイト（線構造は顕著であるが，面構造は発達していない），(b) 曹長石の斑状変晶（白色の粒）が発達した塩基性片岩，(c) 回転をしながら成長したことを示す変泥質岩中のザクロ石の偏光顕微鏡写真（偏光顕微鏡写真オープン・ニコル）(Ikeda *et al*., 2002)，(d) 曹長石斑状変晶中に残された古い面構造（Sr）とそれと斜行する基質部の新しい面構造（Ss）（偏光顕微鏡写真クロス・ニコル）(Mori and Wallis, 2010)．（本文 8.3 節参照）（写真 (a) および (b) は，日本地質学会地質基準委員会 編著（2003）より引用）

口絵4 露頭で認められる変形構造

(a) 泥質片岩中の変形した石英レンズ，(b) 泥質片岩を切る変形した共役脈（脈1は伸長，脈2は短縮）と礫（片羽矢印は，せん断方向を示す）．（本文 8.3 節参照）（両写真は，日本地質学会地質基準委員会 編著（2003）より引用）

現代地球科学入門シリーズ
大谷栄治・長谷川昭・花輪公雄［編集］

Introduction to
Modern Earth Science Series

16

岩石学

榎並正樹［著］

共立出版

現代地球科学入門シリーズ
Introduction to Modern Earth Science Series

編集委員

大谷 栄治・長谷川 昭・花輪 公雄

現代地球科学入門シリーズ
刊行にあたって

読者の皆様

　このたび『現代地球科学入門シリーズ』を出版することになりました．近年，地球惑星科学は大きく発展し，研究内容も大きく変貌しつつあります．先端の研究を進めるためには，マルチディシプリナリ，クロスディシプリナリな多分野融合的な研究の推進がいっそう求められています．このような研究を行うためには，それぞれのディシプリンについての基本知識，基本情報の習得が不可欠です．ディシプリンの理解なしにはマルチディシプリナリな，そしてクロスディシプリナリな研究は不可能です．それぞれの分野の基礎を習得し，それらへの深い理解をもつことが基本です．

　世の中には，多くの科学の書籍が出版されています．しかしながら，多くの書籍には最先端の成果が紹介されていますが，科学の進歩に伴って急速に時代遅れになり，専門書としての寿命が短い消耗品のような書籍が増えています．このシリーズでは，寿命の長い教科書を目指して，現代の最先端の成果を紹介しつつ，時代を超えて基本となる基礎的な内容を厳選して丁寧に説明しています．

　このシリーズは，学部2～4年生から大学院修士課程を対象とする教科書，そして，専門分野を学び始めた学生が，大学院の入学試験などのために自習する際の参考書にもなるよう工夫されています．それぞれの学問分野の基礎，基本をできるだけ詳しく説明すること，それぞれの分野で厳選された基礎的な内容について触れ，日進月歩のこの分野においても長持ちする教科書となることを目指しています．すぐには古くならない基礎・基本を説明している，消耗品ではない座右の書籍を目指しています．

　さらに，地球惑星科学を学び始める学生・大学院生ばかりでなく，地球環境科学，天文学・宇宙科学，材料科学など，周辺分野を学ぶ学生・大学院生も対象とし，それぞれの分野の自習用の参考書として活用できる書籍を目指しました．また，大学教員が，学部や大学院において講義を行う際に活用できる書籍になることも期待致しております．地球惑星科学の分野の名著として，長く座右の書となることを願っております．

編集委員一同

はじめに

本書の原稿執筆のゴールがかすかに見え始めたころ，統合国際深海掘削計画（IODP）が実施している地球深部探査船「ちきゅう」による八戸沖合での掘削が，海底下 2,111 m（水深 1,180 m）を超え，海洋科学掘削の世界最深度記録を更新したとのニュースが流れた．ところで，人類が掘削してこれまでに到達した地球の最深部は，地表から 12,261 m（Kola Superdeep Borehole）であり，そこからは片麻岩や角閃岩が採取されている（Kozlovsky, 1987）．約 12 km という値は，地球の半径（およそ 6,400 km）に比べてあまりにも小さい．すでに 40 年以上前には，地球から約 38 万 km 離れた月に人類が降り立って，そこにある岩石を地球に持ち帰った．そして，小惑星探査機「はやぶさ」が 7 年間の旅の末に「イトカワ」からのサンプルリターンを成功させた今日においても，地球内部の様子を直接観察することは，ほとんど不可能である．火成岩や変成岩は，そんなわれわれ宛に地球内部から発送された小包だと思う．

本書は，筆者が学部向け講義として行っている「岩石学：Petrology」の内容を基本としており，この分野の基礎的な知識について学ぶための学部や大学院向けの教科書を想定して書かれている．

第 1 章では，鉱物の分類や特徴を理解するときに必要となる，結晶構造や結晶化学の基礎について述べたのちに，鉱物がもつ主な性質についてまとめる．主な造岩鉱物について述べる第 2 章は，本書を読んでいてわからない鉱物が出てきたときに，戻って読むことを想定して書いてある．鉱物学や結晶学に関するさらに詳しい解説は，本シリーズ第 11 巻『鉱物学・結晶成長学』や第 13 巻『地球内部の物質科学』，そして Deer, Howie and Zussman 著，Rock-Forming Minerals シリーズなどを参照してほしい．

第 3 章では，相平衡図や鉱物の安定関係を理解するために必要な，岩石・鉱物的熱力学の基礎を，代表的な多形鉱物である Al_2SiO_5 相を例に解説する．さらに詳しく理解したい読者は，14.3 節などで触れてあるので，そちらを参照してほしい．

はじめに

　第4章から第7章では，火成岩とその成因について，主に相平衡岩石学（phase petrology）に基づいて解説する．第4章では火成作用と火成岩について概観し，第5章では，第6章で述べるマグマの形成と結晶作用を理解するために必要な相平衡（phase equilibrium）の基礎について述べる．第7章では，花こう岩質岩の成因について概説する．なお，火成岩の分野で，その成因やテクトニクスとの関係を論じるうえで重要な情報となっている微量元素や同位体については，ほとんど取り上げていない．それらについては，本シリーズ第12巻『地球化学』そして野津・清水（2003）などを参照してほしい．また，第7巻『火山学』とは内容的に重なる部分も多いと推測するが，本書は火成岩を専門としてない筆者の切り口で書かれているので，補完的に読んでほしい．

　第8章から13章では，変成岩とそれに関係するテクトニクスについて解説する．第8章では変成作用と変成岩について概観し，第9章では，第10章で述べる変成相と変成相系列を理解するために必要な鉱物共生と反応関係の基礎についてまとめてある．第11章と12章では，変成作用を定量的に扱うための方法を解説する．そして，第13章では，変成岩分野研究の一里塚となった，超高圧変成岩と超高温変成岩の発見とその後の研究について紹介する．

　第14章では，第13章までには書くことができなかったが重要である事項について述べるとともに，岩石学・鉱物学関係のデータベースやソフトウェアが公開されているホームページのアドレスを紹介する．また，章末の所々に，〈ぶらり途中下車〉と題して，私の思い出を中心にして書いたコラムを載せた．お茶を飲みながらでも読んでいただければうれしい．

　なお，本書で書ききれなかった大きな項目に，堆積岩，変形岩と鉱床がある．このうち，堆積岩については本シリーズ第9巻『地球のテクトニクスⅠ堆積学・変動地形学』，変形岩については第10巻『地球のテクトニクスⅡ構造地質学』と第14巻『地球物質のレオロジーとダイナミクス』に詳しい解説がある．また，鉱床については『鉱床学概論』（飯山，1989）などを参考にしてほしい．火成岩や変成岩・変形岩の組織も重要であるが，ほとんどふれることができなかった．これについては，Bard（1986）などの教科書があるので，必要に応じて参照してほしい．

　本書を著すにあたり，池田 剛氏，佐藤博明氏，纐纈佑衣氏，大谷栄治氏には全章にわたって，中野聰志氏には第1章と2章を，そして坂野靖行氏には第2

章に目を通して，誤りの指摘とともに貴重な多くのコメントをいただいた．また，廣井美邦氏，原山 智氏，海野 進氏は，私の質問に丁寧に答えていただいた．それらを参考に，原稿は何度も改訂されたが，もし記述に不正確な点があれば，それはコメントなどの内容を完全には理解できなかった筆者の浅学の所為である．なお，廣井美邦氏（口絵 2b），池田 剛氏（口絵 3c），森 宏氏（口絵 3d）および S. Wallis 氏（口絵 4b）からは，写真を提供していただいた．

大谷栄治氏から本書の執筆を勧めていただいたのは 2011 年の秋であった．2012 年夏にやっと全体の章立てができ，ゴールが見えたかと思ったが，そこは真夏の逃げ水のように，追いかけても追いかけてもなかなかたどり着くことができないところであった．それにもかかわらず，現代地球科学入門シリーズの編集委員の方々と共立出版の信沢孝一氏と三輪直美氏には，根気よく出版へ繋げていただいた．以上の方々に，厚くお礼申し上げます．

最後に，大学時代の恩師である故坂野昇平先生には，卒業した後も折に触れてさまざまなことを教えていただくなど，たいへんお世話になった．しかし，それらをここに書ききることはとてもできない．遅きに失したことをお詫びしつつお礼を申し上げるとともに本書を捧げます．

2013 年 春弥生

榎 並 正 樹

目　次

第1章　惑星を構成する物質―岩石と鉱物　1
- 1.1　はじめに　1
- 1.2　鉱物の分類　3
- 1.3　ケイ酸塩鉱物とその分類　7
- 1.4　鉱物の性質　9
  - 1.4.1　結晶面と結晶形　10
  - 1.4.2　双晶と連晶　11
  - 1.4.3　劈開　12
  - 1.4.4　多形・同形　12
  - 1.4.5　秩序-無秩序相転移　13
  - 1.4.6　固溶体　14
  - 1.4.7　組成累帯構造　15
  - 1.4.8　離溶　16

第2章　主要な造岩鉱物　19
- 2.1　石英とその多形　19
- 2.2　長石族と準長石族　22
  - 2.2.1　長石族　22
  - 2.2.2　準長石族　25
- 2.3　雲母族　26
- 2.4　輝石族　28
- 2.5　角閃石族　32
- 2.6　カンラン石族　35
- 2.7　ザクロ石族　36
- 2.8　その他の鉱物　37

目　次

  2.8.1　スピネル族鉱物 37
  2.8.2　鉄–チタン酸化鉱物 37
  2.8.3　炭酸塩鉱物 38
  2.8.4　緑れん石族鉱物 39
  2.8.5　パンペリー石，ぶどう石 39
  2.8.6　ローソン石 40
  2.8.7　十字石 40
  2.8.8　菫青石 41

第 3 章　相平衡を理解するために　43

 3.1　相　律 43
  3.1.1　ギブズの相律 43
  3.1.2　ゴールドシュミットの鉱物学的相律 44
  3.1.3　コルジンスキーの開いた系の鉱物学的相律 . . 45
 3.2　1 成分系の相平衡図 45
  3.2.1　相律と相平衡 45
  3.2.2　シュライネマーカースのルール 46
  3.2.3　クラウジウス–クラペイロンの式 47
  3.2.4　鉱物の安定・不安定 49
 3.3　流体が関与する反応 50

第 4 章　火成作用と火成岩　55

 4.1　組織による分類 55
 4.2　化学組成による分類 56
  4.2.1　SiO_2 量による分類 56
  4.2.2　SiO_2–(Na_2O+K_2O) 図による分類 59
 4.3　鉱物モード組成による分類 60
 4.4　火成岩・マグマの化学組成と物性 62

第 5 章　メルトが関与した相平衡図の基礎　64

 5.1　2 成分完全固溶体系 64

目次

 5.2 固溶体を含まない2成分共融系 66
 5.3 部分的に固溶体をなす2成分共融系 68
 5.4 2成分反応系 69
 5.5 3成分共融系 71

第6章　火成岩（マグマ）の化学組成の多様性　75
 6.1 初生マグマ 75
 6.2 初生マグマの平衡結晶作用 79
 6.3 初生マグマの分別結晶作用 80
 6.4 玄武岩質マグマの多様性 81
 6.5 玄武岩質マグマの生成深度と化学組成 84
 6.6 テクトニクス場と玄武岩マグマ 88
  6.6.1 火成活動の場は偏在している 88
  6.6.2 プレート発散境界の火成活動 90
  6.6.3 プレート収束境界の火成活動 92
  6.6.4 プレート内火成活動 93
  6.6.5 玄武岩マグマの化学組成 96
 6.7 安山岩マグマ 97
  6.7.1 高 Mg 安山岩とアダカイト 98
  6.7.2 非アルカリマグマ系列と安山岩 100

第7章　花こう岩質岩　102
 7.1 化学組成の特徴 102
 7.2 花こう岩質マグマの生成 105
  7.2.1 単純系での融解実験 106
  7.2.2 天然の岩石の融解実験 108
 7.3 花こう岩質岩の固結深度 110
  7.3.1 角閃石を含む組合せ 111
  7.3.2 マグマ起源の緑れん石を含む花こう岩質岩 114

目　次

第8章　変成作用と変成岩　117
- 8.1 変成作用とは　117
  - 8.1.1 広域変成作用　119
  - 8.1.2 接触変成作用　120
  - 8.1.3 衝撃変成作用　122
- 8.2 原岩による分類　123
  - 8.2.1 泥質変成岩　123
  - 8.2.2 石英長石質変成岩　123
  - 8.2.3 石灰質変成岩　124
  - 8.2.4 塩基性変成岩　124
  - 8.2.5 超塩基性変成岩　124
- 8.3 組織と構造　124

第9章　鉱物共生と反応関係の理解　128
- 9.1 2成分系の相図　128
- 9.2 3成分系　131
- 9.3 多成分系の取扱いと組成−共生図　134

第10章　変成相と変成相系列　138
- 10.1 変成相　139
  - 10.1.1 沸石相　139
  - 10.1.2 ぶどう石−パンペリー石相〜パンペリー石−アクチノ閃石相　140
  - 10.1.3 緑色片岩相〜緑れん石−角閃岩相〜角閃岩相　142
  - 10.1.4 グラニュライト相　145
  - 10.1.5 青色片岩相　146
  - 10.1.6 エクロジャイト相　147
- 10.2 変成相系列とテクトニクス　148

第11章　変成条件の定量的取扱い　155
- 11.1 反応関係の理解　155

11.2 岩石成因論的グリッド	157
11.3 温度-圧力シュードセクション法	160
11.4 地質温度圧力計	160
11.4.1 組成間隙を利用した温度計	161
11.4.2 鉱物増減反応	162
11.4.3 交換反応	164
11.5 その他の変成条件推定法	165
11.5.1 炭質物の石墨化度	165
11.5.2 ラマン圧力計	166
11.6 変成作用と流体組成	167
11.7 岩石の部分融解	170

第12章　温度-圧力経路　　174

12.1 温度-圧力経路とテクトニクス	174
12.2 温度-圧力経路の解析	176
12.2.1 包有物を利用した方法	177
12.2.2 ギブズ法	181
12.2.3 シュードセクション法の利用	184

第13章　超高圧変成作用・超高温変成作用　　186

13.1 超高圧変成岩	187
13.2 超高温変成岩	189

第14章　付　録　　194

14.1 鉱物化学組成の取扱い	194
14.2 CIPWノルム	197
14.3 岩石学と熱力学	203
14.3.1 化学平衡	203
14.3.2 固溶体鉱物を含む反応	204
14.3.3 流体が関与する反応	207
14.3.4 準安定状態	208

目　次

　　14.4 岩石学・鉱物学関係データベースとソフトウェア 210

参考文献 213

索　　引 245

欧文索引 248

岩石・鉱物名索引 251

コラム目次

〈ぶらり途中下車 1〉　地球惑星科学と科学 17
〈ぶらり途中下車 2〉　スズメ百まで？ 41
〈ぶらり途中下車 3〉　偏光顕微鏡観察をしよう 53
〈ぶらり途中下車 4〉　三角ダイヤグラム 73
〈ぶらり途中下車 5〉　チベット高原 101
〈ぶらり途中下車 6〉　世界一若い露出した花こう岩質岩 116
〈ぶらり途中下車 7〉　変成作用と交代作用 126
〈ぶらり途中下車 8〉　現在進行形の変成作用 154
〈ぶらり途中下車 9〉　分析精度・検出限界 172
〈ぶらり途中下車 10〉　すべてのわざには時がある 193

第1章 惑星を構成する物質——岩石と鉱物

1.1 はじめに

1969〜72年のアポロ計画月面探査によって,月の表面には玄武岩と地球上では比較的まれな斜長岩(anorthosite)[1]が広く分布することが明らかとなった(Anderson, 1973).また,はやぶさ探査機が持ち帰った近地球型小惑星イトカワ試料からは,カンラン石,輝石や斜長石などが同定された(野口ほか,2012).

岩石(rock)は,地球や地球型惑星,小惑星や衛星を構成する主要な物質であり,複数の(まれには1種類)の鉱物(mineral)の集合体である.したがって,岩石の密度などの物性や化学組成上の特徴は,それを構成する鉱物種やその集合状態と密接に関係している.一般に鉱物は,(1) 三次元的に規則正しい原子配列(**結晶構造**:crystal structure)をもち,(2) 化学組成(chemical composition)的にほぼ均質で一定の化学式で表現され,(3) 自然過程によってできた無機物[2],という3条件を満たしている(森本,1989).そして,そのほとんどは常温・常圧

---

[1] 斜長石(多くの場合,90vol%以上)と少量の輝石やカンラン石などからなる火成岩.月の高地を構成する主要な岩石.地球上の斜長岩は主に先カンブリア時代に形成されたものであり,クラトン(craton)とよばれる古い大陸地殻を構成している.
[2] 鉱物は,歯や骨(リン灰石など)や殻(炭酸塩鉱物など)などの硬組織のように,生命活動によって直接形成される場合や,生物が環境と物質のやりとりを行うなかで誘導されて生成する場合(Feの酸化鉱物,炭酸塩鉱物や硫酸塩鉱物など)もある.その過程を,バイオミネラリゼーション(biomineralization)という(Dove *et al.*, 2003).

においては固体[3]であり，それぞれ固有の物理的・化学的性質をもっており，ある温度・圧力範囲のもとで安定に存在する．なお，こうした鉱物の中には，メキシコ・Naica 鉱山から報告された長さ 11 m に達するセッコウ（石膏，gypsum：$CaSO_4·2H_2O$）の単結晶（single crystal）のように，想像を超える大きさのものも存在する（Garcia-Ruiz et al., 2007）．なお，上記の定義を厳密に適用しようとすると不都合な場合もあり，実際にはかなり柔軟な対応がなされている．たとえば，きちんとした結晶構造をもたない非晶質（amorphous）のオパール（opal：$SiO_2·nH_2O$）なども鉱物として扱われる．また，最近ではカルパチア石（karpatite：$C_{24}H_{12}$，単斜晶系）のような炭化水素鉱物や，千葉石（chibaite：$SiO_2·n(CH_4, C_2H_6, C_3H_8, C_4H_{10})$（$n \leq 3/17$），立方晶系）のように，結晶構造中に CH_4（メタン）などを安定に含んでいるケイ酸塩鉱物なども報告されており，有機界との関わりが注目されている．

　人工的に作られた**結晶**（crystal）の種類はきわめて多いが，それらのうち自然界で安定に存在していることが報告され，国際鉱物連合（International Mineralogical Association：IMA）で承認されている鉱物は，2012 年現在約 4,800 種類にすぎない（http://www.ima-mineralogy.org/Minlist.htm）．しかも，推定された岩石の平均的な鉱物組成・鉱物量比（mineral composition）によれば，地球の最外縁部である地殻（crust）内に 1 体積％（vol％）以上存在する鉱物は，斜長石，カリ長石[4]，石英，角閃石，輝石，黒雲母，磁鉄鉱・チタン鉄鉱（イルメナイト）とカンラン石である（図 1.1）．これらのように，主な火成岩，変成岩や堆積岩を構成する鉱物を**造岩鉱物**（rock-forming minerals）という．そして，とくに長石類，石英，角閃石，輝石，雲母類とカンラン石を主要造岩鉱物，それ以外の造岩鉱物を**副成分鉱物**（accessory minerals）とよぶことがある．地殻の下は，モホロビチッチ不連続面（Mohorovičić discontinuity）を境界として深さ 2,900 km のグーテンベルグ不連続面（Gutenberg discontinuity）までを**マントル**（mantle）といい，そこから地球の中心部までを**核**（core）とよぶ．核は主に

---

[3] 例外として，自然水銀（mercury：Hg）や南極石（antarcticite：$CaCl_2·6H_2O$）のように常温・常圧で液体の鉱物も存在する．
[4] 鉱物学の分野では，K_2O に富む長石をアルカリ長石とよぶ場合も多いが，本書ではカリ長石とよび，カリ長石と曹長石の固溶体を表現する場合にアルカリ長石という名称を用いる．

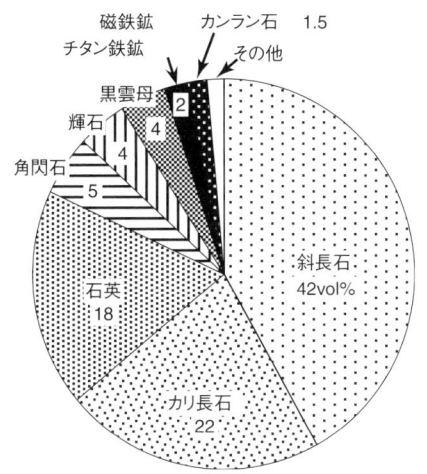

図 1.1　主要な鉱物の地殻存在度（Wedepohl, 1971）
ここに挙げられている鉱物のうち，磁鉄鉱とチタン鉄鉱以外はすべてケイ酸塩鉱物である．

金属鉄からなっており，深さ 5,100 km を境界として，流体の外核と固体の内核に区分される．固体地球の体積の約 83% を占めるマントルは，深さ約 410 km と 660 km を境として，上部マントル，マントル遷移相と下部マントルの 3 層に分けられる．このうち，上部マントルを主に構成する**カンラン岩**（peridotite）は，その 60vol% 以上がカンラン石，そして，残りが輝石と Al_2O_3 を主要な構成元素として含む斜長石，スピネルまたはザクロ石からなる（大谷，2005）．したがって，われわれが普段観察することができる地殻と上部マントルに由来する岩石は，主に 8 種類（グループ）程度の鉱物によって構成されていることになる．この章では，鉱物の分類と性質および結晶化学の基礎について述べ，主な造岩鉱物の特徴については第 2 章で述べる．

1.2　鉱物の分類

　鉱物を一定の原理に基づいて分類しようとする試みは古くからなされ，いくつかの基準が提案されてきた．鉱物の定義のひとつは，三次元的に規則正しい原子配列からなり，一定の対称性（symmetry）をもつことである．言い換えると，

第 1 章 惑星を構成する物質－岩石と鉱物

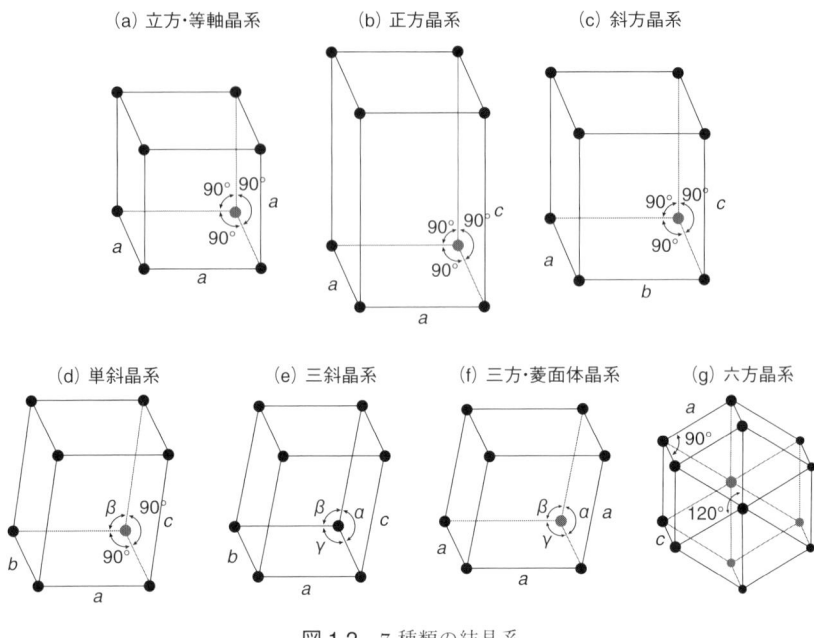

図 1.2　7 種類の結晶系

鉱物は基本となる構造単位（structural unit）が三次元的に繰り返して形成されている．この繰返しの基本単位が**単位格子**または**単位胞**（unit cell）とよばれている．単位格子の対称性と大きさを定めるのは，**結晶軸**（crystal axis）の長さ a, b, c とそれらがなす角度（**軸角**：axial angle）[5] $α$, $β$, $γ$ であり，これらは格子定数（lattice constants）とよばれる．単位格子の対称性に着目すると，鉱物の基本単位は，立方または等軸（cubic），正方（tetragonal），斜方（orthorhombic），単斜（monoclinic），三斜（triclinic），三方または菱面体（trigonal）および六方（hexagonal）の 7 種類となる（図 1.2，表 1.1）．これは，鉱物を分類するときの，最も一般的な基準として用いられており，**晶系**（crystal system）とよばれている．

鉱物がある一定の化学組成をもっていることに注目し，化学組成を基礎として結晶化学的な立場から鉱物を分類する方法も，鉱物の化学組成と結晶構造と

---

[5] 軸角 $α$, $β$, $γ$ は，それぞれ bc, ac, ab 軸のなす角度と定義されている．

1.2 鉱物の分類

表 1.1 7つの結晶系

結晶系	結晶軸	軸　角
立方・等軸晶系	a	$\alpha = \beta = \gamma = 90°$
正方晶系	$a \neq c$	$\alpha = \beta = \gamma = 90°$
斜方晶系	$a \neq b \neq c$	$\alpha = \beta = \gamma = 90°$
単斜晶系	$a \neq b \neq c$	$\alpha = \gamma = 90°, \beta > 90°$
三斜晶系	$a \neq b \neq c$	$\alpha \neq \beta \neq \gamma \neq 90°$
三方・菱面体晶系	a	$\alpha \neq \beta \neq \gamma \neq 90°$
六方晶系	$a \neq c$	$\beta = 90°, a \wedge a = 120°$

表 1.2 鉱物の化学組成による分類

分類	例	
	鉱物名	化学組成
元素鉱物（native element minerals）	石墨，ダイヤモンド	C
硫化鉱物（sulfide minerals）	黄鉄鉱	FeS_2
酸化鉱物（oxide minerals）	磁鉄鉱	Fe_3O_4
ハロゲン化鉱物（halide minerals）	岩塩	NaCl
炭酸塩鉱物（carbonate minerals）	方解石	$CaCO_3$
硫酸塩鉱物（sulfate minerals）	硬セッコウ	$CaSO_4$
リン酸塩鉱物（phosphate minerals）	リン灰石	$Ca_5(PO_4)_3(F,Cl,OH)$
ケイ酸塩鉱物（silicate minerals）	カンラン石	$(Mg, Fe^{2+})_2SiO_4$

の間の密接な関係を明らかにする意味で広く採用されている．この分類方法では，元素鉱物（native element minerals）以外は，含まれる陰イオン（anion）の性質が分類の基本となっている．これは，陰イオンが陽イオン（cation）と結合して電気的に中性な鉱物が形成されるからである．そして，酸化鉱物（oxide mineral）や硫化鉱物（sulfide minerals）のように陰イオンが単一である場合，炭酸塩鉱物（carbonate minerals）のように錯陰イオン（complex anion）である場合，そして**ケイ酸塩鉱物**（silicate minerals）のようにより複雑な陰イオングループをなす場合に大別される（表 1.2）．

ところで，地殻の平均化学組成を重量％（wt％）単位でみると，多い順に O, Si, Al, Fe, Ca, (Na, K, Mg) であり，これら 8 種類の元素が全体のほぼ 99％ を

第 1 章 惑星を構成する物質－岩石と鉱物

表 1.3 地球の組成の推定値

元素	地殻 平均			大陸	海洋	平均	ケイ酸塩地球 始原的マントル	地球全体
	重量%	原子数%	体積%	重量%	重量%	重量%	重量%	重量%
O	46.60	62.55	91.7	45.6	43.9	46.1	45.1	28.65
Si	27.72	21.22	0.2	26.8	23.1	27.1	23.3	14.76
Ti				0.5	0.9	0.5	0.1	0.08
Al	8.13	6.47	0.5	8.4	8.5	9.5	1.9	1.32
Cr				0.0	0.0	0.0	0.3	0.47
Fe	5.00	1.92	0.5	7.1	8.2	5.8	6.2	35.98
Mn				0.1	0.1	0.1	0.1	0.05
Mg	2.09	1.84	0.4	3.2	4.6	2.1	21.2	13.56
Ca	3.63	1.94	1.5	5.3	8.1	5.4	2.1	1.67
Na	2.83	2.64	2.2	2.3	2.1	2.6	0.3	0.14
K	2.59	1.42	3.1	0.9	0.1	1.2	0.0	0.02
Ni				0.0	0.0		0.2	2.02
出典	(1)			(2)	(2)	(3)	(2)	(1)

(1) Mason and Moore (1982), (2) Taylor and McLennan (1985), (3) Taylor (1977).

占めている（表 1.3）[6]．そのなかでも酸素が約 46wt% と際立って多く，この優位性は数値を原子数比や体積比に換算するとさらに著しくなる．地球化学の巨人 Goldschmidt（1888～1947）が述べたように，地殻やマントルは酸素圏なのである．われわれは酸素の中で暮らしている．さらに，2 番目に多い Si をあわせると全体の重量は，地殻では 73～74wt%，始原的マントル（地殻＋マントル）でも 68wt% に達する．したがって，表 1.2 で陰イオンに注目すると鉱物は 8 以上のグループに分けられることを示したが，地殻やマントルを構成する鉱物種の大部分はケイ酸塩鉱物に属する．

---

[6] 地球全体の質量の約 67% を占めるマントルは，主にカンラン岩（図 4.4 参照）に相当する組成からなると推定され，地殻に比べると Mg を多く含み Si に乏しい．また，核は Fe と少量の軽元素の合金からなると考えられている．したがって，wt% で比較すると固体地球全体を構成する元素は，多い順に Fe, O, Si および Mg となる（表 1.3）．ただし，核にも数 wt% の Si や O が含まれ，地球全体の平均組成も O > Fe であるとする考えもある（Allègre et al., 1995）．

1.3　ケイ酸塩鉱物とその分類

　Mason（1917～2009）は，彼の著書 "Principles of Geochemistry"（Mason, 1966）で「地殻は本質的に酸素イオンが詰めこまれた物質なので，ケイ素や普通の金属のイオンはそれをのりづけしているのである」（松井・一国，1970）と述べている．すなわち多くの鉱物は，酸素の海の中に，他の原子が規則正しく配列して形成されている．そして，1つの原子の周囲を取り巻く反対電荷をもつ最近接原子の立体配置が配位であり，その数を**配位数**（coordination number）という．この配位の仕方は，両者の**イオン半径**（ionic radius）の比に依存しており，各イオンそれぞれが，ある半径をもつ剛体球として振る舞うと仮定すれば，ある配位数に対して最も安定なイオン半径は，立体配置しているイオンがつ

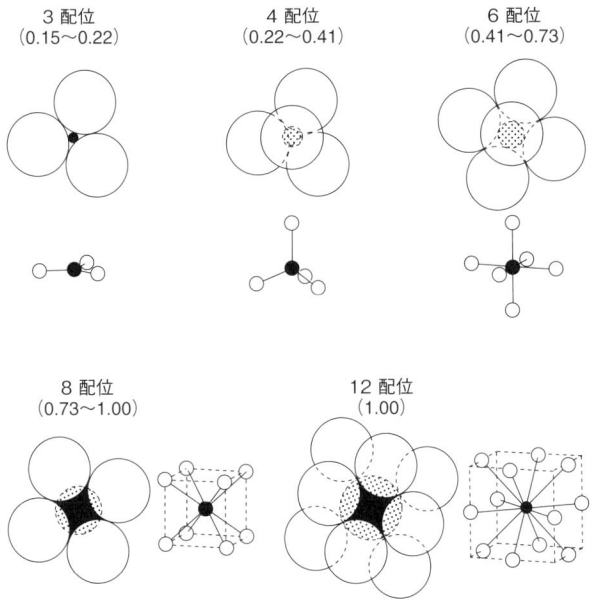

図 1.3　配位多面体
　白抜きと塗りつぶしの球は，それぞれ酸素および陽イオンを示し，括弧内の数字は，それぞれの配位数をとりやすい陽イオンと酸素の半径比を示す．配位数が大きくなるほど，酸素に囲まれる空間に内接できる陽イオンのサイズは大きくなる．

第 1 章 惑星を構成する物質－岩石と鉱物

くる空間に内接する球体の半径として求められる．したがって，配位数が大きいほど，大きなイオン半径の原子がその席（site）を占めることになる（図 1.3, 表 1.4）．たとえば，ケイ素は酸素との半径比がおよそ 0.29 であり，超高圧相など（スティショフ石がその例）を除くと 4 配位席（four-coordinated site）が

表 1.4　球体の半径比と配位数

半径比	陽イオンの周囲の陰イオンの配列位置	配位数
0.15〜0.22	正三角形の頂点	3
0.22〜0.41	正四面体の頂点	4
0.41〜0.73	正八面体の頂点	6
0.73〜1.00	立方体の頂点	8
1.00	立方体の辺の中央	12

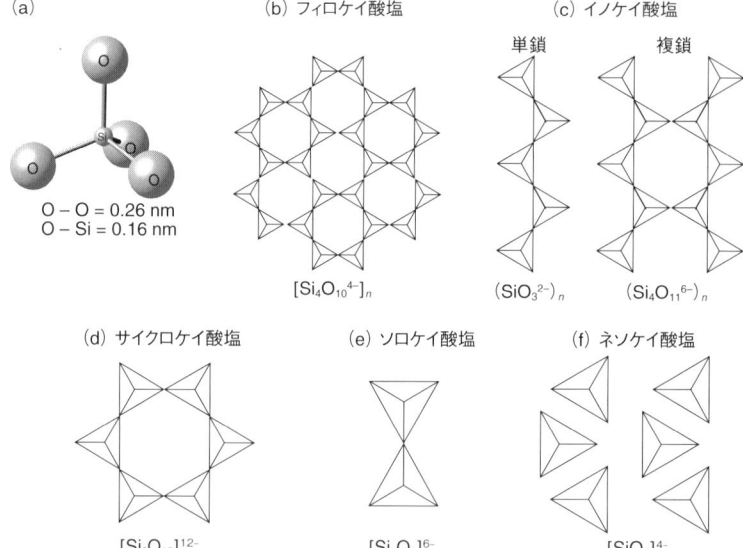

図 1.4　ケイ酸塩鉱物の基本結晶構造

ケイ酸塩鉱物は，(a) に示す SiO_4 四面体（(b)〜(f) では，正四面体で表現されている）の配列が基本構造をなす．テクトケイ酸塩の構造は図 2.1 に示す．サイクロケイ酸塩（cyclosilicates）は，3 つ以上（3, 4, 6 など）の SiO_4 四面体が 2 つの頂点を共有して環状に縮合した構造をもっている（図 1.4d は 6 個の場合）．

最も適している（Mason and Berry, 1968）[7]．すなわち，ケイ酸塩鉱物は SiO_4 四面体が結晶の基本的な骨組みをつくっており，この配列の仕方によって，テクトケイ酸塩（tectosilicates），フィロケイ酸塩（phyllosilicates），イノケイ酸塩（inosilicates），サイクロ（シクロ）ケイ酸塩（cyclosilicates），ソロケイ酸塩（sorosilicates）およびネソケイ酸塩（nesosilicates）の6グループに分類される（図1.4）．そして，各グループの鉱物は，それぞれ一定のSi+(Al)とOの比をもつ．なお，イオン半径は，Shannon and Prewitt（1969, 1970）やShannon（1976）によってもまとめられている．

1.4 鉱物の性質

鉱物は特定の化学組成と結晶構造をもつために，それぞれが特有の性質を示す．以下に，それらのうち主要なものについて述べる．なお，ここでは取り上げない重要なものに，光学的性質（optical property）がある．これについては，坪井（1959），都城・久城（1972）や黒田・諏訪（1983）などを参照されたい．

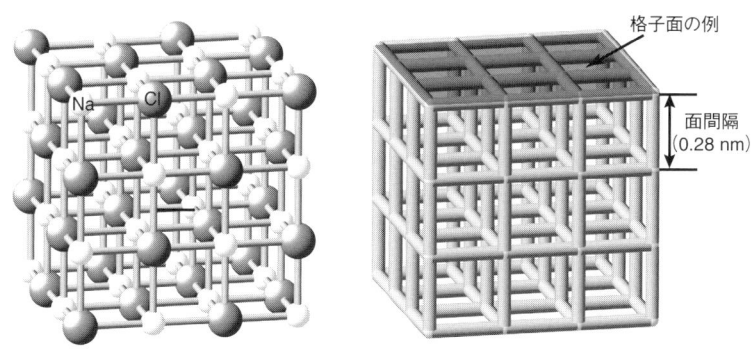

図1.5 岩塩（halite：NaCl）の結晶構造を例とした格子面および面間隔の説明
等価な格子面は，互いに等間隔で並んでおり，結晶は原子の配列でつくられる面の集合体と見なされる．等価な格子面の間隔を面間隔（lattice spacing）という．

---

[7] 陽イオンが取りうる配位数は，イオン半径のみならず価数などにも関係している．

1.4.1 結晶面と結晶形

鉱物の内部は原子が規則正しく配列しており，原子が配列した面を**格子面**（lattice plane）または原子網面という（図 1.5）．鉱物はそれが自由成長した場合，いくつかの主要な格子面に対応する**結晶面**（crystal face, crystal plane）で囲まれた外形を示し（図 1.6），そのような結晶を自形結晶（euhedral crystal），その形（外観）を結晶形（crystal form）という．なお，同じ結晶面の組合せをもつ結晶であっても，成長速度の違いなどによってそれぞれの面の発達状態が異なることがあり，これを，**晶癖**（crystal habit）という．また，同じ結晶構

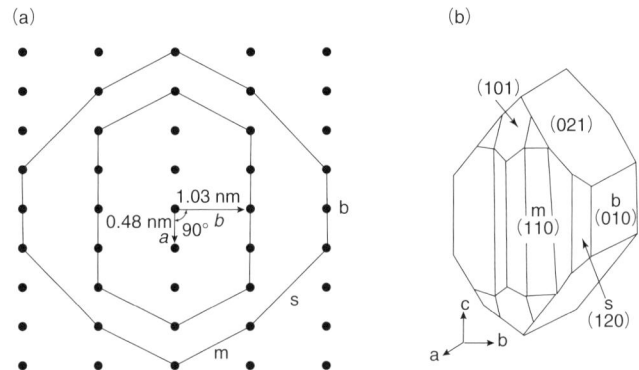

図 1.6 カンラン石の（a）結晶構造模式図と（b）結晶形態（赤井（1995）を修正して編図）

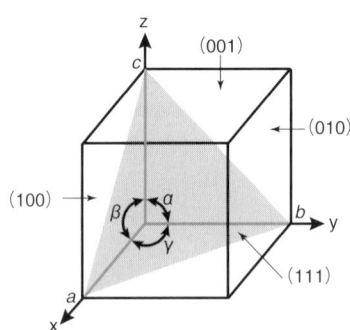

図 1.7 結晶構造と面指数の関係

造であっても，生成条件や化学組成の違いによって，結晶面の組合せが異なることがあり，これを，とくに晶相とよんで区別することがある．同種の鉱物では，同じ温度・圧力条件の下では，それぞれの対応する結晶面のなす角度は等しい．これを**面角一定の法則**（law of constancy of interfacial angles）という．

格子面も結晶面も結晶座標軸を利用して，それらを区別するための指数をつけることができる．これを**面指数**（index of crystal plane）またはミラー指数（Miller index）という．ある結晶面が結晶軸の 3 軸を，それぞれの基本の長さ (a, b, c) の $1/h, 1/k, 1/l$ の位置で切る場合，この面の面指数は (hkl) と表現される（h, k, l は整数）（図 1.7）[8]．なお，六方晶系の場合は，4 つの指数 $(hkil)$ を用いる．この場合，$h + k + i = 0$ が成立する．

1.4.2 双晶と連晶

複数の結晶が，ある結晶学的関係（幾何学的規則性）を保って接合している場合，それを**双晶**（twin）という．そして，結晶相互に 2 回回転軸（rotation axis）[9] に相当する対称軸があるときにはその軸を双晶軸（twin axis），鏡映面（mirror plane）[10] に相当する対称面があるときにはその面を双晶面（twin plane）という．また，2 つの結晶が接する境界面を**接合面**（composition plane）という．双晶の型式は，接合面に垂直な双晶軸をもつ垂直双晶（normal twin），双晶軸が接合面に平行な平行双晶（parallel twin），そして両者が組み合わさった複合双晶（composite twin）に大別される．双晶面をもつものの代表例として，石英の日本式双晶（Japanese twin）がある．斜長石を例とした双晶の解説は，高橋（2005）に詳しい．なお，ひとつの結晶が，同じ規則性をもった多数の双晶（双晶ラメラ）からなる場合を，単純双晶に対して集片双晶（polysynthetic twin）という．双晶が単位格子の大きさで繰り返された場合，結晶系が変わる．斜方輝石は単斜輝石が（100）面で集片双晶していると見なせるのがこの例であ

---

[8] たとえば，$(h00)$ 面は bc 両軸を含む面に平行であると表現することもできる．
[9] n を 2 以上の整数とし，ある軸（回転軸）の周りを $(360/n)°$ 回転させると自らと重なる性質を，n 回対称という．$n = 2$ すなわち $180°$ 回転させると重なる場合を 2 回回転対称といい，その回転軸を 2 回回転軸という．回転軸の次数 n は，2, 3, 4 および 6 の場合が可能である．
[10] ある面を境界として左右が対称である場合を，鏡映対称（面対称）であるといい，その面を鏡映面（対称面）という．

る（Ito, 1950）[11]．

これに対し，複数の結晶がある方向性をもって接合している場合を**連晶**（intergrowth）という．たとえば，結晶軸どうしが平行に接合している場合を平行連晶（parallel intergrowth）という．この場合，連晶するのは同種の結晶である必要はない．たとえば，長石（多くの場合カリ長石）の母晶中に楔方文字状の石英が連晶してできる組織を文象構造（graphic texture）という．同様に，斜長石の母晶中に虫食い状石英（vermicular quartz）の連晶を**ミルメカイト**（myrmekite）とよび，主として斜長石とカリ長石の接触部に形成される．いずれの場合も，石英の一部もしくは全部が同一光学的方位にあり同時消光する．

1.4.3　劈　　開

一般に結晶は，三次元的な方位によって原子間の結合力に違いがあるため，ある特定の面で割れやすい．この性質がとくに顕著な場合を**劈開**（cleavage）といい，その面を**劈開面**（cleavage plane）という．この性質により，雲母は本のページをめくるように薄く剥がれるし，方解石は直方体を押しつぶしたような外形を示すことが多く，小さく割ってもその特徴は維持される．なお，劈開が顕著ではない鉱物であっても，場合によって特定の結晶面に沿って割れて，平坦な破断面を示すことがある．これは**裂開**（parting）とよばれ，劈開とは区別される．裂開は，剥離性に富む輝石の一種である異剥石（diallage：正式な鉱物名ではない）などに見られる．集片双晶の存在，特定の面に沿った不純物の濃集や欠陥の存在などが，その原因と考えられる．

1.4.4　多形・同形

多形（polymorphism）とは，鉱物が同一の化学組成をもつにもかかわらず，圧力–温度条件の違いに対応して，複数の異なる結晶構造をとる現象であり同質異像ともいう．たとえば，石墨（graphite）とダイヤモンド（diamond）はともに炭素（C）からなるが，六方晶系の石墨は 1,500℃ では約 5 GPa よりも高圧の条件で立方晶系のダイヤモンドへ変化（**相転移**：phase transition）する．また，3.2 節で述べる藍晶石（kyanite），珪線石（sillimanite）と紅柱石（andalusite）

---

[11] この問題については，歴史的経緯を含めて，砂川・竹内（1989）に詳しい．

も代表的な多形鉱物である．

同形（isomorphism）は，異なる化学式をもつ鉱物が互いに類似した結晶構造をもつ現象で，第2章で述べるスピネル族やザクロ石族などのように鉱物に広く見られる．これは，イオン半径がほぼ等しく（すなわち同じ配位数を好む）数も等しい陽イオンと陰イオンは，類似の結晶構造をつくりやすいことによる．たとえば，炭酸塩鉱物である方解石，シデライトやマグネサイトなどは，互いに同じ結晶構造をもっている（2.8.3項）．

1.4.5 秩序-無秩序相転移

最も単純な例は，2種類の金属原子（AおよびB）からなる合金ABでみられる．そして，図1.8aに示すように両元素が一定の規則性で配列している場合を**秩序状態**（ordered state），図1.8cのようにランダムな状態である場合を**無秩序**

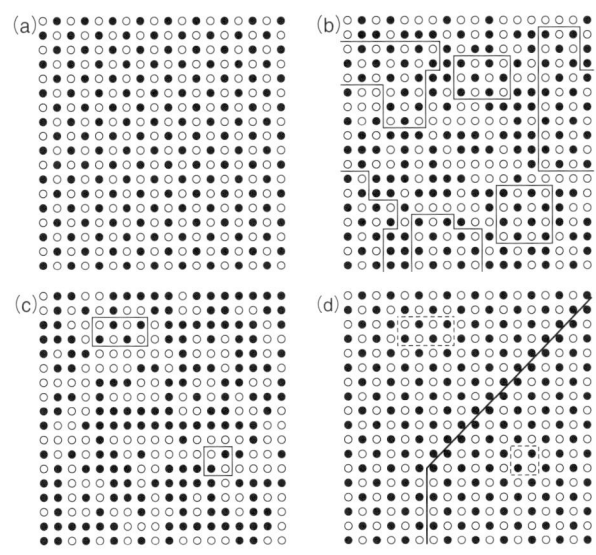

図1.8 二次元の原子配列モデル（Kretz, 1994）
（a）秩序状態，（b）部分的に秩序状態の領域をもつ部分的無秩序状態，（c）無秩序状態（ただし，局所的に秩序状態にある領域が認められる），（d）(c)に示した2つの小さい秩序領域から出発して秩序状態になった場合に形成されるパターン．2つの秩序状態領域に分かれていることに注意．

状態（disordered state）とよぶ．そして，温度の変化などによって前者から後者に移る，もしくはその逆が起こる現象を**秩序－無秩序相転移**（order-disorder transition）という．また，図 1.8b のように，ある領域（domain）ごとに見ると秩序状態にあるが，それらがランダムに分布して全体として無秩序状態となっている場合，すなわち完全秩序と完全無秩序の中間状態も存在する．そして，図 1.8c の四角で囲んだ 2 つの領域のように局所的に秩序状態にある部分から出発して独立して秩序化が進行した場合，AB という規則的繰返しが成立しなくなる境界が生じることがあり，そのような場合はドメイン構造（domain structure）ができる（図 1.8d）．なお，鉱物にも，もっと複雑ではあるが同様な転移が起こる（たとえば 2.2.1 項参照）．

1.4.6　固溶体

　同一の結晶構造を保ちつつ化学組成が変化する性質，またはそうしてできた固相を**固溶体**（solid solution：SS）という．たとえば，一般のカンラン石は Mg カンラン石（フォルステライト）と Fe カンラン石（ファイアライト）の固溶体であり（2.6 節），両者をそれぞれ固溶体の**端成分**（endmember）とよぶ．固溶体には，このように結晶内のある席を占めているイオンを大きさと電荷が類似する別のイオンが置換してできる置換型と，結晶格子の隙間に小さい別の原子などが侵入してできる侵入型がある．鉱物の固溶体のほとんどすべては置換型固溶体である．置換型固溶体では，イオン半径の違いが，小さいほうの 10%くらいまでならばほぼ完全に固溶するが，それ以上では急激に固溶し難くなり，15%以上になるとほとんど固溶しなくなるという経験則があるヒューム－ロザリー（Hume–Rothery）の法則のひとつ．たとえば，Ca と K の大きさは，それぞれ Na の約 97% および 130% である．したがって，長石の場合，Na 長石（曹長石）と Ca 長石（灰長石）はほぼ連続固溶体をつくるのに対し，Na 長石と K 長石（カリ長石）の間には低温において固溶体が形成されない広い不混和領域が存在する．また，Ca 長石と K 長石はほとんど固溶体をつくらない（2.2.1 項）．不混和領域の広さに関する同様な関係は，2－八面体型雲母のマーガライト－パラゴナイト－白雲母系（2.3 節）にも認められる（Eugster et al., 1972; Höck, 1974; Franz et al., 1977）．

　完全固溶体の鉱物名は，基本的に両端成分の中央の組成を境界として決める

ことが推奨されている（Nickel, 1992）．これは"50%則"と一般によばれ，たとえば曹長石と灰長石を端成分とする固溶体（斜長石）では，Ca/(Ca + Na)×100 値が 50 よりも小さければ（Ca に乏しければ）曹長石，逆に 50 よりも大きければ（Ca に富めば）灰長石とよぶ方法である．これは，わかりやすい基準ではあるが，鉱物学的には本質的な変化がない場合でも，50%のところで一律に鉱物名が変わることになる．そして，とくに岩石学の分野では，"50%則"に従う命名法が必ずしも適当ではない場合も少なくない．たとえば，10.1.3 項で述べるように，ふたつの変成相緑れん石-角閃岩相と角閃岩相の境界を定義する際には，斜長石中の灰長石成分量が数%程度からおよそ 20% 以上へと急激に増加することが重要な意味をもつ．そこで，このように固溶体鉱物の化学組成を詳細に示す必要がある場合は，"50%則"に従った場合の鉱物名"曹長石"に代えて，たとえば"An_{10-20} の斜長石[12]"と記述される．

1.4.7 組成累帯構造

固溶体鉱物において，しばしば結晶の中心部から周縁部にかけて，化学組成が連続的に，また場合によっては不連続的に移り変わる．このように部分によって化学組成が変化する結晶の構造を**組成累帯構造**（compositional zonal structure, compositional zoning）という．その多くは，結晶中の原子の拡散速度が小さく，結晶内部とメルトや他の結晶との間での平衡が保たれないために形成される．結晶内の化学組成の変化にはいくつかのパターンがあり，それによって正累帯構造（normal zoning）[13]，逆累帯構造（reverse zoning），振動累帯構造（oscillatory zoning：口絵 1a），セクター（分域）累帯構造（sector zoning：口絵 1b）などと区別される．そして成長に伴って形成されたものを成長累帯構造（growth zoning）といい，形成後の拡散によって形成されたものを拡散累帯構造（diffusion zoning）とよぶ．なお，微細な包有物の配列から，結晶がいくつかの領域に分割され組

---

[12] 固溶体鉱物の組成を，具体的な量で表す必要がある場合は，端成分の略号（Whitney and Evans（2010）に従う）にその割合を添えて表現することが多い．この例では，斜長石が灰長石（An）成分を 10〜20% 含むことを示す．

[13] 一般に，火成岩中の鉱物ではマグマが冷却する過程で形成されるもの（たとえば，結晶の中心部から周辺部にかけて An 値が減少する累帯構造）を，また変成岩では昇温期に形成されることが期待されるもの（結晶の中心部から周辺部にかけて Mn 量が減少するザクロ石の累帯構造など）を，それぞれ正累帯構造とよび，両者によって定義が異なる．

織的にセクター構造を示すことがある（たとえば，廣井，2004）．この場合，組織的領域は組成累帯構造とは独立に形成されており，組成累帯構造と区別するために，組織累帯構造（textural zoning）とよぶことがある．

1.4.8　離　　溶

組成的に均質な相が，温度の低下などによって組成の異なる複数の相に分離することを**離溶**（exsolution）という（14.3.2 項参照）．離溶が起こる組成範囲を**不混和**（immiscibility）領域または混和間隙（miscibility gap），不混和領域と固溶体領域の境界を**ソルバス**（solvus）という．実際の岩石において観察される不混和領域の広さは，原子の再配列が実質的に進行しなくなったときの温度に対応しており，一般にそれは岩石の冷却速度に依存している[14]．離溶によってできる組織には，葉片状（ラメラ状，exsolution lamellae），ひも状，点滴状や格子状などがあり，そのサイズは電子顕微鏡サイズから肉眼サイズまでさまざまである．口絵 1d の単斜輝石のラメラをもつ斜方輝石（母晶：host crystal）は，光学顕微鏡サイズの離溶の例であり，隕鉄に認められるウィドマンシュテッテン構造（Widmanstätten pattern）は肉眼で認められる離溶の例である．なお，口絵 1d の例のように，ラメラの配列が母晶の結晶学的方位と密接に関係する場合が多いが，一部のパーサイト（2.2.1 項）のように配列が一定の結晶学的方位にない場合もある．

---

[14] 原子が結晶内を拡散する速度は温度に大きく依存し，低温であるほど一定の距離を移動するのに要する時間は指数関数的に長くなる．すなわち，冷却速度が遅いほど拡散による原子の再配列はより低温まで継続可能となる．

ぶらり途中下車1　地球惑星科学と科学

　ある方のブログを拝見したところ，主な鉱物についてそれを扱っている論文数のランキングが載っていた（59種類：2010年）．これをまねて，自分がそれまでに多少なりとも扱った鉱物のランキングを調べたとことがある（71種類：2010年）．この原稿のゴールがほぼ見えたので，再度ランキングを調べてみることにした（表1.5）．単独の鉱物と鉱物グループが混在しているので，比較するには多少の問題はあるが，上位5種類は粘土鉱物（clay mineral），石墨，石英，ダイヤモンド，沸石（zeolite）の順である．このうち石英が入っているのは納得だが，皆さんにとってもその他の鉱物は意外な結果だったのではないだろうか．図1.1に示した主な造岩鉱物でベストテン入りをしているものはこの石英のみ．それ以外の鉱物は，材料や物性関係の論文が多い．その中に，ペロブスカイト（perovskite）という項目がランクインしている．岩石学や鉱物学ではペロブスカイトは$CaTiO_3$組成をもつ灰チタン石という鉱物のことであるが，地球物理学や物質科学分野では，ペロブスカイトと同じ結晶構造をもつ結晶をすべてペロブスカイトとよぶことが多いためであろう．1.1節で述べたように，鉱物名は結晶構造と化学組成によって定義されている．にもかかわらず結晶

表1.5　主な鉱物を対象としている論文数

順位	全分野論文		地球惑星科学関係論文	
	鉱物名	論文数	鉱物名	論文数
1	粘土鉱物	82,241	粘土鉱物	23,561
2	石　墨	79,969	石　英*	21,625
3	石　英	66,801	炭酸塩鉱物	21,124
4	ダイヤモンド	60,873	ジルコン	13,181
5	沸　石	57,200	カンラン石	10,668
6	炭酸塩鉱物	36,401	ザクロ石	10,202
7	ペロブスカイト	34,771	長　石	9,156
8	スピネル	24,635	磁鉄鉱	6,918
9	ザクロ石	24,281	輝　石	6,660
10	磁鉄鉱	17,958	スピネル	5,558
11	リン灰石	16,927	リン灰石	5,538
12	雲　母	15,989	雲　母	4,904
13	ジルコン	15,920	角閃石	4,836
14	ルチル	15,698	ダイヤモンド	4,669
15	カンラン石	13,149	石　墨	3,937
16	長　石	11,771	Al_2SiO_5鉱物	2,797
17	輝　石	7,474	ペロブスカイト	1,903
18	角閃石	5,618	沸　石	1,796
19	Al_2SiO_5鉱物	3,371	ルチル	1,713

* 他のSiO_2相の論文を考慮すると，粘土鉱物との順位が逆転する可能性がある．
（Web of Knowledgeのデータを集計：2012/12/16閲覧）．

第1章 惑星を構成する物質－岩石と鉱物

構造が同じであるからという理由だけで特定の鉱物名を援用するのは，混乱を招くと思うが，同様な事例は多い．たとえば，組成が $Ba(Mn^{4+}, Mn^{2+})_8O_{16}$ で単斜晶系の鉱物であるホランド鉱（hollandite）のK置換体にクリプトメレン（cryptomelane: $K(Mn^{4+}, Mn^{2+})_8O_{16}$）がある．一方，高圧合成実験の分野では，K長石組成の高圧相でホランド鉱と同じ結晶構造をもつものをK-hollanditeとよんでいる（天然の産出報告はないので，鉱物名は与えられていない．図6.16では，ホランド鉱型KAlケイ酸塩と記した）．ある学会でホランド鉱産出の話をしたら，そんな超高圧鉱物が産出するはずがないと，誤解してコメントされたことがある．

　地球惑星科学の分野に限ると，論文数が多い順に，粘土鉱物，石英に続いて炭酸塩鉱物，ジルコン（zircon: $ZrSiO_4$），カンラン石となっている．ブログの著者は，ジルコンの論文は1991年以降に急増しており，その多くは年代測定関係かもしれないことと，カンラン石，長石や輝石などの，いわゆる造岩鉱物の"重鎮"はおとなしい位置にあることを指摘されている．ジルコンと同様の傾向は，蛇紋石（serpentine）にも見られ，その論文数は1991，2001，2004と2009年に急増しているように見える（図1.9）．蛇紋石が沈み込むプレート境界における H_2O の挙動に大きく影響し，地震発生にも関係していると考えられるようになり，岩石学と地震学がリンクした研究などが増えていることによるかもしれない．データベースの対象となっている雑誌の数は年々増えているようだし，今回の検索ではいく分の重複集計もあるが，その点は考慮していない．しかし，おおまかではあるが地球惑星科学分野での研究の流れや科学全般との研究の傾向の違いが見えて面白い．

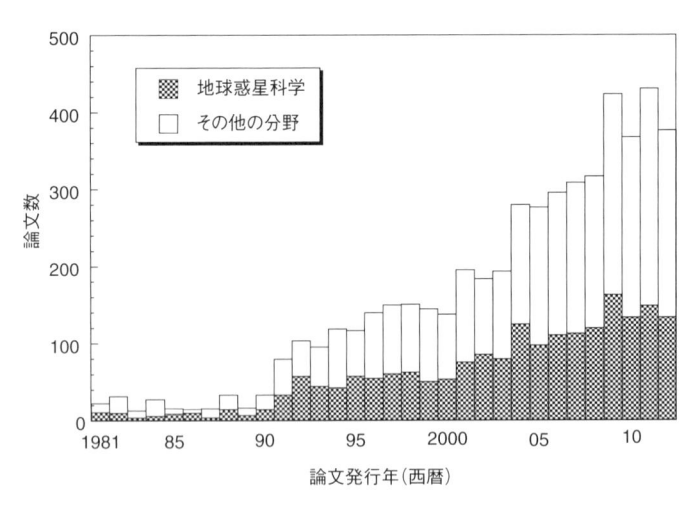

図 1.9 蛇紋石関係の論文の出版の推移（Web of Knowledgeのデータをもとに編図：2012/12/16閲覧）

第2章 主要な造岩鉱物

この章では,本書で取り扱う鉱物を中心とした造岩鉱物の特徴について述べる.

2.1 石英とその多形

石英(quartz)はほぼ純粋な SiO_2 組成を有する代表的なテクトケイ酸塩鉱物(Heaney, 1994; Hemley *et al.*, 1994)である.SiO_4 四面体が各頂点の酸素を互いに共有し,三次元のフレームワーク構造を形成する(図2.1).このため Si と O の比率 Si:O は $1:(1/2)\times 4 = 1:2$ となる.その低温型の自形結晶は,柱面の発達した六角長柱状である(図2.2a).

石英には,多形の関係にある多くの相が存在する.常温・常圧で安定な低温

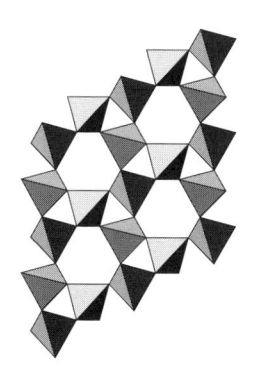

図2.1 石英の結晶構造(Kihara(1990)をもとに作図)

第 2 章　主要な造岩鉱物

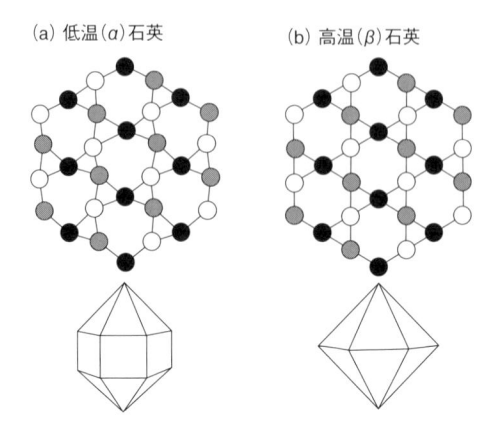

図 2.2　低温（α）石英（a）と高温（β）石英（b）の結晶構造（牧野, 1995）と自形結晶形の比較
　　　　　白，灰，黒の丸印は，高さの異なる Si を示す．

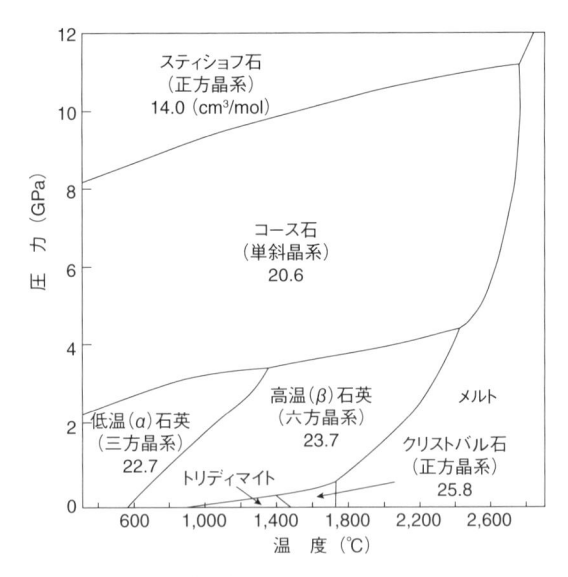

図 2.3　SiO_2 鉱物の相図（Swamy et al.（1994）に加筆）
結晶系およびモル体積（molar volume）は，Heaney（1994）および Hemley et al.（1994）による．リンケイ石は温度によって，単斜晶系，斜方晶系，六方晶系いずれかの結晶系をとり，モル体積も変化する．

(α)石英はSiの配列がややゆがんだ構造であるが（図2.2a），常圧下では573℃以上になるとその配列がより規則正しい高温(β)石英に変化する（図2.2b）．この α–β 石英の相転移は，変位型相転移（displacive phase transition）とよばれ，既存の結合を切ることなく原子の再配列を起こす．したがって，高温型から低温型への転移は，温度の低下に伴い可逆的でかつ迅速に起こるため，常温・常圧下では高温石英を直接観察することはできない．しかし，火山岩の斑晶などとして，柱面が発達していないそろばん玉状の形をした高温石英の仮晶（pseudomorph）[15] を見ることができる（図2.2b）．これは，ドフィーネ双晶（Dauphiné twin）[16] をした低温石英の集合体である（森本ほか，1975; 秋月，1998）．

石英と多形の関係にある鉱物には，トリディマイト（鱗珪石，tridymite），クリストバル石（cristobalite），コース石（coesite）やスティショフ石（stishovite）がある（図2.3）[17]．これらの相は，相互に転移する際に既存の結合をいったん切るための**活性化エネルギー**（activation energy）を必要とする．このような転移を，再構成型転移（reconstructive transformation）という．その変化速度は遅いため，常温・常圧下でも**準安定相**（metastable phase：14.3.4項参照）として観察できる．1.3節で述べたように，Siは4配位をとりやすい元素である

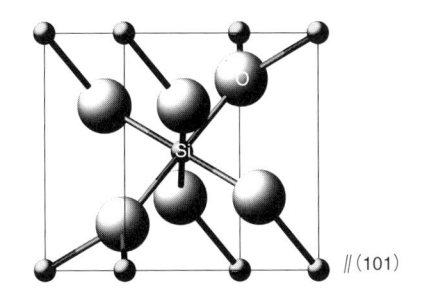

図 2.4 スティショフ石の結晶構造（Ross et al. (1990) をもとに作図）

---

[15] もとの結晶形を保ったまま，別の鉱物によって置き換わったもの．仮晶ができる前後で，化学組成も変化する場合と，石英のように結晶構造だけが変化する場合がある．
[16] 結晶軸の主軸（c軸）を共有している双晶（共軸双晶）の一種．
[17] 最近の超高圧合成実験によって，スティショフ石の高圧相として $CaCl_2$ 型，α-PbO_2 型そして黄鉄鉱（pyrite）型結晶構造をもつ相の存在が明らかとなった（たとえば，Kuwayama et al., 2005）．このうち α-PbO_2 型相の鉱物は，隕石中からその産出が報告されている（ザイフェルト石：seifertite（El Goresy et al., 2008））．

が，スティショフ石は 6 配位（SiO_6 八面体）をとる（図 2.4）．そのために，スティショフ石の体積は，コース石に比べて約 32% 小さく，およそ 10 GPa 以上の高圧条件下で安定である．スティショフ石は，衝撃を受けた隕石中にまれに産する．

2.2 長石族と準長石族

2.2.1 長石族

長石族（feldspar group）は，地殻の体積の約 64% を占める重要な造岩鉱物であり，石英とともに代表的なテクトケイ酸塩鉱物である（Ribbe, 1983a）．SiO_4 四面体の Si の一部が Al によって置換されており，電荷の中性を保つために，アルカリ金属元素もしくはアルカリ土類金属元素を含む（以下では，それぞれアルカリ元素およびアルカリ土類元素と略す）．化学組成式は，AT_4O_8 と表現され，一般に A 席は Na, K または Ca が，T 席は Si と Al が占める．したがって，一般の長石（feldspar）は Ca 長石（灰長石, anorthite：$Ca(Si_2Al_2)O_8$：An），Na 長石（曹長石, albite：$Na(Si_3Al)O_8$：Ab）および K 長石（カリ長石, K-feldspar：$K(Si_3Al)O_8$：Kfs）の 3 つの端成分からなる固溶体である．しかし，イオン半径の大きさ（$^{[8]}$Ca（0.112 nm）< $^{[8]}$Na（0.116 nm）≪ $^{[8]}$K（0.151 nm）[18]：中村・松井（1988））や価数の違いなどにより，固溶体のつくりやすさは各端成分間で異なる．たとえば，CaAl ⇌ NaSi の置換からなる灰長石–曹長石（斜長石）はほぼ完全固溶体であるが，Na ⇌ K 置換で組成が変化する曹長石–カリ長石（アルカリ長石）では，およそ 700℃ 以下になると 2 相分離が起こり離溶組織[19]を形成する（図 2.5, 2.6）．そして，Ca に富む長石とカリ長石は，互いにほとんど固溶しない．斜長石は，ほとんどすべての火成岩や堆積岩，そして中〜低圧の変成岩中に産する．カリ長石は，花こう岩，ペグマタイト（pegmatite）や流紋

---

[18] 本書では，上付き添え字 [ ] 内の数字で配位数を表す．
[19] アルカリ長石が示す分相組織のうち，カリ長石に近い組成の母晶と曹長石に近い組成のラメラからなるものをパーサイト（perthite）とよび，花こう岩などに普通に認められる．これと逆の関係にあるものをアンチパーサイト（antiperthite），両者の量がほぼ同じ場合をメソパーサイト（mesoperthite）とよぶ．メソパーサイトは，アルカリ岩や超高温変成岩などで観察される（13.2 節）．

2.2 長石族と準長石族

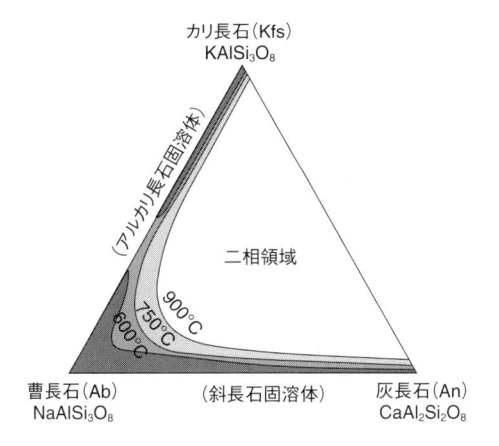

図 2.5 長石の組成範囲（Winter（2010）をもとに編図）

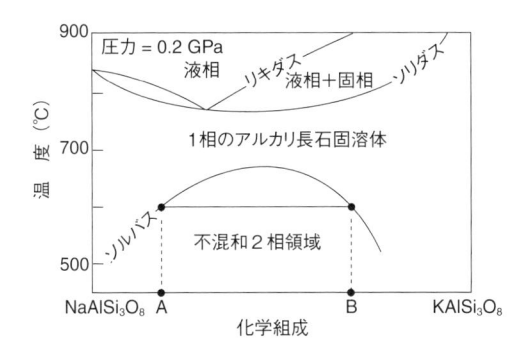

図 2.6 圧力 0.2 GPa における H_2O に飽和したアルカリ長石の相平衡図（Bowen and Tuttle（1950）をもとに編図）

アルカリ長石は，およそ 700℃ 以下になると，2 相分離を起こす．水蒸気圧が上昇するとリキダスとソリダスからなるループは低温側に移動し，やがてループとソルバスは重なり合うようになり，アルカリ長石は完全固溶体をつくらなくなる．

岩などの酸性火成岩の主要構成鉱物であり，比較的 Al_2O_3 に乏しい堆積岩や，白雲母＋石英の組合せが不安定となる比較的高変成度の変成岩にも産する（図 9.7，図 11.2 を参照）．

火成岩中の斜長石は，マグマの冷却に伴って形成されるので，一般に中心部から周縁部に向かって灰長石成分が減少する正累帯構造を示す（図 6.4 参照）．しかし，これとは逆に結晶の周縁部で灰長石成分が多い逆累帯構造を示す斜長

第2章 主要な造岩鉱物

石も存在し，これはマグマがほぼ等温状態で上昇・減圧することにより，それまでに成長していた斜長石がより An 成分に富む斜長石とメルトに分解したり，マグマが混合するなどして形成されると考えられている．一方，変成岩中の斜長石の累帯構造は，変成度の上昇時に形成されることが多く，火成岩の場合とは逆に灰長石成分が結晶の周縁部に向かって増加する場合が多い．

カリ長石は，4つのT席 [T(1)O, T(1)M, T(2)O, T(2)M] を占めるSiとAlの配列状態が変わることによって，秩序-無秩序相転移を起こす．高温状態では，SiとAlはともに4つの席に同じ確率，すなわち無秩序に分布し，それは高温型サニディン（high-sanidine）とよばれている．温度の低下に伴ってこの状態は次第に秩序状態へ変化していき，まずT(2)OおよびT(2)M席はSiが，そしてT(1)OおよびT(1)M席をSiとAlが占めるようになる（低温型サニディン，正長石：low-sanidine, orthoclase）．さらに温度が低下すると，次第にT(1)O席にAlがT(1)M席にSiが配する確率が高くなり（中間マイクロクリ

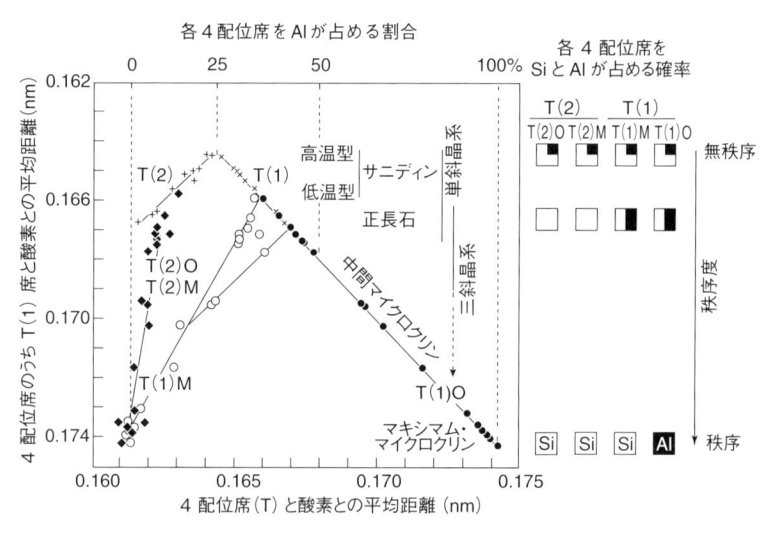

図 2.7 カリ長石の秩序−無秩序配列と4配位席の平均サイズの関係（Ribbe (1983b) をもとに編図）

各印は席の違いを表す．たとえば，十字印は T(2)O 席と T(2)M 席が区別されないときの T(2) 席を，黒菱形印は T(2)O 席と T(2)M 席は互いに区別されるがその値がほぼ等しいことを示す．

2.2 長石族と準長石族

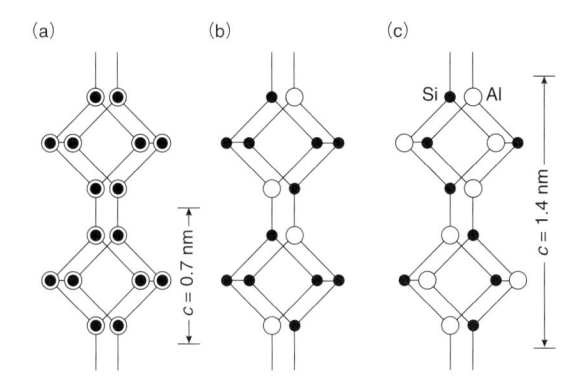

図 2.8 長石の 4 配位席の秩序–無秩序配列を示す Si–Al 鎖（森本ほか，1975）．(a) 高温型サニディンおよび高温型曹長石での無秩序配列，(b) マキシマム・マイクロクリンおよび低温型曹長石および (c) 灰長石の秩序配列．

ン：intermediate microcline），やがて最も秩序化したマキシマム・マイクロクリン（maximum microcline）[20] となる（図 2.7）．曹長石でも秩序–無秩序相転移が起こり，温度が低下するにつれて，無秩序状態のモナルバイト（monalbite）および高温型曹長石（high-albite）から秩序状態の低温型曹長石（low-albite）へ移り変わる．灰長石では，SiとAlが同数存在するため，Al–O–Al 結合が起こらないように，SiとAlが配列する（図 2.8）．これは，アルミニウム排除則（Al avoidance principle）とよばれ，その結果 Ca に富む長石は基本的に秩序構造をとる．

2.2.2 準長石族

岩石全体の化学組成が SiO_2 に乏しくなると，カンラン石のように SiO_2 相と共存できない鉱物が安定化する（2.6 節）．さらに SiO_2 に乏しくなると，長石よりも高いアルカリ元素/Si 値をもつ**準長石族**（feldspathoid group）が安定となる．ネフェリン（霞石：nepheline）がその代表的な鉱物で $NaAlSiO_4$ の化学組成をもち，これは曹長石から 2 個の SiO_2 を差し引いたものに相当する．ネフェリンは，SiO_2 に乏しく Na_2O に富むアルカリ火成岩に産する．K_2O に富む準

---

[20] マイクロクリンへの転移には，H_2O の触媒作用が必要であると考えられている（Parsons, 1978; 西村ほか，1990）．

長石としては，リューサイト（白榴石：leucite：$KAlSi_2O_6$）やカルシライト（カリ霞石，kalsilite：$KAlSiO_4$）がある．日本では，これらのうちネフェリンが報告されているのみで，準長石を含む火成岩の産出はまれである（Harumoto, 1952; 後藤・荒井，1986）．これは，島弧–海溝系では，アルカリ岩系列のマグマが形成されにくいためである（6.5 節）．

2.3 雲母族

雲母族（mica group）鉱物は，代表的なフィロケイ酸塩鉱物・層状ケイ酸塩鉱である（Rieder et al., 1998; Mottana et al., 2002）．SiO_4 四面体の各頂点のうち 3 個が互いに共有されてできる，二次元的な層状構造が基本となる（図 1.4b）．このため Si と O の比率 Si：O は $1 : (1/2) \times 3 + 1 = 2 : 5$ となる．そして，この $(Si, Al)O_4$ 四面体層（T）の間に八面体層（M）がはさまれた複合層が形成され，さらにこの複合層の間の A 席にはアルカリ元素やアルカリ土類元素が入る（図 2.9）．これら各層間の結合は弱く，劈開が発達している．そして，化学組成式は一般に $AM_{2\ or\ 3}T_4O_{10}(OH)_2$ と表現される（図 2.9）．後述する角閃石族鉱物とともに，OH 基を含む代表的な含水ケイ酸塩鉱物（hydrous silicate mineral）である．

雲母族鉱物は，6 配位の 2 つの M 席に Al が入ることを基本とし，白雲母（muscovite：$KAl_2(Si_3Al)O_{10}(OH)_2$）で代表される 2–八面体型（dioctahedral type）と，3 つの M 席に Mg や Fe^{2+} が入ることを基本とした金雲母–鉄雲母（phlogopite-annite：$K(Mg, Fe^{2+})_3(Si_3Al)O_{10}(OH)_2$）[21] で代表される 3–八面体型（trioctahedral type）に大別される．2–八面体雲母では，白雲母の K を置換して Na が入ったパラゴナイト（paragonite：$NaAl_2(Si_3Al)O_{10}(OH)_2$）や Ca が入ったマーガライト（margarite：$CaAl_2(Si_2Al_2)O_{10}(OH)_2$）も知られている．6 配位席には，Al も（Mg, Fe^{2+}）も入ることができるため，白雲母ではセラドナイト置換

---

[21] 本書では，括弧でくくった元素のうち，コンマ（comma）で分けられているものは，互いにさまざまな割合で置換し合うことを意味する．すなわち，この例の場合は，Mg と Fe^{2+} が入りうる席が合わせて 3 つあることを示す．

2.3 雲母族

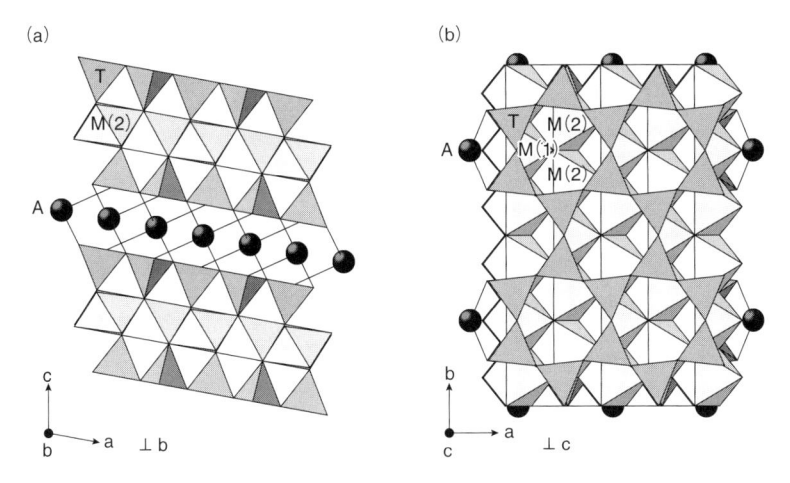

図 2.9 金雲母（3-八面体雲母）の結晶構造（Wyckoff (1966) をもとに作図）

(celadonite substitution：$^{[6]}$(Mg, Fe^{2+})$^{[4]}$Si$^{[6]}$Al$_{-1}$$^{[4]}Al_{-1}$)[22] が起こり，仮想的な端成分アルミノセラドナイト（aluminoceladonite：K(Mg, Fe^{2+})AlSi$_4$O$_{10}$(OH)$_2$）との間に固溶体をつくる．変成岩などに産するセラドナイト成分[23]を多く含んだものをフェンジャイト（phengite）とよぶ．一方，金雲母–鉄雲母ではチェルマック置換（tschermak substitution：$^{[6]}$Al $^{[4]}$Al $^{[6]}$(Mg, Fe^{2+})$_{-1}$$^{[4]}Si_{-1}$）が起こり端成分イーストナイト–シデロフィライト（eastonite-siderophyllite：K(Mg, Fe^{2+})$_2$Al(Si$_2$Al$_2$)O$_{10}$(OH)$_2$）との間に固溶体（黒雲母（biotite）と総称する）をつくる．また，黒雲母では (OH) を F や Cl が置換して，その安定領域を高温側に広げることがある．白雲母は花こう岩，ペグマタイトなどの火成岩や泥質堆積岩などを原岩とする変成岩に，黒雲母は種々の酸性火成岩，アルカリ火成岩や中～低圧の泥質堆積岩を原岩とする変成岩に普通に産する．また，低温・高圧の条件になるほど，白雲母はフェンジャイト成分に富む傾向がある．

---

[22] 本書では，置換関係をこの例のように表記する．すなわち，上付き添え字 [ ] 内の数字は配位席を，下付き添え字 -1 はその元素が置換されることを示す．例示では，6 配位席と 4 配位席にある Al がそれぞれ（Mg, Fe^{2+}）と Si によって電荷を保ちながら置換されることを示す．

[23] 推奨される命名規約によれば，アルミノセラドナイトの Fe^{3+} 置換体がセラドナイトとよばれるが，両端成分を含む固溶体を一括してセラドナイトとよぶことが多い．

第 2 章 主要な造岩鉱物

2.4 輝石族

輝石族（pyroxene group）は代表的なイノケイ酸塩鉱物である（Prewitt, 1980; Morimoto et al., 1988）．SiO_4 四面体の各頂点のうち 2 個が互いに共有されてできる単鎖構造が基本となる（図 1.4c）．このため Si と O の比率 Si：O は 1：(1/2)×2+2 = 1：3 となる．化学組成式は，$M(2)M(1)T_2O_6$ と表現される（図 2.10）．通常，6 配位の M(1) 席は Mg や Fe^{2+} で占められており，6〜8 配位の M(2) 席を占める主要な陽イオンの種類により，(1) Mg–Fe 輝石（Mg-Fe pyroxene：$(Mg, Fe^{2+})_2Si_2O_6$），(2) Ca 輝石（Ca pyroxene：$Ca(Mg, Fe^{2+})Si_2O_6$）および (3) Na 輝石（Na pyroxene：$Na(Al, Fe^{3+})Si_2O_6$）に大別される．Mg–Fe 輝石の大部分は斜方晶系に属し**斜方輝石**（orthopyroxene：Opx）とよばれるが，隕石中や無人岩（boninite）などの特殊な火成岩中には，まれに単斜晶系に属するものも報告されている（clinoenstatite：単斜エンスタタイト）．このほかに Ca に乏しく Mg や Fe に富む単斜輝石として，ピジョン輝石（pigeonite）がある．Ca 輝石や Na 輝石は，ともに単斜晶系に属し，**単斜輝石**（clinopyroxene：Cpx）とよばれる．

Ca 輝石は Mg–Fe 輝石とも Na 輝石とも固溶体をなす．Mg–Fe 輝石との間の固溶体は，エンスタタイト（enstatite：$Mg_2Si_2O_6$：En）–ディオプサイド（diopside：

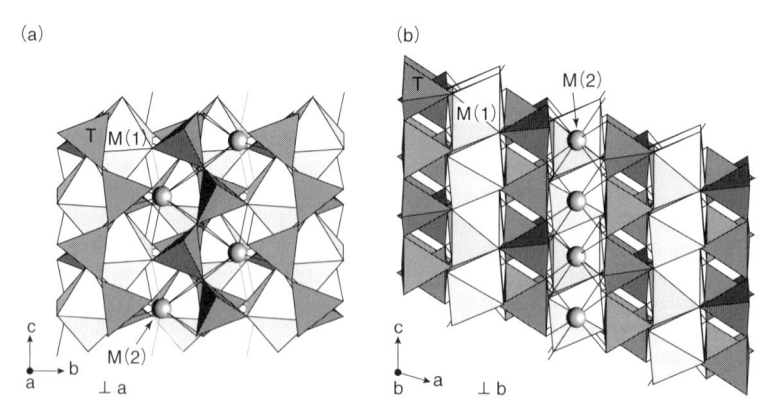

図 2.10 ディオプサイドの結晶構造（Wyckoff（1966）をもとに作図）
(a) において c 軸に平行に SiO_4 四面体の単鎖が連続していることがわかる．

2.4 輝石族

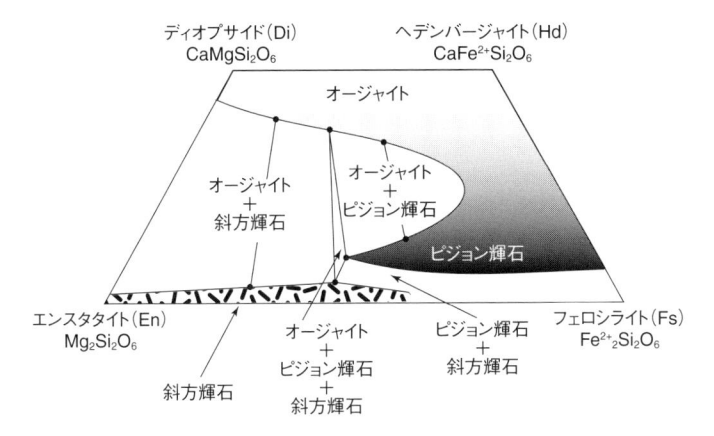

図2.11 エンスタタイト–ディオプサイド–ヘデンバージャイト–フェロシライトの輝石台形の模式的相平衡図（Lindsley, 1983）

$CaMgSi_2O_6$：Di）–ヘデンバージャイト（hedenbergite：$CaFe^{2+}Si_2O_6$：Hd）–フェロシライト（ferrosilite：$Fe_2^{2+}Si_2O_6$：Fs）の4つの端成分で表現される（**輝石台形**：pyroxene quadrilateral，図2.11）．この領域において，Mgに富む側では斜方輝石と単斜輝石の間に広い2相共存領域が存在するが，系が Fe^{2+} に富むにつれてその範囲は次第に狭くなり，斜方輝石，Caに富む単斜輝石（普通輝石，オージャイト：augite）とCaに乏しい単斜輝石（ピジョン輝石）の3相共存を経て，普通輝石とピジョン輝石の間に固溶領域が存在するようになる．なお，たとえば900℃においては，系の X_{Mg}（$= Mg/(Mg + Fe^{2+})$）値が0.2以下になると常圧では斜方輝石は不安定となる．そして，フェロシライト端成分はおよそ1.4 GPa以上の高圧条件下でのみ安定である（図2.12）．Mg–Fe輝石とCa輝石は，チェルマック置換によって，仮想的な端成分チェルマック輝石（tschermakite：$(Mg, Fe^{2+})Al(SiAl)O_6$）およびCaチェルマック輝石（Ca tschermakite：$CaAl(SiAl)O_6$）との間で，それぞれ固溶体をつくる（たとえば，Gasparik, 1984）．そして，Mg–Fe輝石を例にとると，その Al_2O_3 固溶量は，共存する Al_2O_3 に富む相（すなわち圧力範囲）に応じて，温度・圧力条件が変化すると次のような変化が起こり増減する（図2.13）．

第 2 章 主要な造岩鉱物

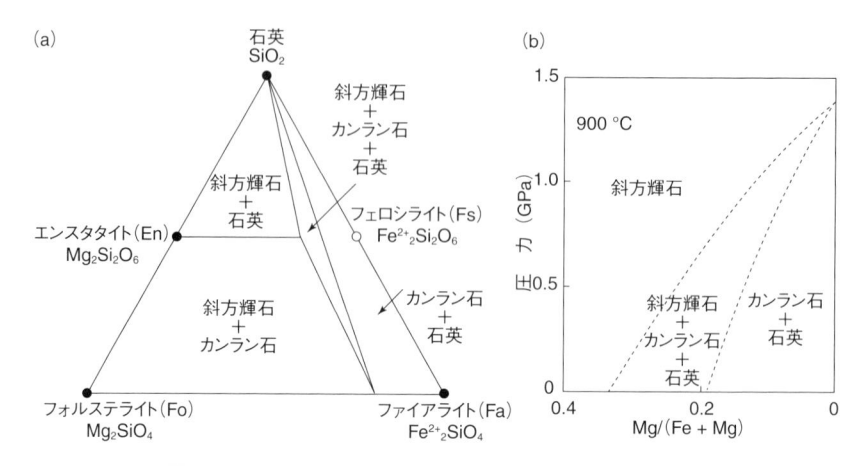

図 2.12 斜方輝石とカンラン石の安定関係 (Smith, 1971)
(a) 常圧条件下における Mg_2SiO_4–Fe_2SiO_4–SiO_2 系の組成共生関係，(b) 900℃ における斜方輝石とカンラン石がとりうる組成領域．破線は，$Mg_2Si_2O_6$–$Fe_2Si_2O_6$ に投影した斜方輝石+カンラン石+石英が安定な領域の境界を示す．圧力が上昇するにつれて，斜方輝石は低い X_{Mg} 値まで安定となり，約 1.4 GPa 以上では $Mg_2Si_2O_6$–$Fe_2Si_2O_6$ 系は完全固溶体となる．

斜長石・カンラン岩
$$CaAl_2Si_2O_8 + Mg_2SiO_4 = CaMgSi_2O_6 + MgAl_2SiO_6 \quad (2.1)$$
　　灰長石　　フォルステライト　ディオプサイド　チェルマック輝石

スピネル・カンラン岩
$$Mg_2Si_2O_6 + MgAl_2O_4 = Mg_2SiO_4 + MgAl_2SiO_6 \quad (2.2)$$
　エンスタタイト　スピネル　フォルステライト　チェッルマック輝石

ザクロ石・カンラン岩
$$Mg_3Al_2Si_3O_{12} = Mg_2Si_2O_6 + MgAl_2SiO_6 \quad (2.3)$$
　　パイロープ　　　斜方輝石固溶体

Mg–Fe 輝石は，超塩基性岩，塩基性火成岩や隕石のほかグラニュライトなどの高温変成岩に産する．Ca 輝石は，超塩基性岩や塩基性〜中性火成岩や隕石のほかスカルンや角閃岩をはじめとする変成岩に産する．

単斜輝石は Ca 輝石と Na 輝石の間で $Na(Al, Fe^{3+})Ca_{-1}(Mg, Fe^{2+})_{-1}$ の置換が起こるため，一般に Ca 輝石-ヒスイ輝石 (jadeite：$NaAlSi_2O_6$)-エジリン (aegirine：$NaFe^{3+}Si_2O_6$) を端成分とする領域で表される (図 2.14)．Ca 輝石-ヒスイ輝石の中間組成を有するものは，とくにオンファス輝石 (omphacite) と

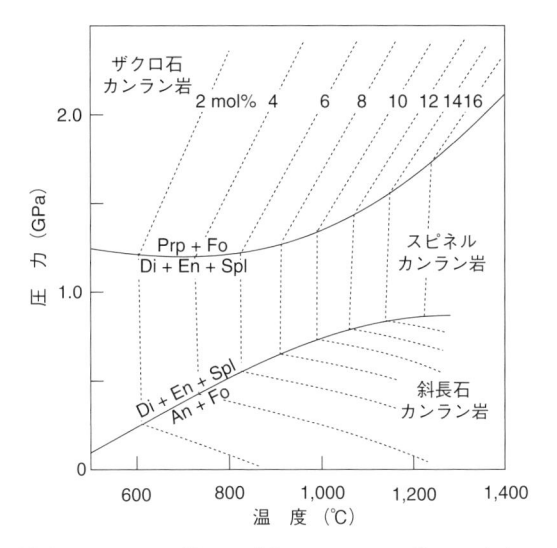

図2.13 斜長石・カンラン岩,スピネル・カンラン岩およびザクロ石・カンラン岩中の斜方輝石に固溶するAlの等濃度線(M(1)席を占めるAl mol%) (Obata (1976)を一部簡略化して編図)

[略号] An:灰長石, Di:ディオプサイド, En:エンスタタイト, Fo:フォルステライト, Prp:パイロープ, Spl:スピネル.

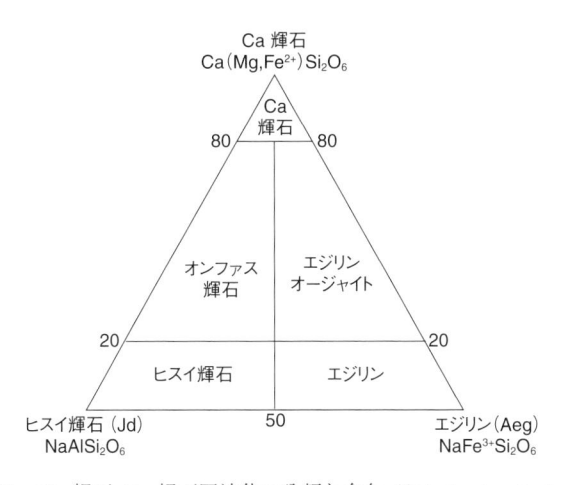

図2.14 Na輝石-Ca輝石固溶体の分類と命名((Morimoto et al., 1988)を一部改変)

よばれる．オンファス輝石は，エクロジャイトの主要構成鉱物であり，ヒスイ輝石と同様に高圧変成岩を特徴づける鉱物である（10.1.6 項参照）．Ca 輝石とエジリンの固溶体は，エジリン-オージャイトとよばれ，エジリンと同様に主にアルカリ火成岩中に産する．

2.5 角閃石族

角閃石族（amphibole group）は輝石とともに代表的なイノケイ酸塩鉱物であり（Leake *et al.*, 1997, 2003; Hawthorne *et al.*, 2007, 2012），SiO_4 四面体の複重鎖構造が基本となる（図 1.4.c）．このため，Si と O の比率 Si：O は $2:[(1/2) \times 2 + 2] + [(1/2) \times 3 + 1] = 4:11$ となる．この複重鎖は八面体層によって結びついており，化学組成式は，$A_{0-1}B_2C_5T_8O_{22}(OH)_2$ と表現される（図 2.15）．T で示した 8 個ある 4 配位席は通常 2 個まで Al で占めることができる．C 席は Mg や Fe^{2+} のような比較的小さい陽イオンで占められる 6 配位の M(1), M(2) および M(3) 席を，B 席は 6～8 配位の M(4) 席を表す．これは，輝石の M(1) 席と M(2) 席の関係に対応している．すなわち，角閃石も M(4) 席を占める主要な陽イオンの種類により，(1) Mg–Fe 角閃石（Mg-Fe amphibole），(2) Ca 角閃石（Ca amphibole）および (3) Na 角閃石（Na amphibole）に大別される．Mg–Fe 角閃石には斜方晶系と単斜晶系の両相があり，Ca 角閃石と Na 角閃石はともに単斜晶系である．A 席は角閃石の結晶構造のなかで最も大きい席であ

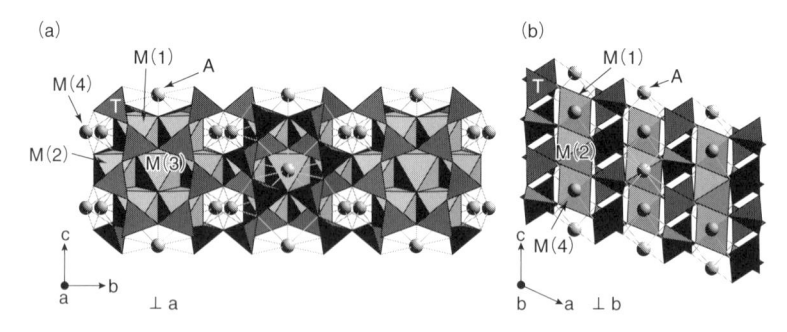

図 2.15 パーガス閃石の結晶構造（Hawthorne *et al.*（1996）をもとに作図）
(a) において c 軸に平行に SiO_4 四面体の複鎖が連続していることがわかる．

り，空席の相も，NaやKで置換されている相もいずれも安定である（本書では，A席が空の場合は□で表す）．

斜方晶系のMg–Fe角閃石は，直閃石（anthophyllite：$(Mg, Fe^{2+})_7Si_8O_{22}(OH)_2$）とチェルマック置換が起こったゼードル閃石（gedrite：$(Mg, Fe^{2+})_5Al_2(Si_6Al_2)O_{22}(OH)_2$）の間に固溶体をつくり，単斜晶系の相は$(Mg, Fe^{2+})_7Si_8O_{22}(OH)_2$組成に近い組成をもち，カミングトン閃石（cummingtonite）–グリュネ閃石（grunerite）とよばれる．Mg–Fe角閃石は，変成作用を受けた苦鉄質-超苦鉄質岩や層状鉄鉱層（banded iron formation）などに産する．

Ca角閃石は，アクチノ閃石（actinolite：$Ca_2(Mg, Fe^{2+})_5Si_8O_{22}(OH)_2$）を基準とするとチェルマック置換が起こったチェルマック閃石（tschermakite：$Ca_2(Mg, Fe^{2+})_3Al_2(Si_6Al_2)O_{22}(OH)_2$）と，**エデナイト置換**（edenite substitution）$^{[A]}(Na, K)^{[4]}Al\square_{-1}Si_{-1}$が起こったエデン閃石（edenite：$(Na, K)Ca_2(Mg, Fe^{2+})_5(Si_7Al)O_{22}(OH)_2$）との間に固溶体をつくる．両置換とも独立に起こりうるが，上述したようにAlが置換することができる4配位席は通常2個までであるため，一般の角閃石はアクチノ閃石と両置換がほぼ均等に起こったパーガス閃石（pargasite：$(Na, K)Ca_2(Mg, Fe^{2+})_4Al(Si_6Al_2)O_{22}(OH)_2$）（図2.15）との中間的な組成をもつことが多く，それはホルンブレンド（普通角閃石：hornblende）とよばれる（図2.16）[24]．Ca角閃石は，火成岩や変成岩中に広く産する．

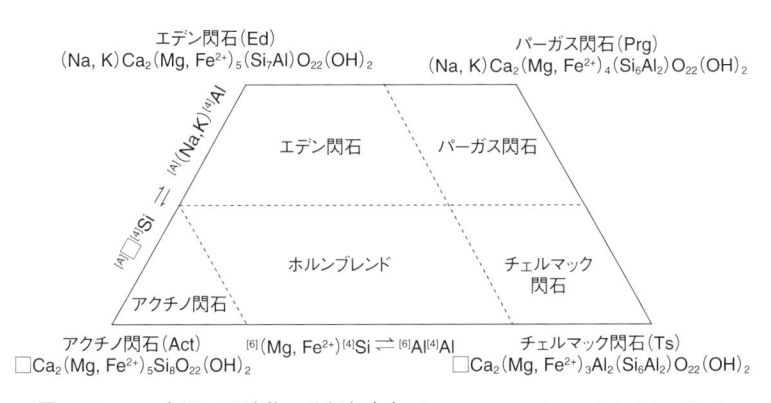

図2.16 Ca角閃石固溶体の分類と命名（Leake et al.（1997）をもとに作図）

---

[24] 単位組成式（O= 23）あたりの$^{[4]}$Alの数が2を超えSiが6よりも少ない角閃石として，定永閃石（sadanagaite：$NaCa_2Mg_3Al_2(Si_5Al_3)O_{22}(OH)_2$）とその置換体がある．

第 2 章　主要な造岩鉱物

　Na 角閃石の一般化学組成式は，$Na_2(Mg, Fe^{2+})_3(Al, Fe^{3+})_2Si_8O_{22}(OH)_2$ であり，$Mg \rightleftharpoons Fe^{2+}$ と $Al \rightleftharpoons Fe^{3+}$ の置換によって広い組成範囲を有する．そして，一般に端成分名を冠して 4 つの鉱物に分類されている（図 2.17）．このうち，藍閃石（glaucophane：$Na_2Mg_3Al_2Si_8O_{22}(OH)_2$）－フェロ藍閃石（ferroglaucophane：$Na_2Fe^{2+}{}_3Al_2Si_8O_{22}(OH)_2$）系とマグネシオリーベック閃石（magnesioriebeckite：$Na_2Mg_3Fe^{3+}{}_2Si_8O_{22}(OH)_2$）－リーベック閃石（riebeckite：$Na_2Fe^{2+}{}_3Fe^{3+}{}_2Si_8O_{22}(OH)_2$）系の中間組成を有するものも多く，$X_{Fe}(=Fe^{3+}/(Fe^{3+}+Al))$ 値が 0.3～0.7 のものをとくにクロス閃石（crossite：Miyashiro (1957)）とよぶこともある．藍閃石やクロス閃石など多くの Na 角閃石は高圧変成岩中に産する．一方，リーベック閃石は主にアルカリ火成岩中に産する．Na 角閃石と Ca 角閃石との間にも広く固溶体が存在し，ウィンチ閃石（winchite：$NaCa(Mg, Fe^{2+})_4AlSi_8O_{22}(OH)_2$）やバロワ閃石（barroisite：$NaCa(Mg, Fe^{2+})_3Al_2(Si_7Al)O_{22}(OH)_2$）とよばれている．それらの組成と産状の関係も輝石の特徴と類似する．

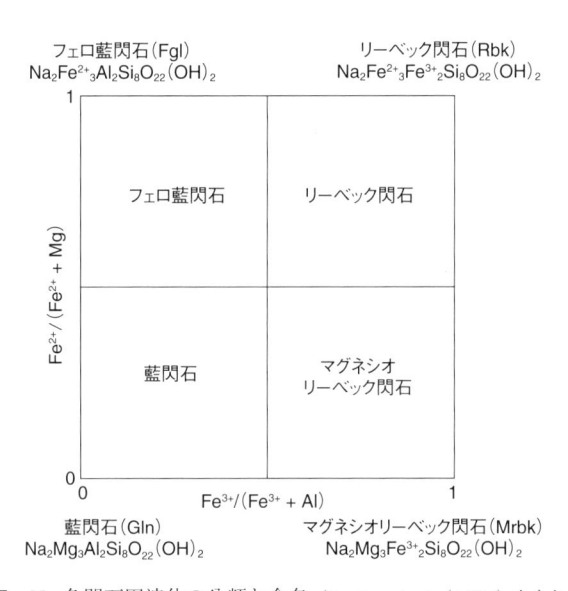

図 2.17　Na 角閃石固溶体の分類と命名（Leake *et al.* (1997) をもとに作図）

2.6　カンラン石族

カンラン石族（olivine group）は，代表的なネソケイ酸塩鉱物である（Brown, 1982）．近似的な六方最密充填構造（hexagonal close-packed structure）が基礎となっており，主要なケイ酸塩造岩鉱物のなかでは大きな密度をもつ．四面体の酸素は共有されていないため，SiとOの比率Si：Oは1：4となる（図1.4f）．化学組成式は，M(2)M(1)SiO$_4$と表現される（図2.18）．M(2)席をMn^{2+}やCaが占めることもあるが，多くのカンラン石（olivine）はフォルステライト（forsterite：Mg$_2$SiO$_4$）とファイアライト（fayalite：Fe$_2$SiO$_4$）を端成分とする固溶体である．ところで，次の式で表されるように，カンラン石にSiO$_2$ 1分子を加えた組成をもつ斜方輝石は，Feに富む組成を除き，広いX_{Mg}値の範囲にわたって安定である（2.4節）．

$$(Mg, Fe)_2SiO_4 + SiO_2 \longrightarrow (Mg, Fe)_2Si_2O_6 \tag{2.4}$$

　　　　カンラン石　　　石英　　　　斜方輝石

そのため，一般にカンラン石はSiO$_2$相と共存できず，主に塩基性火成岩や超塩基性岩などSiO$_2$に乏しい岩石に限って産する．一方，Feに富む斜方輝石は，マグマだまりや深成岩の固結深度に相応する圧力条件下では一般には不安定となり，式（2.4）の左辺であるFeに富むカンラン石＋石英の組合せが存在するようになる（図2.12）．したがって，Feに富むカンラン石は，酸性火成岩やペグマタイト中に産することがある．

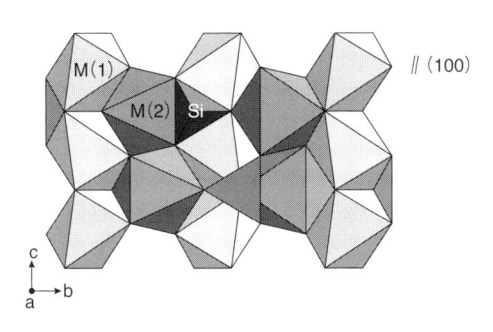

図2.18　カンラン石の結晶構造（Hazen（1976）をもとに作図）

2.7 ザクロ石族

ザクロ石族（garnet group）は，カンラン石とともに代表的なネソケイ酸塩鉱物である（Meagher, 1982）．化学組成式は，一般に $X_3Y_2Si_3O_{12}$ と表現される（図2.19）．6配位のY席は主にAlによって占められるが，Fe^{3+} やCrによって置換されることもある．一方，8配位のX席は，Mg, Fe^{2+}, MnやCaの2価の元素によって占められる．そして，一般には次の6つの端成分が考慮される．

パイロープ（pyrope：$Mg_3Al_2Si_3O_{12}$）
アルマンディン（almandine：$Fe^{2+}_3Al_2Si_3O_{12}$）
スペッサルティン（spessartine：$Mn_3Al_2Si_3O_{12}$）
グロッシュラー（grossular：$Ca_3Al_2Si_3O_{12}$）
アンドラダイト（andradite：$Ca_3Fe^{3+}_2Si_3O_{12}$）
ウヴァロバイト（uvarovite：$Ca_3Cr_2Si_3O_{12}$）

このうち，主に前者3成分からなるものを**パイラルスパイト**（pyralspite）系ザクロ石，後者3成分からなるものを**ウグランダイト**（ugrandite）系ザクロ石とよぶ．ザクロ石（garnet）の多くは，パイラルスパイトとグロッシュラーの固

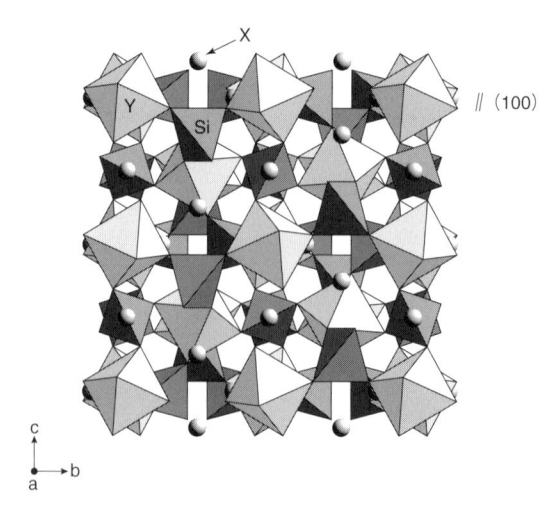

図2.19 ザクロ石の結晶構造（Francis and Ribbe（1980）をもとに作図）

溶体もしくはウランダイト固溶体である．パイラルスパイト系ザクロ石は，エクロジャイトをはじめとする種々の変成岩や一部のカンラン岩中に産するとともに，酸性火成岩に含まれることがある．グロッシュラー–アンドラダイト系ザクロ石は，スカルン鉱床や石灰質変成岩中などにしばしば産する．

2.8 その他の鉱物

以下では，火成岩や変成岩の章で扱う主な鉱物について簡単に説明する．

2.8.1 スピネル族鉱物（spinel group mineral）

狭義のスピネルは，$MgAl_2O_4$ 組成をもつが，Mg を Fe^{2+} が，Al を Cr や Fe^{3+} が置換して広い組成範囲で固溶体をつくる（Waychunas, 1991）．磁鉄鉱（magnetite：Fe_3O_4）もスピネル族に含まれる．狭義のスピネル–鉄スピネル（hercynite：$FeAl_2O_4$）固溶体は SiO_2 に乏しく Al_2O_3 に富む高温の変堆積岩やスカルンなどに，Cr_2O_3 に富むクロム鉄鉱（chromite：$FeCr_2O_4$）–クロム苦土鉱（magnesiochromite：$MgCrO_4$）は超苦鉄質岩や一部の火成岩に産する．

2.8.2 鉄–チタン酸化鉱物（iron and titanium oxide mineral）

TiO_2–FeO–Fe_2O_3 系の鉱物は，図 2.20 に示すように多くの鉱物が知られているが，一般的に産するものとしては，ルチル（rutile：TiO_2），チタン鉄鉱（ilmenite：$FeTiO_3$），赤鉄鉱（hematite：Fe_2O_3）や磁鉄鉱がある（Waychunas, 1991）．磁鉄鉱–ウルボスピネル（ulvöspinel：Fe_2TiO_4）固溶体と赤鉄鉱–チタン鉄鉱固溶体は，FeO と Fe_2O_3 を含むため，それらの組成は温度・圧力条件のほか**酸素フガシティー**（fugacity）[25] によっても変化し，火成岩や変成岩の平衡温度と酸化状態の見積もりに利用されている．それらの関係は，Buddington and Lindsley（1964）によって論じられ，後に板谷（1980）によって改訂版が提案されている．

---

[25] 熱力学的に補正された分圧．

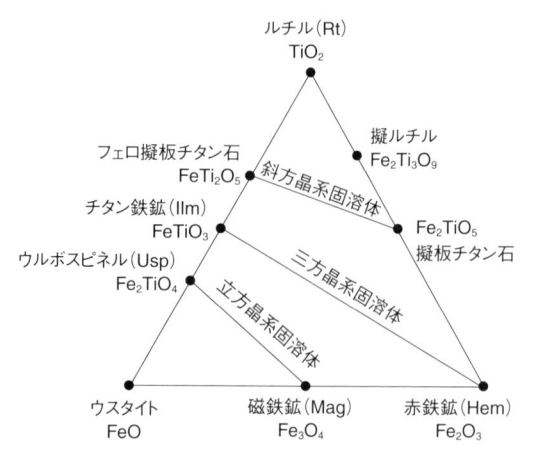

図 2.20 鉄-チタン酸化鉱物固溶体の分類と命名（Lindsley, 1991）
およそ 1,100℃ 以下になると，$FeTi_2O_5$ 端成分が不安定となり，ルチル-斜方晶系固溶体-三方晶系固溶体の 3 相が共存する．さらに温度が低下し，およそ 600℃ 以下になると，$FeTiO_3$-Fe_2O_3 系に不混和領域が生じ，ルチル-チタン鉄鉱固溶体-赤鉄鉱固溶体およびチタン鉄鉱固溶体-赤鉄鉱固溶体-磁鉄鉱の 2 つの 3 相共存領域が出現する．

2.8.3 炭酸塩鉱物

代表的な炭酸塩鉱物（carbonate mineral）（Reeder, 1983）は，$CaCO_3$ 組成をもつ方解石（calcite：三方晶系）で，アラレ石（aragonite）はその高圧相（斜方晶系）である．Ca 席をイオン半径のより小さい Mg，Fe^{2+} および Mn が置換したものが，それぞれマグネサイト（菱苦土鉱，magnesite：$MgCO_3$），シデライト（菱鉄鉱，siderite：$FeCO_3$）およびロードクロサイト（菱マンガン鉱，rhodochrosite：$MnCO_3$）である．これらの相と方解石の間には中間組成の相が存在し，それぞれ，ドロマイト（苦灰石，dolomite：$CaMg(CO_3)_2$），アンケライト（ankerite：$CaFe(CO_3)_2$）およびクトナホライト（kutnohorite：$CaMn(CO_3)_2$）とよばれる．これらはいずれも三方晶系である．方解石-ドロマイト系の組成間隙は，地質温度計として利用される（11.4.1 項参照）．一方，Ca 席をよりイオン半径の大きい Sr もしくは Ba で置換したものが，ストロンチアン石（strontianite：$SrCO_3$）と毒重石（witherite：$BaCO_3$）であり，いずれも斜方晶系でアラレ石との間に固溶体をつくる．

2.8.4　緑れん石族鉱物

緑れん石族鉱物（epidote group mineral）はソロケイ酸塩鉱物（sorosilicates）に属し，一般に $Ca_2(Fe^{3+}, Al)Al_2Si_3O_{12}(OH)$ の組成式をもつ（Liebscher and Franz, 2004; Armbruster et al., 2006）．このうち，$Ca_2Al_3Si_3O_{12}(OH)$ 組成に近いものには，斜方晶系のゾイサイト（灰れん石，zoisite）と単斜晶系のクリノゾイサイト（斜灰れん石，clinozoisite）の 2 相が安定であるが，両者が共存する際は，常にクリノゾイサイトがより Fe^{3+} に富む（Enami and Banno, 1980）．Fe^{3+} に富む斜方晶系の相は不安定であり，ゾイサイトは低い酸素フガシティーの岩石中にのみ産する．一方，クリノゾイサイトでは，酸素フガシティーが高くなるほど Al を置換する Fe^{3+} の割合が高くなり，置換は 3 つある 6 配位席のうち 1 つを Fe^{3+} が占めるまで進行し（$Ca_2(Fe^{3+}Al_2)Si_3O_{12}(OH)$），それらは一般に緑れん石（epidote）とよばれる．そして，Fe^{3+} を Mn^{3+} が置換すると紅れん石（piemontite：$Ca_2(Mn^{3+}Al_2)Si_3O_{12}(OH)$）となる．また，REE $(Fe^{2+}, Mg)Ca_{-1}(Fe^{3+}, Al)_{-1}$ の置換によって希土類元素（rare earth element：REE）を含むことができ，2 つある Ca 席のうちサイズの大きいほうが REE で占められたものを褐れん石（allanite：$REE^{3+}Ca(Fe^{2+}, Mg)Al_2Si_3O_{12}(OH)$）とよぶ．緑れん石族鉱物は，低～中温，低圧～超高圧の変成岩類や熱水変質帯，スカルン鉱床など，幅広い温度・圧力条件のもとで安定である．また，紅れん石は，Mn^{3+} が安定となる酸素フガシティーが高い岩石中に産する（図 11.10）．これらは，基本的には変成鉱物であるが，7.3.2 項で述べるように比較的高圧条件下で結晶化した深成岩中にも産することがある．H_2O を 1.7～2.0wt％ 程度含む．

2.8.5　パンペリー石，ぶどう石

パンペリー石（pumpellyite：ソロケイ酸塩鉱物）とぶどう石（プレーナイト，prehnite：フィロケイ酸塩鉱物）は，いずれも低変成度の塩基性変成岩を特徴づける鉱物である．パンペリー石は，$Ca_2(Fe^{3+}, Mg, Fe^{2+})(Al, Fe^{3+})_2Si_3O_{11}(OH, O)_2 \cdot H_2O$ の化学組成式をもち，いくつかの席で置換を起こして，幅広い組成範囲を示す．そのうちの Ca 席を Mg で置き換えた MgMgAl-パンペリー石（$Mg_5Al_5Si_6O_{21}(OH)_7$）は，その安定領域の圧力の下限が 3.7 GPa/520～590℃ときわめて高く超高圧条件でのみ安定である（Schreyer,

1988).しかし,現在のところ超高圧変成岩からの産出報告はない.ぶどう石は $Ca_2(Al, Fe^{3+})(Si_3Al)O_{10}(OH)_2$ の化学組成式をもつ.パンペリー石とぶどう石は,それぞれ 5.6〜7.7wt% および 2.3wt% 程度の H_2O を含む.

2.8.6　ローソン石

ローソン石(lawsonite)はソロケイ酸塩鉱物に属し,化学組成は $CaAl_2Si_2O_7$-$(OH)_2 \cdot H_2O$ である.これは灰長石 $+2\, H_2O$ に相当する.パンペリー石や緑れん石などと比べて多量の H_2O(約 11.5wt%)を含む.高圧・低温条件下で安定な変成鉱物であり,プレートの沈み込みに伴うマントルへの H_2O の供給に重要な役割を果たしていると思われる(図 6.16,3.3 節参照).重土長石(celsian:$BaAl_2Si_2O_8$)とキュムリ石(cymrite:$BaAl_2Si_2(O, OH)_8 \cdot H_2O$)やカリ長石と K-キュムリ石(K-cymrite:$KAlSi_3O_8 \cdot n\,H_2O$)[26]の関係も同様であり,長石類の多くは H_2O を結晶構造中に含むことによって,別相となって高圧条件下で安定化する.

2.8.7　十字石

十字石(staurolite)はネソケイ酸塩鉱物に属する.自形結晶は,貫入双晶(penetration twin)[27]をなすことが多く,十字形や X 字形を示し名前の由来となっている(Ribbe, 1982).ザクロ石と同様に共存する他の鉱物に比べて,一般に低い X_{Mg} 値をもち,$Fe^{2+}{}_2Al_9(Si, Al)_4O_{20}(O, OH)_4$ に近い化学組成式をもつが,Mg に富むものや Zn に富むものも知られている(Chopin et al., 2003).また,Fe^{2+} や Mg を Li が置換する場合もあり,化学組成範囲は広い.十字石は一般に中〜低圧の泥質変成岩に産するが,Mg に富むもの(magnesiostaurolite)はその安定領域に圧力の下限(1.4 GPa/730〜880℃)をもっている.このように,一般に低い X_{Mg} 値をもち中〜低圧変成岩中に産するいくつかの鉱物は,Mg に

---

[26] Zhang et al.(2009)は,中国西部・北柴达木(Qaidam)超高圧変成岩中のザクロ石の包有物として,かつて K-キュムリ石であった可能性があるカリ長石の集合体を報告しているが,まだ K-キュムリ石そのものが天然試料中から報告された例はなく,正式の鉱物名ではない.K-キュムリ石は,500℃ では 2.5 GPa 以上の高圧で安定である(Fasshauer et al., 1997).

[27] 双晶の一形態で,2 つの結晶が,互いに入り込んだ形状を示すもの.透入双晶ともいい,接合面は不規則である.

富むことによって高圧〜超高圧条件で安定となる例は多い．たとえば，パイロープ（＞ 1.4 GPa/790℃），Mg−クロリトイド（Mg-chloritoid; ＞ 1.8 GPa/560℃）がある（Schreyer, 1988）．

2.8.8 菫青石

菫青石（cordierite）は $(Mg, Fe)_2Al_3(Si_5Al)O_{18}$ の組成式をもつ代表的なサイクロケイ酸塩鉱物である（図 1.4d）．一般に高い X_{Mg} 値をもち A″FM 図では A″−M 辺に近い位置に投影される（図 9.7 参照）．(Si, Al)−四面体からなる六員環の筒中に少量の H_2O を含む場合がある（含水菫青石：hydrous cordierite）．単結晶は，強い多色性（pleochroism）[28]を示し，見る方向によって，色が群青色から淡い枯草色に変化し，その青みがかった色が和名の由来となっている．菫青石は斜方晶系であるが，その高温型は六方晶系に属しインド石（indialite）とよばれる．菫青石は，一般に泥質岩を原岩とするホルンフェルスや広域変成岩に産するが，花こう岩質岩やペグマタイト中にも認められる．

ぶらり途中下車 2 スズメ百まで？

恩師の坂野昇平先生から，私に与えられた卒論のテーマは「ゾイサイト−クリノゾイサイト間の 2 相共存領域の決定」だった．緑れん石族の両鉱物は，同じ化学組成式をもつ固溶体であるが，それぞれ斜方晶系と単斜晶系と互いに結晶構造が異なる．そのため，同じ温度−圧力条件のもとでは，両者は同一の化学組成をとることができず，それらの間に組成的不連続が生ずる．その領域の温度依存性，すなわちどちらの相が高温型であるかを決めることが目的であった．ちょうどそのころは，今では地球惑星科学系のほとんどの教室にあるEPMA（電子線マイクロアナライザー：electron probe microanalyzer）の利用が始まってまもなくのことではあった．しかし，私の所属していた研究室では，卒論生もようやく使用させてもらえるようになっていた．薄片中にある緑れん石族鉱物各粒の組成の違いを決定することが主な目的であり，今思うとEPMAの特徴と有利な点を最大限に活かしたテーマをいただいたものである．当時使用したEPMA（XMA-5A）は，たしかその会社の試作 2 号機だった

---

[28] 光の吸収率が大きい光学的異方体に見られる現象．光の吸収率が，光の振動方向と結晶の光学的位置関係により，また光の波長により異なるために起こる．

第 2 章　主要な造岩鉱物

はず．巨大でまさに装置と格闘するようにして分析するわけで，いろんな意味をこめて私は密かに「戦艦大和」とよんでいた．

閑話休題．2 相共存領域を決定するには，同一試料中にある互いに平衡に形成された 2 相を分析する必要がある．緑れん石族鉱物の特徴は，学部 3 年生の講義「岩石学」でMY 先生から聞いていたし，HS 先生の岩石学実験で薄片も見ている．だからといって，はじめは 2 つの鉱物を容易には区別できないし，そもそも共存している試料自体が簡単には見つからない．当時あった唯一の論文データベース「Mineralogical Abstracts」を見ても，両相が共存する試料はほとんど報告されていない．途方に暮れて，先輩のKY さんやMO さんに，それらしい試料があったら教えて下さいとお願いして，とにかく緑れん石族鉱物を手当たり次第に分析していた．そして，KY さんから提供していただいた変斑れい岩（metagabbro）試料の薄片を技官のSK さんに作ってもらった．SK さんが薄片を渡すとき，「ちょっと厚いかもしれない」と言われたことを覚えている．偏光顕微鏡で見ると，そこには美しいセクター構造を示すゾイサイトがあった．それ以降，同じ露頭からいくつも試料を採取し薄片を作ったが，そのような美しい組織に再び出会うことはなかった．今思うと，SK さんはセクター構造がよく見えるようにと，わざと厚いままの薄片を私に渡されたとしか思えない．ありがとうございました．この薄片の記載は実質的に私のデビュー論文となった（それ以前にも 1 編あるが，これは完全にお情けで名前を入れていただいたもの）．そして，セクター・ゾイサイトの写真は，後になってReviews in Mineralogy & Geochemistry, vol.56, Epidotes volume（Liebscher and Franz, 2004）の裏表紙を飾った．

その後，何とか 2 相共存領域の温度依存性を決めたが，それと矛盾する報告が 2 つ残った．そのうちの 1 つ，Stanford 大学のGE さんがアルプスのエクロジャイトから分析し記載されたクリノゾイサイトは，その組成範囲から判断すると斜方晶系のゾイサイトでなくてはいけない．坂野先生を通じて試料を再検討させてほしい旨をGE さんにお願いしたところ，快く試料を提供してくださった．そして，鉱物・結晶学講座のKK 先生に指導をしていただいて単結晶構造解析を行い，予想どおり斜方晶系であることを確認した．もうひとつの報告の解釈はできなかったが，坂野先生と共著で投稿した原稿は，私の国際誌デビュー論文となった（Enami and Banno, 1980）．

そして約 10 年が経ち，Stanford 大学に特別研究員として滞在した．そのとき，GE 先生にあってお礼を述べたが，昔のことだから覚えていないよとおっしゃった．緑れん石族鉱物を扱った論文を数えてみたら10 編以上となっていた．半年ほど前には，院生の人との共著で書いたSr-緑れん石の論文が受理・印刷された．また，マグマ起源の緑れん石についての原稿が査読から戻ってきて机の上にある．緑れん石との付き合いはまだまだ続きそうだ．

第3章 相平衡を理解するために

　ある均質な物質を考える．それは，多数の原子や分子の集合であり，それらが全体として示す性質（熱力学的な状態）を表す変数を状態量（functions of state）という．温度，圧力，体積や内部エネルギーなどはいずれも状態量である．このうち，温度や圧力などは，対象としている物質の量とは無関係であり，それらは**示強変数**（intensive variable）とよばれる．これに対し，体積や内部エネルギーなどは，質量に比例する量であり**示量変数**（extensive variable）という．物質の状態は，2つの状態量を指定すれば一義的に決まる．この章では，鉱物の安定関係を論じる際に使われる相平衡図を理解するために必要な基礎的な事項について述べる．

3.1　相　　律

3.1.1　ギブズの相律

　岩石は鉱物の集合体である．したがって，ある条件下でどのような岩石が形成されるかを論じる際には，岩石を多成分多相系として扱う必要がある．そのとき，最も基本的な法則は**ギブズの相律**（Gibbs' phase rule）である．いま岩石の状態（構成する鉱物の種類や化学組成など）を指定する状態量が温度（T）と圧力（P）であるとしよう．この場合に，岩石を構成する鉱物の集合体全体が最も安定な状態（平衡状態：equilibrium condition）になる条件を考える．ここでは，系を表すために必要な成分の数が c 個であり，その系では p 個の鉱物が共

存しているとする．これらが互いに平衡状態にあるためには，p 個の鉱物相互において c 個の成分それぞれの**化学ポテンシャル**（μ：chemical potential）[29] がすべて等しくなる必要がある．すなわち，

第 1 成分：$\mu_1^1 = \mu_1^2 = \mu_1^3 = \cdots\cdots = \mu_1^p$

第 2 成分：$\mu_2^1 = \mu_2^2 = \mu_2^3 = \cdots\cdots = \mu_2^p$

↓

第 c 成分：$\mu_c^1 = \mu_c^2 = \mu_c^3 = \cdots\cdots = \mu_c^p$

を満足する必要がある．ここで，各成分について独立な平衡条件式は $(p-1)$ 個であるから，c 個の成分について考えるとその総数は，$(p-1) \times c$ 個となる．一方，系の状態を記述することは，T，P およびすべての相の組成（各相中の各成分のモル分率）を記述することを意味する．ただし，各相ですべての成分のモル分率の和は 1 であるから，独立した組成の変数は相ごとに $(c-1)$ である．したがって，すべての相を記述するためには $(c-1) \times p$，これに T と P を加えると $(c-1) \times p + 2$ の変数が必要となる．すなわち，系の状態を定めるためにさらに与える必要がある変数の数（われわれが平衡状態を乱すことなく独立に変化させることができる示強変数の数）は，変数の総数と条件式の総数の差となる．これを**自由度**（F：degrees of freedom）とよび

$$F = [(c-1) \times p + 2] - [(p-1) \times c] = c + 2 - p \tag{3.1}$$

で表される．これをギブズの相律という．

3.1.2　ゴールドシュミットの鉱物学的相律

ある系が平衡状態にあるためには，自由度 $F \geqq 0$ である．したがって，相と成分の数の関係は，

$$c + 2 \geqq p \tag{3.2}$$

となる．そして，天然の岩石が形成されたときを考えると，温度と圧力は一般に独立に決まっているから，

---

[29] ここで，相 j における成分 i の化学ポテンシャルは，ギブズの自由エネルギーを G とすると，$\mu_i^j = (\partial G/\partial n_i)_{T,P,n}$ であり，T と P と相 j の化学組成 (n) との関数である．

$$c \geqq p \tag{3.3}$$

となる．これをゴールドシュミット（Goldschmidt）の**鉱物学的相律**（mineralogical phase rule）とよぶ．すなわち，鉱物学的相律とは，外的条件によって決められている示強変数は温度と圧力として，岩石自体は閉じた系と見なした場合に適用される．なお，流体相が存在しない場合には，p は鉱物の数を表す．しかし，たとえばほぼ純粋な H_2O からなる流体相が存在すると，鉱物の数は $p-1$ となる．

3.1.3　コルジンスキーの開いた系の鉱物学的相律

Korzhinskii（1936, 1959）は，H_2O や CO_2 などは岩石内を移動し系に対して自由に出入りできる場合を考えた．すなわちそれらの化学ポテンシャルは外的条件によって決まると見なし，**完全移動性成分**（perfectly mobile component）とよんだ．そして，移動しないと見なされる成分を**固定性成分**（inert or fixed component）とした．この場合，完全移動性成分の数を c_m，固定性成分の数を c_i とすると，外的条件によって決まる温度，圧力そして c_m 個の完全移動性成分の化学ポテンシャルを除くと，自由度は，

$$F = (c+2-p) - (2+c_m) = c - c_m - p = c_i - p \tag{3.4}$$

平衡が成立するためには，

$$c_i - p \geqq 0, \quad c_i \geqq p \tag{3.5}$$

となる．これは開いた系（開放系：open system）の鉱物学的相律とよばれている．

3.2　1成分系の相平衡図

3.2.1　相律と相平衡

次に，鉱物の安定関係を決める際の相律の役割について，多形の関係にある紅柱石（And），藍晶石（Ky）および珪線石（Sil）を例にとって考えてみよう．なお，相律はここで扱う固相のみの反応だけではなく，後に述べるように H_2O

や CO_2 などの流体，メルトや固溶体が関与した系の安定関係を理解するのに重要な役割を果たす．

ある系に相律を適用するとき，想定すべき成分の数 c は，そこで対象とするすべての相を表現するために必要な最低限の系成分の数である．上記の3つの鉱物は，いずれも Al_2SiO_5 の化学組成をもっている（Al_2SiO_5 鉱物：aluminosilicate）．そこで，それらの組成を表現する場合，Al_2O_3 と SiO_2 をまとめた1つの成分 Al_2SiO_5 を考えればよい．これを1成分系という（$c=1$）．したがって，温度−圧力図上では，いずれか1つの鉱物のみが安定に存在する（$p=1$）条件は $F=1+2-1=2$ となる．ところで，ここで対象としている鉱物は，いずれも化学組成を変化させることができないので，自由度として扱うことができる示強変数は，温度および圧力だけである．すなわち，それぞれの鉱物は温度−圧力領域のある範囲で安定に存在できる．任意の2つの鉱物が共存する場合（$p=2$）は $F=1$ となり，温度と圧力のいずれかが決まれば他方が決まるため，それらが安定となる条件は線で表現され，その組合せは3通りである．また，自由度が0となる3つの鉱物が安定に存在する組合せの数は1通りであるため，温度−圧力図上では1つの点として表現される[30]．坂野ら（1988）は，上記の自由度2の領域（面），1の線および0となる点を，それぞれ**双変領域**（divariant field），**単変曲線**（univariant line：反応曲線と同義）および**不変点**（invariant point）とよんだ．

3.2.2 シュライネマーカースのルール

相律は，Al_2SiO_5 鉱物の相平衡図が，1つの不変点から伸びる3本の単変曲線によって分割された3つの双変領域からなることを示している．これらの安定な単変曲線は不変点を一端とする半曲線であり，反対側の曲線は準安定（metastable）な反応曲線を示している（14.3.4 項参照）．不変点から伸びる3本の単変曲線の幾何学的関係は，たとえば図 3.1 の例のように一義的には決まらない（以下では，反応曲線を，この図のように便宜的に直線で表すことがある）．そこで，ある不

---

[30] 実際に岩石中に産する Al_2SiO_5 鉱物は，少量の Fe_2O_3 や Mn_2O_3 を含んでいる．したがって，厳密にはそれらの安定関係を1成分系で扱うことはできず，変成岩中に紅柱石と珪線石など2種類の鉱物が広く共存する場合も報告されている（横井，1983; Kerrick, 1990）．

3.2 1成分系の相平衡図

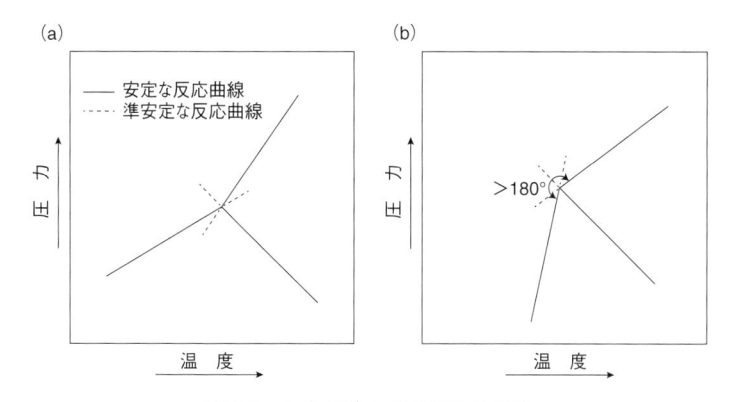

図3.1 1成分系3相の仮想的相図
(b)はモーレイ-シュライネマーカースの定理に反している.

変点から伸びる安定な単変曲線群(シュライネマーカース(Schreinemakers)の束)の幾何学的な配列の一般的な規則を利用して正しい相図を選択する.そのひとつが,「不変点のまわりを1周するとき,$c+2$本の単変曲線の安定部分とその延長である準安定部分にぶつかる順序は,その不変点で共存する$c+2$の相の化学組成だけで決まる」とする**シュライネマーカースのルール**(Schereinemakers' rule)である.これにより,温度–圧力図上の単変曲線の位置関係に大きな制限が課せられる(Zen, 1966).Al_2SiO_5鉱物の場合は,たとえば不変点のまわりを時計回りに1周したとき,藍晶石→珪線石→紅柱石となる幾何学と藍晶石→紅柱石→珪線石となる幾何学のいずれかとなる.もうひとつは,ある双変領域の範囲を限る2本の単変曲線が不変点を要としてなす角度は180°を超えないとする**モーレイ-シュライネマーカース**(Morey-Schreinemakers)の定理である.この点を考慮すると図3.1のうち,(a)は成立するが(b)は安定に存在できないことがわかる.これと同様に,多成分系において複数存在する不変点の相対的な位置関係や実験で決められた単変曲線が相互に矛盾しないかなどの検討を系統的に行うことができる.これらの点については,坂野(1979)や吉田・平島(1999)に詳しいので参照されたい.

3.2.3 クラウジウス-クラペイロンの式

相律とシュライネマーカースのルールをもとにすると,不変点から射出する

第 3 章 相平衡を理解するために

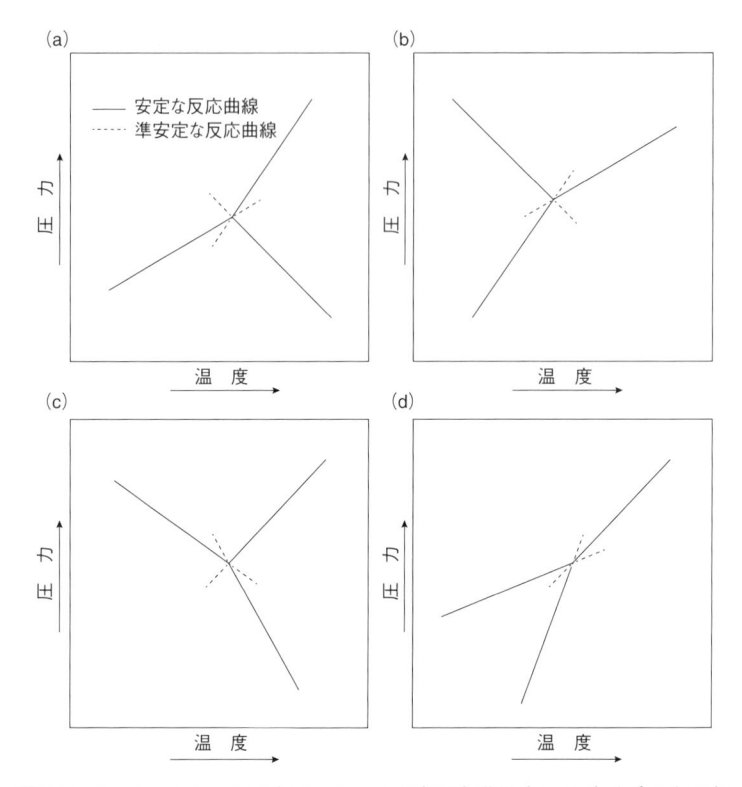

図 3.2 モーレイ-シュライネマーカースの定理を満足する 1 成分系 3 相の仮想的相図の例

単変曲線の相対的配置を決めることができる．しかし，その単変曲線の一群が温度-圧力図上でどのような配置になるかは規定されないため，たとえば図 3.2 のように，それぞれの単変曲線の傾き（dP/dT）が正であるか負であるかの組合せによって，いくつもの場合が想定できる．

このうちどれが成立するかは，クラウジウス-クラペイロンの式（Clausius–Clapeyron equation）によって求められる各単変曲線の傾斜から判定される．同式は，次の平衡条件式から導かれる（14.3.1 項参照）．

$$\Delta G_{T,P} = 0 = \Delta H_{T,P} - T\Delta S_{T,P} + P\Delta V_{T,P} \tag{3.6}$$

これを次のように変形し

$$P = \frac{-\Delta H_{T,P}}{\Delta V_{T,P}} + \frac{T\,\Delta S_{T,P}}{\Delta V_{T,P}} \tag{3.7}$$

微分すると，次のクラウジウス–クラペイロンの式を得る．

$$\frac{dP}{dT} = \frac{\Delta S_{T,P}}{\Delta V_{T,P}} \tag{3.8}$$

ここで，ΔG，ΔH，ΔS および ΔV は，それぞれ単変曲線を定義する反応の両辺の，**自由エネルギー**（free energy），**エンタルピー**（enthalpy），**エントロピー**（entropy）および**体積**（volume）の差である．すなわち，反応に関与した鉱物の熱力学変数が求まっていると，単変曲線の傾きをを求めることができる．

Al_2SiO_5 鉱物の熱力学定数は，一般に想定される温度–圧力条件の範囲において次の関係にある．

$S_{\mathrm{Sil}} > S_{\mathrm{And}} > S_{\mathrm{Ky}}$

$V_{\mathrm{And}} > V_{\mathrm{Sil}} > V_{\mathrm{Ky}}$

したがって，横軸に温度変化を縦軸に圧力変化をとった図上において，藍晶石＝紅柱石および藍晶石＝珪線石の単変曲線は正の傾きを，紅柱石＝珪線石の単変曲線は負の傾きをもっている．これにより，これら3相の相図は，図3.2に挙げた例のうちでは（a）もしくは（b）であることがわかる．

3.2.4　鉱物の安定・不安定

図 3.2a もしくは b のいずれが成立し，各双変領域においてどの相が安定であるかは，次のように定義されているエントロピーと体積の大小より判断できる（14.3.1 項参照）．

$$\left(\frac{\partial G}{\partial T}\right)_{P,n} = -S \tag{3.9}$$

$$\left(\frac{\partial G}{\partial P}\right)_{T,n} = V \tag{3.10}$$

この式より，Al_2SiO_5 の3相の自由エネルギーの変化は，温度–自由エネルギー図（図3.3a）および圧力–自由エネルギー図（図3.3b）のようになる．系の組成が同じであるものを比較した場合，自由エネルギーが最も低い鉱物（もしくはそれらの集合体）が安定になる．したがって，圧力一定とすると温度が上昇す

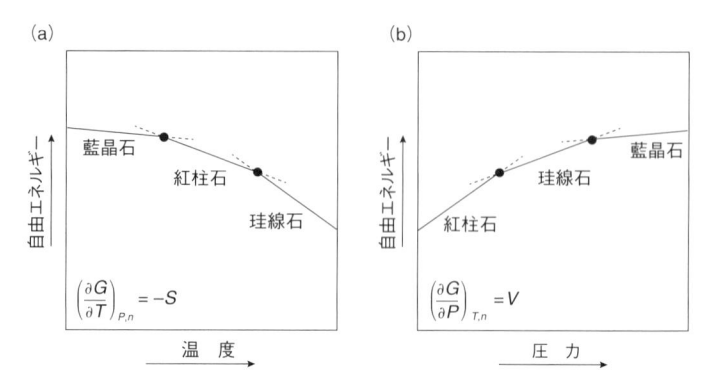

図 3.3 Al$_2$SiO$_5$ 鉱物の自由エネルギーの温度–圧力変化図（Spear（1993）を簡略化して編図）

るに従い，3 相を比較すると藍晶石，紅柱石，珪線石の順で，また温度一定とすると圧力が上昇するに従い，紅柱石，珪線石，藍晶石の順に安定となる．これを満足する 3 相の双変領域の幾何学的位置関係は，図 3.2b では表現することができない．そして，図 3.2a において，藍晶石（Ky）は相対的に低温高圧側，珪線石（Sil）は高温側そして紅柱石（And）は低温低圧側で安定であることがわかる（図 3.4 の（2）を参照）．このようにして，基礎的な熱力学および熱力学的データをもとにして，鉱物の安定関係を論じることができる．

3.3　流体が関与する反応

図 3.4 に代表的な単変曲線の温度–圧力関係を示す．これまで例として挙げた Al$_2$SiO$_5$ 鉱物のような固相–固相反応の場合，単位モルあたりの体積とエントロピーの大小によって，反応曲線の傾き（dP/dT）は正である場合も負である場合も生ずる（図 3.4 の反応（1），（2）と（3））．一方，流体が関与する脱 H$_2$O 反応や脱 CO$_2$ 反応は，より複雑な変化をする．図 3.5 は，次の脱 H$_2$O 反応を例に，圧力の上昇に伴う反応曲線の傾きの変化を模式的に示している．

$$\text{含水鉱物} \longrightarrow \text{無水鉱物} + \text{H}_2\text{O} \tag{3.11}$$

この反応の場合，低圧条件では，H$_2$O（流体）は大きな体積をもっているので，脱 H$_2$O 反応が起こると無水鉱物と流体の体積の総量（反応式（3.11）の右辺）

3.3 流体が関与する反応

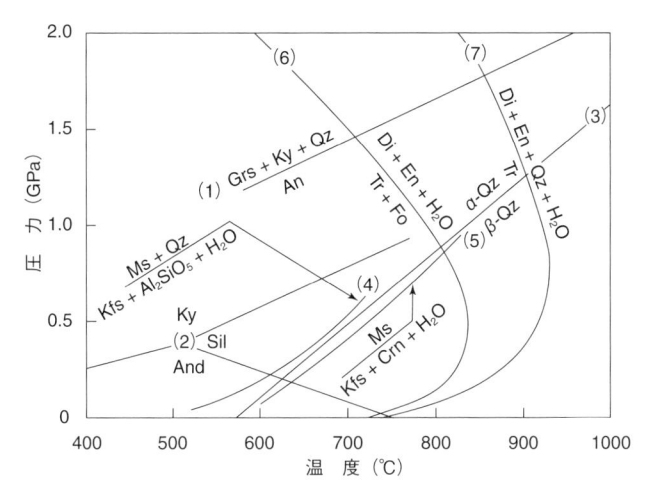

図 3.4 温度–圧力図上の単変曲線の例

(1) Chatterjee *et al.* (1984), (2) Kretz (1994), (3), (6) および (7) Delany and Helgeson (1978), (4) および (5) Chatterjee and Johannes (1974). [略号] An：灰長石, And：紅柱石, Crn：コランダム (corundum：Al_2O_3), Di：ディオプサイド, En：エンスタタイト, Fo：フォルステライト, Grs：グロッシュラー, Kfs：カリ長石, Ky：藍晶石, Ms：白雲母, Qz：石英, Sil：珪線石, Tr：トレモラ閃石 (tremolite：$Ca_2Mg_5Si_8O_{22}(OH)_2$).

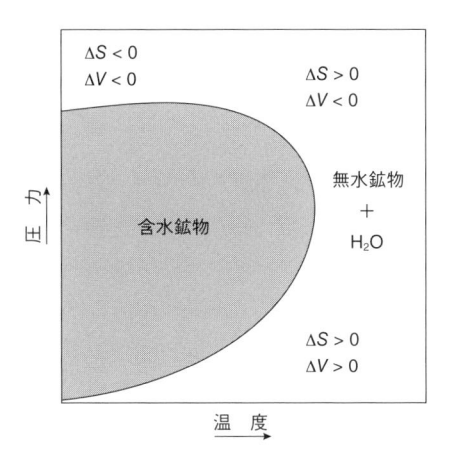

図 3.5 固相圧と流体圧が等しい場合の脱 H_2O 反応曲線の例
(都城 (1965) をもとに編図)

は含水鉱物の体積（左辺）に比べて大きい（$\Delta V > 0$）．また，脱 H_2O 反応は吸熱反応でありエントロピーも増大するから（$\Delta S > 0$），固相と流体が受けている圧力が等しい場合，クラウジウス–クラペイロンの式に従うと単変曲線は正の傾き（dP/dT）をもつ（図 3.4 の反応（4），（5），（6）と（7））．そして，圧力が高くなるに従って，流体の体積は圧縮され減少するから，dP/dT は次第に大きな正の値となる．さらに圧力が上昇し，もし $\Delta V = 0$ となるようなことがあると単変曲線は温度–圧力図上で直立する．そして，やがて $\Delta V < 0$ となると単変曲線の傾きは負となる．ところで，ここでマクスウェルの関係式（Maxwell relations）のひとつ

$$\left(\frac{\partial S}{\partial P}\right)_T = -\left(\frac{\partial V}{\partial T}\right)_P$$

により，圧力の上昇に伴って反応の両辺のエントロピーはともに減少する．しかし，圧縮率が大きい流体を含む側のエントロピーの減少量のほうが大きいため ΔS も減少する．このため，圧力の上昇とともに，反応曲線の負の傾きは次第に小さくなる（図 3.4 の反応（6）と（7））．そして，$\Delta S = 0$ となると単変曲線の傾きは 0 となり，やがて $\Delta S < 0$ となるようなことが起これば再たび正の傾きをもつようになる．すなわち，図 3.5 に示すような反応が起こる場合，単変曲線（言い換えると含水鉱物またはそれらの組合せの安定領域）は温度と圧力の両方について極大をもつことになる．

　沈み込み帯（subduction zone）の研究が進む以前には，天然の岩石中で負の傾きをもつような条件で脱 H_2O 反応が起こることはまれであろうと考えられていた．しかし，緑泥石 + 石英（Delany and Helgeson, 1978），角閃石（Millhollen *et al.*, 1974），ローソン石やフェンジャイト（Schmidt and Poli, 1998）など主な含水変成鉱物の安定領域が明らかになり，さらに数値計算によって沈み込む**スラブ**（slab）が低い地温勾配をもっていることが指摘された（Peacock, 1990）．そして，脱水（H_2O）反応（dehydration reaction）が負の傾きをもつ，もしくはほとんど温度依存性をもたなくなるような低温高圧条件下で進行することが，地球深部への H_2O の供給と**マントル・ウェッジ**（mantle wedge）[31] の部分融解によるマグマの発生に重要なはたらきをなしていることが認識されるようになった．

---

[31] 沈み込むスラブと島弧地殻の間に形成される楔（くさび：wedge）状のマントル部分．

3.3 流体が関与する反応

なお，図 3.4 は，「各鉱物の安定領域は，それが単独相として存在する場合に最も広く，他の鉱物と共存すると両者相互に反応関係が生じるため，より狭くなる」という重要な点も示している（反応（4）と（5），（6）と（7）をそれぞれ比較）．

ぶらり途中下車 3　偏光顕微鏡観察をしよう

　高校時代の地学クラブでは，顧問の SU 先生に教えていただきフズリナなどの化石を調べていた．漠然と古生物学を続けたいなと思い大学に入ったが，化石の鑑定は誰にでもできるものではなさそうだと思うようになった．そして，岩石や鉱物の分野では，どんな偉い先生が鉱物 A だと鑑定されても，化学組成と結晶構造さえ決まれば若造でもそれに反論できそうな点と，熱力学という研究手法が面白そうだと思うようになったこと，そしてもともと化学も好きだったことなどから，地殻化学講座に入れていただいた．しかし，天然の鉱物は組成的にきわめて不均質であることや，岩石はさまざまな顔つき（組織）を見せることがわかり，化学組成と結晶構造さえ決まれば何とかなるというのは，とんでもない思い違いであることを理解できるようになった．

　ところで，ある学会のメーリングリストに，鉱物の同定に関する質問が流れたことがある．その趣旨は，「EPMA で反射電子線像（BSEI: backscattered electron image）を観察していたら，脈状の鉱物があったので分析をした．その結果，主な検出元素は CaO（約 50 wt%）のみであり，合計が 100 wt% 近くにならない．この"unusual calcium-rich phase"は何？」残念ながら，質問した人には，まず偏光顕微鏡で薄片中の鉱物を観察して，分析場所を決めるという発想はなかったようである．薄片を観察していれば，そのときは確定できなくても，分析結果や脈状であることとあわせて，これが炭酸塩鉱物の一種であろうことは，おそらく容易に推測できたはずである．このメールを読んでいて，20 年以上前に滞在していたアメリカ西海岸の大学では，ある地球惑星科学分野の教員を中心に，「EPMA と X 線回折装置があれば，鉱物の同定は可能であるから，偏光顕微鏡についての講義や実習は必要ない」という意見が出されていたことを思い出した．組織はどうするの？

　もうひとつ．アスベスト（石綿，asbestos）の問題は，その毒性と繊維状であるがゆえに体内に残りやすいことにある．しかし，日本の 2012 年現在の指針（JIS 1481）では粉末 X 線回折法または顕微鏡のいずれかの方法で，まず定性分析することになっている．粉末法を採用した場合，少量のアスベストが検出できるかなとも思うが，そ

第 3 章　相平衡を理解するために

れよりも形はどうするのだろう．
　みなさん，偏光顕微鏡で観察しましょう．少なくとも，必要なときには使えるようになっておきませんか．本著では，岩石の組織とその成因については，残念ながらほとんど述べることができなかった．興味のある方は，Bard（1986）などを参照されたい．

第4章 火成作用と火成岩

　火成岩（igneous rock）は，マグマ（magma）[32] が冷却して固結してできた岩石の総称である．一般に火成岩はマグマの化学組成と冷却速度などと関係した組織（texture）を基準として分類されている（図 4.1）．また，FeやMgを主要元素として含むカンラン石や輝石などの**苦鉄質鉱物**（mafic mineral）と，それらを含まない石英や長石などの**珪長質鉱物**（felsic mineral）の量比（色指数：color index）を基準にして分類する場合もある[33]．そして，岩石の化学組成はそれを構成している鉱物の化学組成と量比に依存するので，色指数と化学組成の間にはある程度の相関が認められる．この章では，火成岩の化学組成と分類について述べる．

4.1　組織による分類

　火成岩は，組織の違いによって**火山岩**（volcanic rock）と**深成岩**（plutonic rock）に大別される．火山岩は，マグマが地表や水中に噴出してできるため，**噴出岩**（effusive rock）とよばれることもある．火山岩には，ほとんどガラス質の黒曜石（obsidian）やガラスと微細結晶の集合体だけからなる非顕晶質岩

---

[32] 実際のマグマは，結晶化したり，融け残ったりした鉱物などを含む粥状のケイ酸塩融解体である．融解によって生じた液の部分をさす場合は，高橋（2000）に従って，メルト（melt：融体）もしくは液相とよぶことにする．
[33] 苦鉄質鉱物と珪長質鉱物をそれぞれ有色鉱物（colored mineral），無色鉱物（colorless mineral）とよぶこともある．

第 4 章　火成作用と火成岩

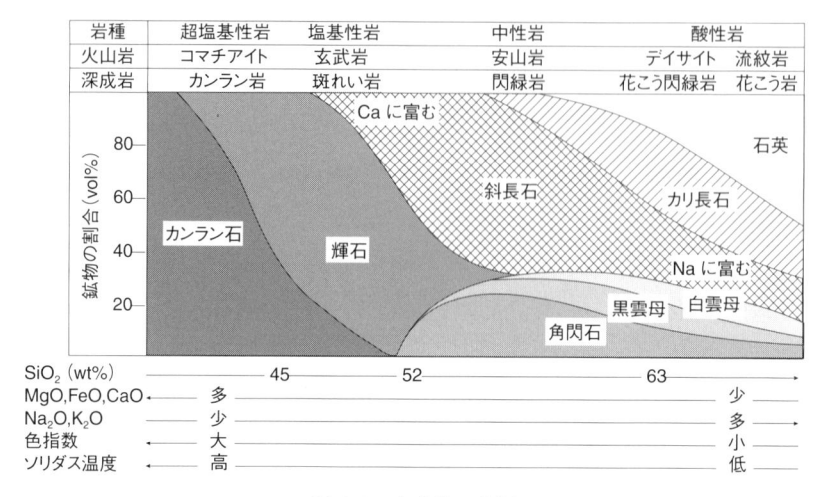

岩種	超塩基性岩	塩基性岩	中性岩	酸性岩	
火山岩	コマチアイト	玄武岩	安山岩	デイサイト	流紋岩
深成岩	カンラン岩	斑れい岩	閃緑岩	花こう閃緑岩	花こう岩

図 4.1 火成岩の分類
(http://en.wikipedia.org/wiki/Igneous_rock：2013/01/08 閲覧)
玄武岩 (basalt), デイサイト (dacite), 斑れい岩 (gabbro), 流紋岩 (rhyolite).

(aphanite) などの例もあるが，一般には**斑晶** (phenocryst) と**石基** (groundmass) からなる**斑状組織** (porphyritic texture) を示す（口絵 1c）．斑晶は比較的粗粒な結晶で，噴出する以前にマグマだまり内で結晶化したものであり自形性が強い．これに対して，石基は噴出時に急冷した部分であり，微細結晶やガラスの集合体からなる．深成岩は，結晶だけからなる**完晶質** (holocrystalline) であり，構成する鉱物が比較的粗粒で粒度に大きな違いがないことを特徴とする**等粒状組織** (equigranular texture) を示す（口絵 1d）．深成岩という名称が与えられてはいるが，それは単に地下深部のほうがよりマグマが徐冷されやすく完晶質組織ができやすいからであり，地表付近でゆっくり冷え固まってできたものも含まれる．

4.2　化学組成による分類

4.2.1　SiO_2 量による分類

化学組成によって火成岩を分類する際に最も基準となるのは，SiO_2 量である．

4.2 化学組成による分類

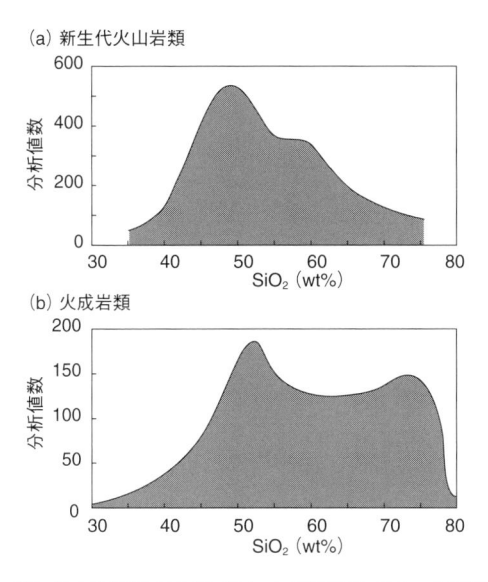

図 4.2 (a) 新生代火山岩類および (b) 火成岩類の SiO_2 の頻度分布 (Chayes (1979) および Richardson and Sneesby (1922) をもとに編図)

それは，SiO_2 が最も主要な成分であることや，他の主要元素が SiO_2 とある程度の相関をもって増減することによる．そして，(Na_2O+K_2O) 量がとくに多くない通常の火成岩（たとえば，塩基性岩では約 5wt% 以下）は，SiO_2 量が 45wt% 以下の**超塩基性岩**（ultrabasic rock），45〜52wt% の**塩基性岩**（basic rock），52〜63wt% の**中性岩**（intermediate rock），63wt% 以上の**酸性岩**（acidic rock）に分類されている[34]．一般に，SiO_2 量が増えるに従って，MgO, $FeO+Fe_2O_3$ [35] や CaO は減少し Na_2O と K_2O は増加する．Chayes (1979) のまとめによれば，新生代火山岩類の SiO_2 量の頻度分布は，塩基性岩に相当する 47〜48wt% にピークを，そして中性岩に相当する 55〜60wt% に肩をもっている（図 4.2a）．また，Richardson and Sneesby (1922) がまとめた当時の分析値によれば，火成岩全体の SiO_2 量は，52wt% と 73wt% 前後にピークをもつ二峰分布を示す（図 4.2b）．当時は，おそらく海洋地殻の試料はほとんど採取されていないであろうから，こ

---

[34] 分類の基準となっている値は，あくまでも経験的に提案されたものである．したがって，論文や書籍によっては，異なる値が採用されている場合がある．
[35] 詳細は，6.4 節を参照．

れは島弧を含めた大陸地殻（continental crust）の組成頻度を示していると思われる．

　火成岩は，SiO_2 量と組織による分類を基準にすると，図 4.1 のように大別される．このうち，コマチアイト（komatiite）は，きわめてまれな火成岩であり，その噴出のほとんどは始生代（Archaean）〜原生代（Proterozoic）初期に限られている．コマチアイトはマグマの急冷によって形成されたことを示す細長くのびたカンラン石（スピニフェックス（spinifex）組織）で特徴づけられ，超塩基性マグマが固結してできた火山岩である．顕生代（Phanerozoic）では上部マントルの**部分融解**[36]（partial melting）によってつくられる**初生マグマ**（primary magma）[37] は，塩基性の化学組成を有しており，その温度は深さ（圧力）にもよるが，H_2O を含まないカンラン岩の融解実験では，1,200〜1,500℃ 程度[38]とされている（Takahashi and Kushiro, 1983; Johnson et al., 1990）．一方，コマチアイト組成マグマの形成には，1,600〜1,700℃ の高温条件下で高い部分融解が起こる必要がある（図 6.14 参照：Takahashi, 1990）．したがって，超塩基性マグマの噴出は，地温勾配（geothermal gradient）が現在よりも高かった先カンブリア時代（Precambrian）の特異な火成活動であったと考えられる．現在のマントル上部では，一般に超塩基性マグマが形成される条件はまれだと考えられるから，コマチアイト以外のカンラン岩のほとんどは，超塩基性マグマが直接固結してできた狭義の超塩基性深成岩ではなく，**集積岩・沈積岩**（cumulate）[39] や上部マントルに直接由来するものであろう．

　超塩基性岩は約 0.8 GPa 以下の低圧条件下では，図 4.1 にまとめたように，カンラン石と少量の輝石と Ca に富む斜長石からなる（高圧条件下での鉱物共生については 6.1 節を参照）．塩基性岩になると，カンラン石，輝石と Ca に富む斜長石からなるが，角閃石が含まれることもある．中性岩では輝石，角閃石と斜長石が主たる構成鉱物となり，さらに SiO_2 が多くなると Na に富む斜長石，

---

[36] 岩石の融解しやすい鉱物や成分が選択的に融けて岩石の平均組成とは異なるメルトが形成される現象（6.1 節参照）．
[37] 上部マントルや下部地殻が部分融解して形成されるマグマ．本源マグマともよぶ．
[38] H_2O が存在すると，融解する温度はこれよりも低くなる（図 6.12 参照）．
[39] マグマから晶出した結晶が，密度差によって沈降したり浮上したりして集積してできた火成岩．

カリ長石や石英の珪長質鉱物が主体となるが角閃石や黒雲母も含まれる．

4.2.2 　$SiO_2-(Na_2O+K_2O)$ 図による分類

　SiO_2 量とアルカリ元素量の間にはある程度正の相関が認められるが，後に述べるように同じ SiO_2 量の火山岩を比べても，マグマが生成したときの深度や H_2O 量などによってアルカリ元素の量が系統的に変化することも知られている．そして，両成分の相対的な割合は，実際に産する構成鉱物や CIPW ノルム（CIPW norm）の計算結果に大きな影響を与える（14.2 節参照）．そこで，SiO_2 と（Na_2O+K_2O）を用いて火山岩を分類する Total Alkali Silica（TAS）図が IUGS（International Union of Geological Science）によって提唱されている（図 4.3：Le Bas and Streckeisen, 1991）．この図では，**超苦鉄質**（ultramafic），**苦鉄質**（mafic），**中間質**（intermediate）および**珪長質**（felsic）に分類されており，図 4.1 の超塩基性〜酸性とほぼ同じ意味で用いられているが，分類の基準

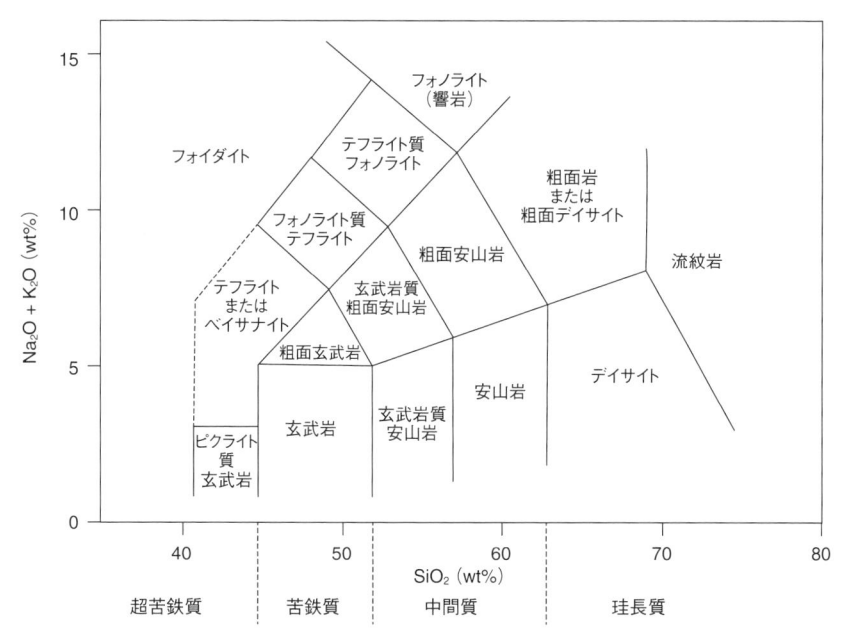

図 4.3 　$SiO_2-(Na_2O+K_2O)$ 図における火山岩の分類（Le Bas and Streckeisen, 1991）

が異なっているので注意が必要である．また，後に述べるように化学組成の特徴（とくに SiO_2 飽和度など）をノルム組成によって表すこともある．

4.3 鉱物モード組成による分類

TAS 図は，Cox *et al.* (1979) や Wilson (1989) によって，深成岩に対しても提案されている．しかし，深成岩は完晶質で粗粒であるため，**鉱物モード組成**（mineral modal composition）[40] を比較的容易に測定することができる．そのため，深成岩の分類および命名は，モード組成を基準に行うのが一般的である．図 4.4 に IUGS によって推奨されている超苦鉄質岩（ultramafic rocks）の分類を示す．超苦鉄質岩は，苦鉄質鉱物のモードが 90％以上の岩石であり，通常は超塩基性岩とほぼ同じ意味に使われる．しかし，超苦鉄質岩のうち輝石に富む岩石は，SiO_2 を 45wt％以上含んでおり，化学組成を基準にすると塩基性岩に分類される．このように両者間で定義が異なるので，岩石の分類に関して厳密な議論を行う際には注意が必要である．また，苦鉄質鉱物のモードが 90％よりも少ない深

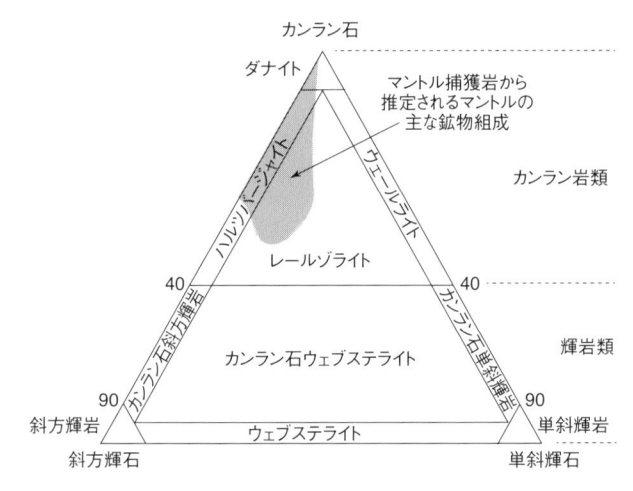

図 4.4 超苦鉄質岩の分類（Le Bas and Streckeisen, 1991）

---

[40] 鉱物の重量比や体積比を用いて表した岩石の鉱物組成（鉱物の量比）．現在では薄片を用いて測定する体積比を用いる場合が多い．

4.3 鉱物モード組成による分類

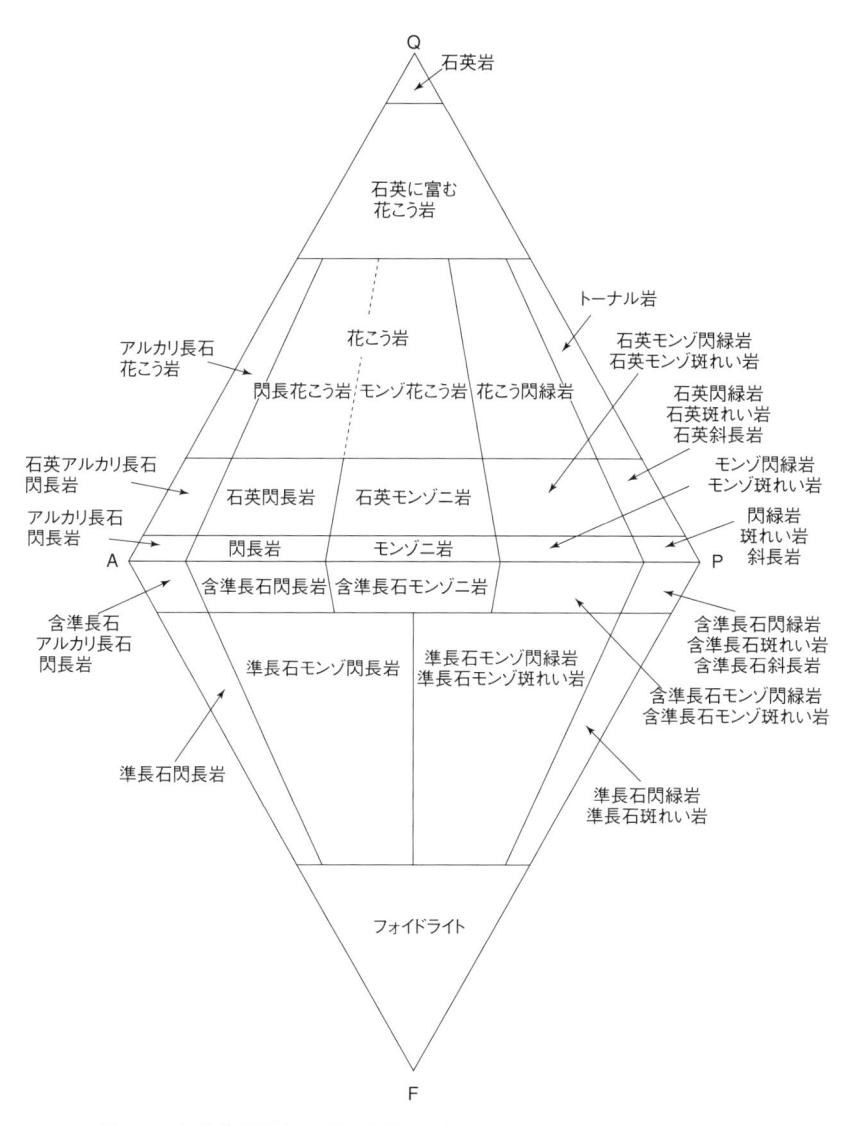

図 4.5 超苦鉄質岩を除く深成岩の分類（Le Bas and Streckeisen, 1991）
［略号］A：アルカリ長石, F：準長石, P：斜長石, Q：石英.

成岩類のうち，SiO_2 に過飽和（oversaturated）および不飽和（undersaturated）なものに，それぞれ適用するQAP（石英−アルカリ長石−斜長石）図とAPF（アルカリ長石−斜長石−準長石）図も提案されている（図4.5）．この図は，超苦鉄質岩以外の岩石が対象にされているので，たとえばQAP図では，斑れい岩から花こう岩までといった化学組成的および鉱物組成的にきわめて広範囲な岩石が含まれている．斑れい岩のような塩基性深成岩は珪長質鉱物に乏しいので，そのモード組成は酸性深成岩と比べるとQAP+苦鉄質鉱物からなる四面体内の苦鉄質鉱物の頂点に近いところからQAP面に投影されていることになる．QAF図も同様な問題を内包している．したがって，本来QAPおよびQAF両図は，苦鉄質鉱物に富む深成岩の分類に使うのは好ましくなく，酸性深成岩類のように珪長質鉱物に富む深成岩にのみ適用するのがよいであろう．成因を考慮した酸性深成岩類の分類については7.1節で述べる．

4.4　火成岩・マグマの化学組成と物性

化学組成は火成岩やマグマの物性に大きな影響を与える．カンラン石や輝石の密度は，主に X_{Mg} 値に依存して変化するが，塩基性岩中のものではおよそ 3.2〜3.3 g/cm^3 である．これに対して，石英や長石類の密度は，2.6〜2.7 g/cm^3 である．したがって，火成岩の密度は，超塩基性岩の 3.2〜3.3 g/cm^3，塩基性岩の 2.8〜2.9 g/cm^3 から酸性岩の 2.7 g/cm^3 程度まで変化する．なお，それぞれの組成のメルト（melt）の密度は，これらの値よりも小さい（Lange and Carmichael, 1990）．たとえば，200 MPa/1,200℃ では，無水のアルカリ玄武岩質マグマ（6.4節）の密度は，2.65 g/cm^3 程度である．そして，H_2O 量が増加するとこの値は小さくなり，4wt% の H_2O が溶けこむと 2.4 g/cm^3 程度まで低下する（栗谷, 2007）．

マグマの粘性は温度が高くなるほど小さくなるが，化学組成，とくに SiO_2 や揮発性成分の量にも大きく依存する．温度や揮発性成分の量などの条件が同じである場合，酸性マグマのほうが塩基性マグマよりも粘性が高い（図4.6）．これは粘性係数が，マグマの SiO_4 四面体の重合の程度に関係しているためと考えられる．アルミニウムもアルカリやアルカリ土類元素があると，$NaAlO_2$，$CaAl_2O_4$ のように四面体に入り，重合を促進するので粘性係数を増加させる．

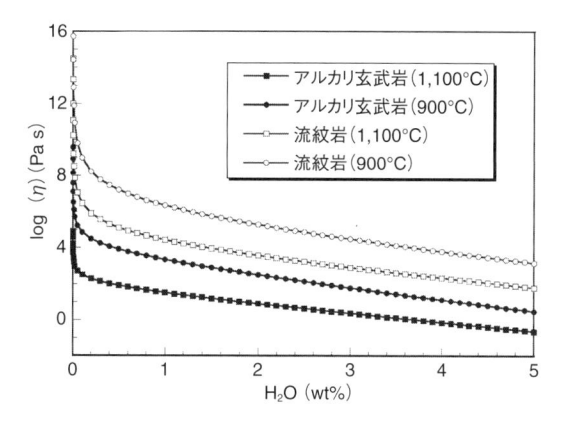

図 4.6 メルトの化学組成，温度，含水量と粘性係数（η）の関係
（栗谷, 2007）

(a) H_2O の効果

$$O-Si-O-Si-O + H_2O = O-Si-OH + OH-Si-O$$

(b) CO_2 の効果

$$O-Si-O + O-Si-O + CO_2 = O-Si-O-Si-O + (CO_3)^{2-}$$

図 4.7 SiO_4 四面体の重合と切断に対する H_2O と CO_2 の役割

また，H_2O がマグマに固溶すると図 4.7a に示すような反応で重合を切るため，粘性係数が数桁低下する（図 4.6）．逆に CO_2 は SiO_4 四面体の重合を促進するため（図 4.7b），その量が増えるとマグマの粘性は増加する．

第 5 章　メルトが関与した相平衡図の基礎

　岩石を構成している鉱物の多くは固溶体を形成している．そして，温度，圧力や共存するメルトの組成に応じて，化学組成を変化させる．その様子は，相図から推測できる．この章では，マグマの成因を論じるうえで基礎となる，メルトが関与したいくつかの相図とその読み方を述べる．

5.1　2成分完全固溶体系

　2成分系の相図で最も単純なものの例は，圧力一定のもとで**固相**（solid phase）が2成分（A–B）の間で完全固溶体をつくる場合で，2本の曲線からなる（図5.1a）．高温側の曲線は**リキダス・液相線**（liquidus），低温側の曲線は**ソリダス・固相線**（solidus：最低温融解反応曲線）とよばれ，それぞれ固相が安定な高温限界と**液相**（liquid phase）が安定な低温限界を示す．両者の間では，液相と固相が共存している．

　まず特殊な場合として組成Aの系を考える（1成分系）．この場合，液相線と固相線が温度 T_2 で一致している．これは，この温度において固相と液相が共存することを意味し，圧力一定で $c=1$ で $p=2$ の場合の場合に相当し，相律によって $F=0$ となり，液相と固相が共存する温度は限定されることが理解できる．すなわち，この状態では加熱を続けても最初のうちそのエネルギーは固相Aの融解熱として使われるために温度は上昇せず，固相Aが完全に融けきった後（$p=1, F=1$）になって，はじめて系の温度は上昇し始める．逆に冷却する

5.1 2 成分完全固溶体系

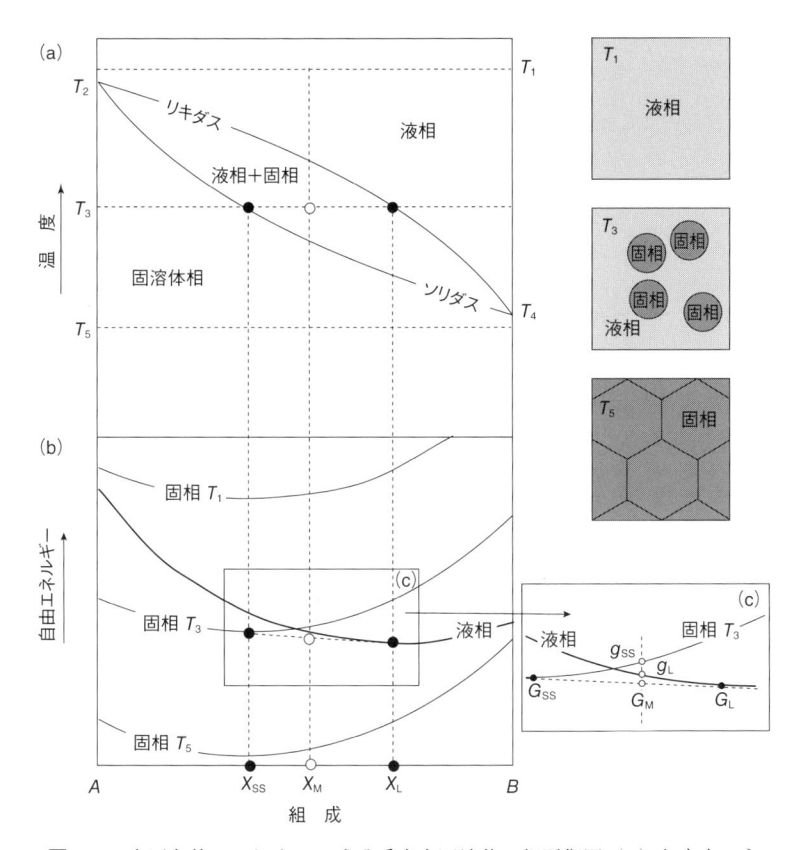

図 5.1 定圧条件下における 2 成分系完全固溶体の相平衡図（a）と自由エネルギー–組成図（b, c）

$(\partial G/\partial T)_{p,n} = -S$ であるから，温度が高いほどギブズの自由エネルギーは小さくなる．したがって，固相の自由エネルギー曲線は，温度 T_1, T_3, T_5 の順で大きくなる．図では便宜的に液相の自由エネルギー曲線を温度 T_3 における値に固定して，固相の自由エネルギー曲線をそれとの相対的位置で表現している．そのため，見かけ上，固相の自由エネルギーの大きさの順序が逆転していることに注意されたい．

場合も同様で，液相が完全になくなるまでは，系の温度は下降しない．別のいい方をすると，固相 A の **融点**（melting point）と **凝固点**（freezing point）は T_2 である．同様に，固相 B のそれらはともに T_4 である．

次に系の組成が X_M（2 成分系）の場合を考える．この系においては，固溶体相と液相が共存している場合は $F=1$ である．このとき自由度として選ぶことができる変数は，温度と固溶体相の組成，液相の組成のうち任意の 1 つであ

る．すなわち，この相図は，温度を T_3 とした場合，固溶体相と液相の組成はそれぞれ X_{SS} および X_L と自動的に決まることを示している．同様に，固溶体相の組成を X_{SS} と決めれば温度と液相の組成が，液相の組成を X_L と決めれば温度と固溶体相の組成が決まる．なお，この場合，固溶体相と液相の量比（固溶体相 X_{SS}：液相 X_L）は，線分の長さの比 $\overline{X_M X_L}:\overline{X_M X_{SS}}$ で表される．これを"てこの原理（lever rule）"とよぶ．温度 T_3 の場合，固溶体相と液相が共存することは，この温度における両相の自由エネルギーの関係によって説明される（図 5.1b および c）．同図の太い実線は液相の組成と自由エネルギーの関係を，細い実線 T_n は温度 T_n における固溶体相の組成と自由エネルギーの関係を示している．なお，ここでは，便宜的に液相の自由エネルギー曲線を固定して T_n を変化させたときの両者の相対的な関係を議論する．温度 T_3 において系全体の組成が X_M であるとすると，同じ組成の均一な固溶体相および液相の自由エネルギーは，それぞれ g_{SS} および g_L である．これに対し温度 T_3 で組成 X_{SS} の固溶体相と X_L の液相に分かれると，それぞれの自由エネルギーは G_{SS} および G_L となり，両者をあわせた系全体の自由エネルギーは G_M となる．すなわち，G_M は g_{SS} および g_L のいずれよりも低い値であり，組成 X_{SS} の固溶体相と X_L の液相の 2 相に分離したほうが，均一な組成 X_M の液相および固相よりも安定となる．このため，T_3 では液相と固溶体相が共存する．これに対し，T_2 よりも高温ではすべての組成領域において液相の自由エネルギーは固溶体相の自由エネルギーに比べて低いため液相が安定となる．逆に，T_4 よりも低温ではすべての組成領域で固溶体相が安定となる．

5.2 固溶体を含まない 2 成分共融系

定圧条件下における，固溶体をつくらない相 A および B を含む 2 成分共融系（eutectic system：A–B）の相図を図 5.2 に示す．同図において，組成 A および B の相が単独に存在する場合は，その凝固点と融点は互いに等しく，それぞれ T_2 および T_1 である．いま，組成が A である液相に固相 B を加えて 2 成分系にすると，凝固点は固相 B の量に応じて次第に低下する[41]．同様に，組成が B の液

---

[41] このように，純粋な相に別の成分を加えると次第にリキダス温度が低下することを**凝固点降下**（freezing-point depression）という．

5.2 固溶体を含まない2成分共融系

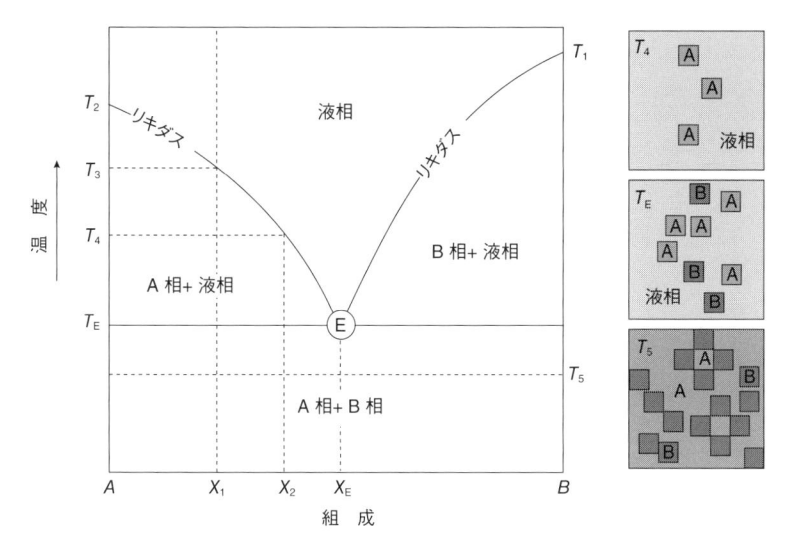

図 5.2 定圧条件下における固溶体を含まない仮想 2 成分共融系の相平衡図

相に固相 A を加えるとやはり凝固点は低下し，結果として 2 本のリキダスは交差する．この点を**共融点**もしくは**共晶点**（eutectic point：図 5.2 中の Ⓔ）とよび，液相が存在可能な最低温度を示すため**最低融点**（minimum melting point）ともいう．すなわち，この温度がこの系のソリダスに相当し，固相の集合体のみが安定なこれよりも低温条件を**サブソリダス**（subsolidus）という．

まず，共融点から冷却する場合を考えてみる．このとき，組成 X_E の液相と固相 A および B の 3 相が共存しており，自由度 $F=0$ となる．この状態では，冷却を続けても温度が低下することもなく液相の組成も変化しない．すなわち，液相は線分 $\overline{X_E B} : \overline{X_E A}$ の量比で固相 A と B になり，液相は減少し固相は増加し続ける．この状態で温度が低下しないのは，液相が固化するときに潜熱が放出され，バランスをとっているためである．やがて，液相が完全に固化すると $F=1$ となり，固相 A と B の集合体の温度は低下を始める．ここで，もし系全体の組成，すなわち最初の液相の組成が，これまでに述べた場合のように X_E である場合は，最終的に形成される固相 A と B の量比は線分 $\overline{X_E B} : \overline{X_E A}$ である．

もし，はじめに組成 X_1 の液相（T_3 よりも高温）がありそれが冷却をした場合は，温度 T_3 に達すると固相 A が晶出し始める．このように，液相を冷却し

67

第 5 章 メルトが関与した相平衡図の基礎

た場合，最初に晶出する相を**リキダス相**（liquidus phase）とよぶ．さらに温度が下がり温度 T_4 になると，固相 A と組成 X_2 の液相が共存し，両者の量比は線分 $\overline{X_1X_2}:\overline{X_1A}$ となる．このとき，変数として選ぶのは温度と液相の組成のいずれでもよいが，一方を決めると必然的に他方が決まる．すなわち，T_E に達する以前にすでにある量の固相 A が形成されており，それが T_E で晶出した固相 A と B に加わることになる．そのため，最終的に形成される固相は，$\overline{X_1B}:\overline{X_1A}$ の割合で固相 A と B を含む集合体である．

逆に，共融点から加熱する場合を考えると，固相 A と B は線分 $\overline{X_EB}:\overline{X_EA}$ の量比で融け始め，系全体の組成が X_E である場合を除いて，やがて固相 A と B のいずれかが消失する（どちらが先に消失するかは系全体の組成による）．そうすると，$F=1$ となり温度は上昇を始め，リキダス温度に達するまでは固相と液相が共存する（系全体の組成が X_1 の場合は，固相は A，リキダス温度は T_3）．なお，系の組成が X_E と B の間にある場合も，同様に考えることができる．

5.3 部分的に固溶体をなす 2 成分共融系

この系は，図 5.3 に示すように完全固溶体の系と共融系をあわせた特徴をもつ．共融点の温度では組成 X_E の液相と組成が X_3 および X_6 である 2 種類の固溶体相（A_{SS} と B_{SS}）が共存する．この状態から冷却もしくは加熱を続けたときの相の変化は，基本的に固溶体を含まない 2 成分共融系（5.2 節）の場合と同じである．ただし，固相は純粋な A もしくは B ではなくそれぞれの温度に応じた固溶体組成である．系の組成が X_3 と X_E の間（たとえば X_4）にあったとき，たとえば温度 T_5 において共存可能な固溶体相と液相の組成はそれぞれ X_1 および X_5 であり，両相の量比は $\overline{X_4X_5}:\overline{X_4X_1}$ である．また，温度 T_6 では，組成 X_2 および X_7 の固溶体相 A_{SS} および B_{SS} が，線分 $\overline{X_4X_7}:\overline{X_4X_2}$ の割合で存在する．一方，系の組成が A と X_3 の間にある場合は，結晶化の初期において 2 成分完全固溶体（5.1 節）の場合と同じであり，やがて系の組成に依存して T_E 以下のある温度で固溶体相 A_{SS} と B_{SS} の 2 相共存となる．たとえば，系の組成が X_1 である場合，温度 T_5 までは固溶体相 A_{SS} と液相が共存し，それ以下の温度では組成 X_1 の固溶体 A_{SS} 1 相となり，温度 T_7 に達すると固溶体相 A_{SS} と B_{SS} の 2 相に分離する．

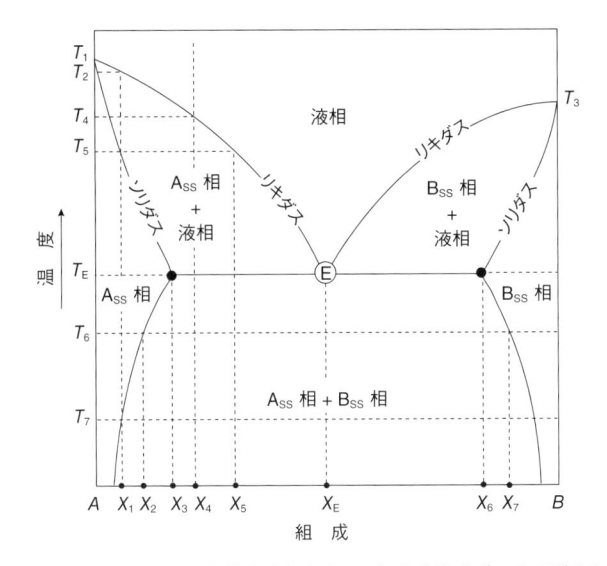

図 5.3 部分的に固溶体を含む仮想 2 成分系共融系の相平衡図
A_{SS} および B_{SS} は,それぞれ成分 A と B を主成分とする固溶体を示す.

なお,系の組成が,X_E と B の間にある場合も,同様に考えることができる.

逆に,系全体の組成がたとえば X_4 であり,T_E から加熱を続けると,固溶体相 B_{SS} が消失し,ソリダスとリキダスに沿って固溶体相 A_{SS} と液相の組成が変化しつつ A_{SS} の量が減少し,温度 T_4 より高温側ですべて液相となる.系の組成が X_E と B の間にある場合も,同様に考えることができる.

5.4　2成分反応系

部分的に固溶体をなす 2 成分系のうち,図 5.4 のように固相 A および B の融点に著しい相違がある**反応系**(reaction system)に相当し,**包晶系**(peritectic system)ともいう.系の組成を X_2 とすると,温度 T_R において組成 X_1 の固溶体相 A_{SS} および X_3 の固溶体相 B_{SS} と組成 X_R の液相が共存する.この点を**反応点**(reaction point, peritictic point)という(図 5.4 の Ⓡ).この場合,定圧条件下では自由度 $F = 0$ となり,冷却を続けると固溶体相 A_{SS} は液相と反応し固溶体相 B_{SS} をつくり,系全体の組成が X_1 と X_3 の間にあるので,液相が

第 5 章　メルトが関与した相平衡図の基礎

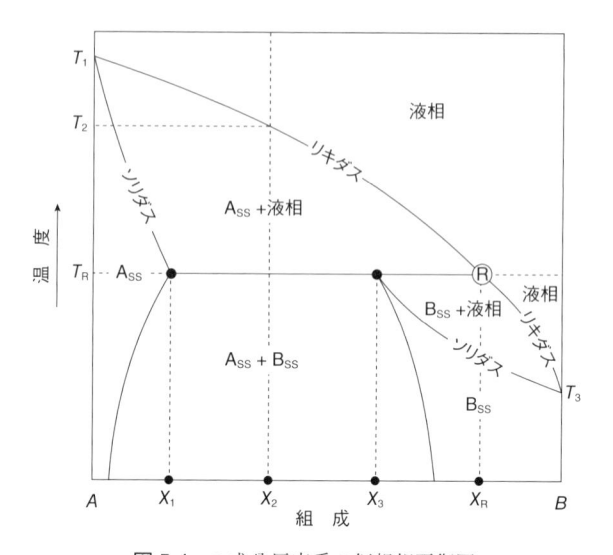

図 5.4　2 成分反応系の仮想相平衡図
A_{SS} および B_{SS} は，それぞれ成分 A と B を主成分とする固溶体を示す．

先に消失し，固溶体相 A_{SS} および B_{SS} の集合体が残り，温度が低下し始める．このとき，温度と固溶体相の組成および量比の関係は，部分的に固溶体をなす 2 成分共融系（5.3 節）の場合と同じである．一方，系の組成が X_3 と X_R の間にある場合は，A_{SS} と液相が反応して A_{SS} が先に消失して B_{SS} と液相が残り，B_{SS} が晶出しつつ温度は低下する．このとき，温度と固溶体相の組成および量比は，2 成分完全固溶体系（5.1 節）と同様の経路をたどる．

逆に反応点で共存する 3 相を加熱すると，まず温度は変化せず，組成 X_3 の固溶体相 B_{SS} が融解し，組成 X_1 の固溶体相 A_{SS} と組成 X_R の液相に分離する．そして，固溶体相 B_{SS} が消失すると温度が上昇し始める．これ以降の系の変化は，5.3 節において述べた．このように，反応系においては，結晶が晶出するときにはある固相が液相と反応して別の固相をつくったり，融解時にはある固相が非調和融解・不一致融解（11.7 節参照）を起こして別の固相と液相になるなど，複雑な現象が起こる．

5.5 3成分共融系

定低圧条件下における3成分系の相図は，三角柱で表現され，高さに相当するものが温度軸である（図5.5a）．ここでは，固溶体をつくらない固相A，B，Cからなる共融系の例をみてみる．この三角柱の側面は，おのおの定圧条件下の固溶体を含まない2成分系（5.2節）で述べた相図に相当する．すなわち，T_A，

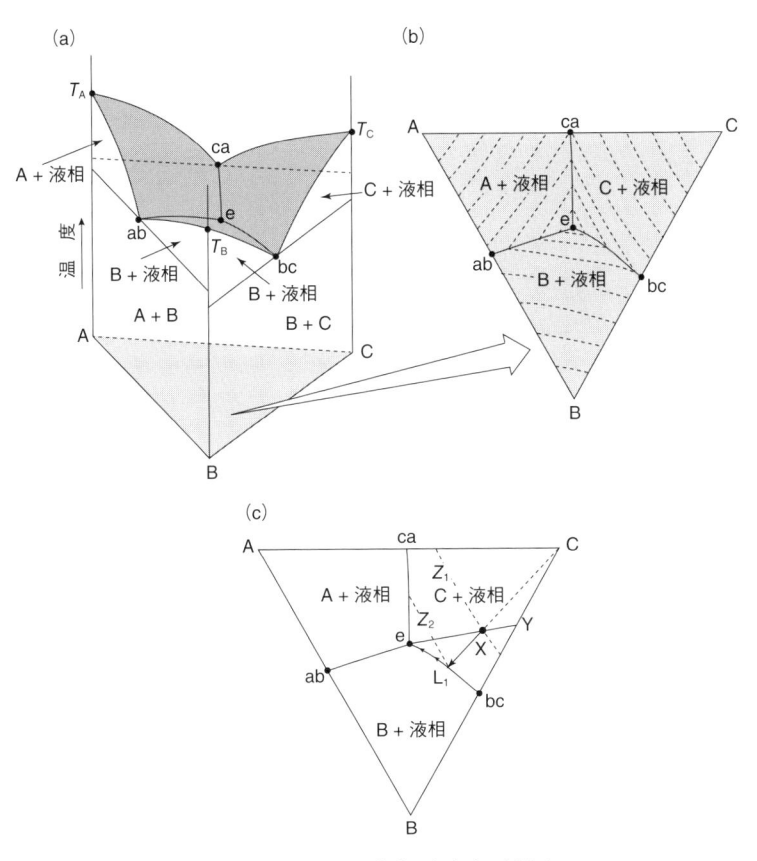

図 5.5　3成分共融系の仮想相平衡図
(a) 定圧条件下での相平衡図．縦軸は温度．側面は 2 成分共融系の相平衡図に相当する．
(b) 底面への投影図．(c) 組成 X の液相を冷却した場合の液相組成の変化．ab, bc および ca は 2 成分系の共融点，e は 3 成分系の共融点を示す．

T_B および T_C はそれぞれ相 A, B および C の融点, ab, bc および ca は各 2 成分系の共融点, e は 3 成分系の共融点 (共晶点) である. この立体の上面 (高温側) は, 3 枚の**液相面** (liquidus surface), それらの交線に相当する**共融線** (cotectic line) と共融線が集まる共融点からなる. この立体で表した相図は, 紙面上では表現が難しく理解しにくい. そのため, この液相面の温度の高低を底面の三角形上に等温線として投影した図がしばしば用いられる (図 5.5b). これは, 地形の立体模型と地形図の関係と同じであり, 等温線が地形図の等高線, 共融線の投影が谷に相当する. すなわち, ここで扱った相図は, たとえば 3 本の谷が 1 点に集まってできたドリーネ (doline) のような地形と類似している. ここで ABC の三角形は, 3 本の共融線で 3 つの領域に分割され, それぞれの領域に含まれる頂点の相がリキダス相となる.

　ここで, 系の組成が図 5.5c の X である液相が冷却する場合を考えよう (図 5.5b と同じ相図であるが等温線の多くは省略してある). この液相は, その液相面温度 (Z_1) になると, 固相 C を晶出させる. そのため温度の低下に従って, 液相の組成は矢印の方向へ変化し, 温度 Z_2 で共融線 bc–e にぶつかる (その瞬間, 液相と固相 C の量比は, 線分の長さ $\overline{CX} : \overline{L_1X}$ である). そして固相 B も晶出し始める. これ以降, 液相は固相 C および B と共存し, 定圧条件下では自由度 $F = 1$ であるから, 温度が決まると液相の組成は自動的に決まる. そのため, 温度が低下するにつれて液相の組成が共融線に沿って変化するような量比で固相 C と B が晶出を続け, 液相の組成は共融点に向かって移動し共晶点 e に至る. この瞬間, 液相と固相 (B + C) の量比は, 線分 $\overline{XY} : \overline{Xe}$ であり, 固相 B と C の比率は線分 $\overline{YC} : \overline{YB}$ である. 共晶点では, 固相 A, B, C と液相が共存するため $F = 0$ となって, 温度は一定のまま液相は結晶化を続ける. そして, 液相が消失すると, ふたたび $F = 1$ となり固相 A, B, C の集合体の温度は低下し始める. このとき, 固相 A, B, C の集合体の平均化学組成は最初に仮定した液相 X と同じである. この集合体をつくる固相 A, B, C の量比は, X からそれぞれの対辺 (たとえば A であれば対辺は辺 BC) に下ろした垂線の比となる (図 5.6a 参照).

　この相図は, 固相 A, B, C からなる集合体を加熱した場合, 最初に生ずる液相の組成は, 固相全体の平均組成 (固相の量比) に依存せず, 常に e であることを意味する. これは, 後に述べるように圧力が一定であり流体相が関与し

なければ，たとえ岩石の組成がある程度変化に富んでいても，それらが部分融解してできるメルトの組成は，それほど多様にはならないことを示している．

ぶらり途中下車4　三角ダイヤグラム

ある相が3成分（A，B，C）からなっているとき，それらの割合を表現するために，正三角形の各頂点に3成分をとって描く図を，三角ダイヤグラムという．鉱物

(a) $A:B:C = a:b:c = 45:30:25$
$A/(A+B+C) = a/h$
$B/(A+B+C) = b/h$
$C/(A+B+C) = c/h$
$C/B = c'/b'$

(b) $A:B:C = 45:30:25$
$A = 45$
$B = 30$

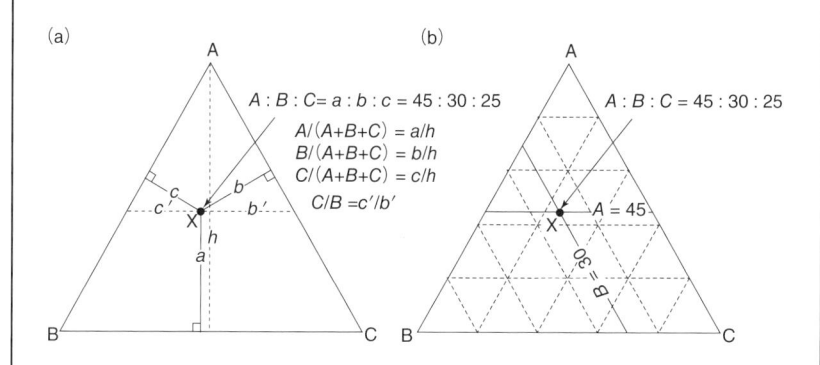

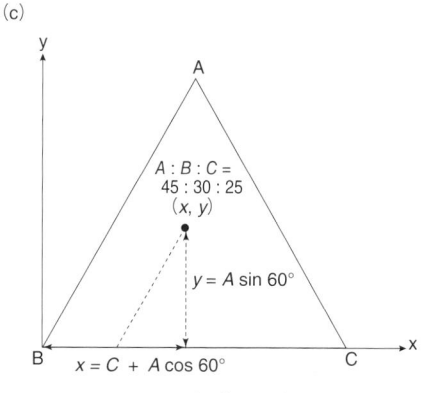

(c) $A:B:C = 45:30:25$
(x, y)
$y = A \sin 60°$
$x = C + A \cos 60°$

図 5.6　三角ダイヤグラムの描き方
$A:B:C = 45:30:25$ の点をプロットする方法を示している．

第 5 章 メルトが関与した相平衡図の基礎

の化学組成を表す場合（図2.5）や岩石の分類（図4.4）や相平衡を議論する際（図5.5b）など，さまざまな用途に用いられる．三角ダイヤグラムを描く際には，3成分の割合が全体で100％になるように規格化した値を用いる．そのため，3成分のうちの任意の2成分の割合がそれぞれ決まると，残りの1成分の割合も自動的に決まる．そして，図5.6aの点Xの位置に相当する組成を考えた場合，3成分の割合はX点から各頂点の対辺に向かって下ろした垂線の長さの比となる（図5.6a）．しかし，この関係を使ってデータをプロットするのは難しいので，手作業で三角ダイヤグラムを描く際は，図5.6bのように，任意の2つの底辺（例の場合は成分AとBに対する対辺）から，おのおのの成分の割合だけ離れた平行線を2本（$A=45$と$B=30$の線）引き，その交点としてプロットする位置を決める方法が用いられる．パソコンを用いてグラフを描く場合は，三角ダイヤグラムの左角（例の場合は頂点B）を原点として，下の関係式を用いて各頂点をx-y座標に変換すると便利である（図5.6c）．すなわち，A，B，Cの各頂点の座標はA$(50, \sqrt{3}\times50)$，B$(0,0)$，C$(100,0)$であるから，任意の組成（$A:B:C$；ただし$A+B+C=100$）の座標(x,y)は，次の式で表される．

$x = A\cos 60° + C$

$y = A\sin 60°$

第6章 火成岩（マグマ）の化学組成の多様性

　火成岩の化学組成が変化に富んでいるのは，6.4節に述べるように初生メルト自身が多様性を保つことや，メルト形成後に大きく組成改変が起きる場合があることに起因している．初生的に存在していたマグマが上昇冷却する過程で，メルトとは異なる組成の結晶が晶出し，残ったメルト（残液）の組成が変化することを**結晶分化作用**（crystallization differentiation）という．そして，さらに結晶がメルトから分別することによって，系全体の化学組成が系統的に変化することを**分別結晶作用**（fractional crystallization）という．Bowen (1928) は，この晶出する結晶と残液の間に起こる分離の程度がさまざまであるために，両相が起こす反応の程度に差異が生じ，分化作用の過程で多様な化学組成のメルトができるとし，それを**反応原理**（reaction principle）とよんだ．結晶が残液から分別する原因としては，結晶の沈下や浮上，残液の絞り出し，累帯構造をもつ結晶の成長などがある．これに対し，結晶作用の過程において，常に結晶とメルトの間に平衡が保たれ，初期のメルトの組成と最終的に形成された固相の集合体全体の組成が同じである場合を，**平衡結晶作用**（equilibrium crystallization）という．この章では，マグマの形成過程とマグマが多様な化学組成をもつ原因について述べる．

6.1　初生マグマ

　分別結晶作用などによって化学組成が変化する以前の初生マグマは，どのよう

第 6 章　火成岩（マグマ）の化学組成の多様性

にしてできるのかを考える．初生マグマの多くは，上部マントル（upper mantle）を構成するカンラン岩の部分融解で生成される．カンラン岩は，主にカンラン石，斜方輝石および単斜輝石からなるが，そのほかに Al_2O_3 に富む相を含む（図 6.1）．この Al_2O_3 に富む鉱物は圧力によって異なり，0.8～0.9 GPa 以下の低圧条件下では斜長石であるが，これよりも高圧になると次の反応でスピネルが安定になる．

$$CaAl_2Si_2O_8 + 2\,Mg_2SiO_4 = CaMgSi_2O_6 + 2\,MgSiO_3 + MgAl_2O_4 \quad (6.1)$$
　　　斜長石　　　　カンラン石　　　単斜輝石　　　　斜方輝石　　　スピネル

さらに高圧条件下（2.0～2.5 GPa）になると，たとえば，次のような反応でザクロ石が Al_2O_3 に富む相として安定となる．

$$4\,MgSiO_3 + MgAl_2O_4 = Mg_3Al_2Si_3O_{12} + Mg_2SiO_4 \quad (6.2)$$
　　斜方輝石　　スピネル　　　ザクロ石　　　カンラン石

や

$$3\,CaMgSi_2O_6 + MgAl_2O_4 = Ca_3Al_2Si_3O_{12} + Mg_2SiO_4 + 2\,MgSiO_3 \quad (6.3)$$
　　単斜輝石　　　スピネル　　　ザクロ石　　　カンラン石　　　斜方輝石

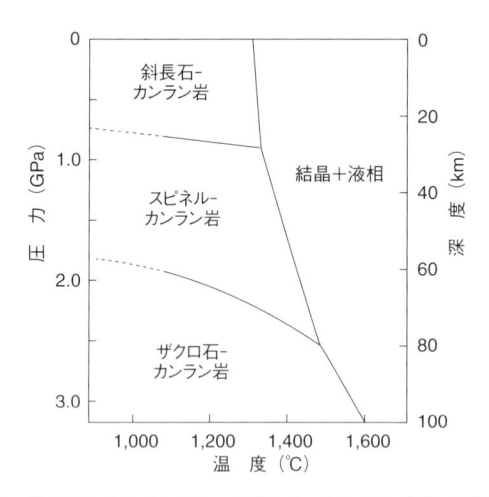

図 6.1　斜長石-カンラン岩，スピネル-カンラン岩およびザクロ石-カンラン岩の安定領域とソリダス（Yoder, 1976）

天然の試料では，これらの反応が組み合わさってザクロ石-カンラン岩に移行するが，カンラン岩中のザクロ石はパイロープ成分に富むので，式(6.2)が主要なザクロ石形成反応だと考えられる．

このように，カンラン岩は少なくとも 4 種類以上の鉱物から形成されているが，マントルに由来すると考えられる**捕獲岩**（xenolith：口絵 2a）[42] の研究から推定されるマントルの主要な岩石は，単斜輝石に乏しい**レールゾライト**（lherzolite）もしくは**ハルツバージャイト**（harzburgite）と考えられている（図 4.4 参照：Bodinier and Godard, 2003）．そして，マントルを構成しているカンラン岩の全岩化学組成（bulk rock composition：総化学組成（bulk chemical composition））は，SiO_2 と MgO が全体の 80wt% 以上を占めている（たとえば，大谷，2005）．したがって，マントルの部分融解およびその結晶化のプロセスは，近似的に Mg_2SiO_4-SiO_2 の 2 成分系で論じることができよう．この系の相平衡関係は，Bowen and Anderson (1914) 以来詳しい研究がなされ，圧力条件によって大きく変化することが知られている（たとえば，Kushiro and Kuno,

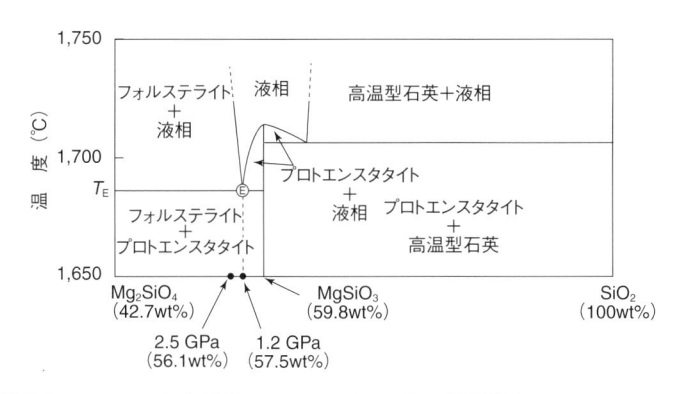

図 6.2 1.2 GPa における Mg_2SiO_4-SiO_2 系の相平衡（Chen and Presnall (1975) をもとに編図）
括弧内の数字は SiO_2 の wt% を示す．共融点の組成は 2.5 GPa の値も示してある．なお，プロトエンスタタイトは，エンスタタイトと多形の関係にある相で，エンスタタイトに比べて高温低圧条件下で安定である．

---

[42] 火成岩中に包有される異質な岩片．マグマが上昇する途中に周囲から取り込まれたもの．玄武岩などに含まれマントルに由来するものを，とくにマントル捕獲岩（mantle xenolith）とよぶ．

第 6 章　火成岩（マグマ）の化学組成の多様性

1963）．それによれば，低圧条件下では $MgSiO_3$ は Mg_2SiO_4 とメルトに非調和融解するが，少なくとも 1.0 GPa 以上の高圧条件下では調和融解し（11.7 節参照），Mg_2SiO_4–$MgSiO_3$ 系は共融系になる（図 6.2：Chen and Presnall, 1975; Hudon et al., 2005）．そのため，カンラン石と斜方輝石からなるマントル物質が，少なくとも約 30 km 以深で部分融解すると，カンラン岩と平衡共存可能なほぼ一定の組成をもつメルトが初生的に生成する[43]．そこで，以下ではこのメルトを初生マグマとして，話を進めることにする．

　この玄武岩質マグマは，周囲のマントルよりも密度が小さいため上昇し，途中でさまざまな程度に分化しながら地下 5〜10 km 程度の深度までくるとマグマだまりをつくり，そこで冷却が続くとさらに結晶化が進行する．このとき，低圧条件下にあるので反応系をなす相平衡図（図 6.3）に従うものとして，結晶化に伴う相と化学組成の変化をみてみよう．この相平衡図は，反応系と共融系が合わさったものである．それぞれの相平衡図の詳しい読み方については第 5 章を参照してほしい．

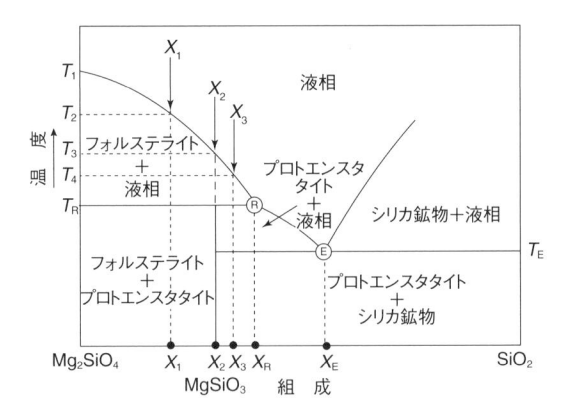

図 6.3　低圧条件下における Mg_2SiO_4-SiO_2 系の相平衡図（Bowen and Anderson（1914）による 0.1 MPa の結果をもとに編図）
この図は，反応点や共融点の相対的な位置関係を示した定性的なものである．

---

[43] このモデル系における共融点の組成は玄武岩の組成範囲よりも SiO_2 に富んでいるが，ここでは便宜的に玄武岩質マグマとよぶ．なお，共融点の組成は，圧力が上昇するに従い，SiO_2 に乏しくなる．

6.2 初生マグマの平衡結晶作用

まず，マントル物質の共融によって生じた化学組成 X_1 のメルトが平衡結晶作用を経験した場合を考えることにする（図 6.3）．このメルトは温度 T_2 まで冷却するとカンラン石（Mg_2SiO_4）を晶出し始める．圧力一定の 2 成分系では，自由度 $F=1$ であるから，温度もしくはメルトの化学組成のいずれか一方が決まると他方は自動的に決まる．すなわち，温度が低下するとともにメルトからカンラン石が晶出しその量が増えるに従って，メルトの組成はしだいに SiO_2 に富むようになる．そして，反応点（温度 T_R）になると，SiO_2 に富んだメルト（組成 X_R）とカンラン石は共存できなくなり，両者が反応して斜方輝石（$MgSiO_3$）を形成する（$F=0$）．このとき，斜方輝石の生成による潜熱が発生するため，温度は一定のままこの反応はカンラン石とメルトのいずれかが消失するまで続く．そして，ここで仮定した初生メルトの組成（X_1）は，斜方輝石よりもカンラン石側にあるためメルトが先に消失し，カンラン石と斜方輝石の集合体が形成される．そうすると，$F=1$ になり温度が低下し始める．このとき，カンラン石と輝石の量比は線分 $\overline{X_1MgSiO_3} : \overline{X_1Mg_2SiO_4}$ であり，その平均組成は初生メルト（マグマ）と同じ X_1 である．

もし初生メルトが斜方輝石と同じ組成（X_2）であった場合は，カンラン石と組成 X_R のメルトが同時に消失し，最終的には斜方輝石の集合体が形成される．また，斜方輝石より SiO_2 に富むメルト（たとえば X_3）から出発する場合は，反応点においてカンラン石が先に消失するため，斜方輝石とメルトの 2 相共存（$F=1$）となり，温度が低下しつつ斜方輝石の晶出に伴ってメルトはより SiO_2 に富むようになる．そして，温度 T_E において斜方輝石とシリカ鉱物の共晶系となる．この状態では，ふたたび $F=0$ になるため温度は一定のままメルトが消失するまで斜方輝石とシリカ鉱物は晶出し続け，やがて両相の集合体になり温度が低下し始める．このとき，斜方輝石とシリカ鉱物の量比は，線分 $\overline{X_3SiO_2} : \overline{X_3MgSiO_3}$ である．

次に，火成岩の主要構成鉱物である斜長石についてもみてみよう．この組成変化は，灰長石-曹長石の 2 成分完全固溶体系で表現できる（図 6.4）．今，組成 X のメルトが冷却した場合を考える．低圧条件を考える場合，リキダスにぶつかる T_1 以下の温度では，斜長石とメルトが共存している．このとき，変数と

第6章 火成岩(マグマ)の化学組成の多様性

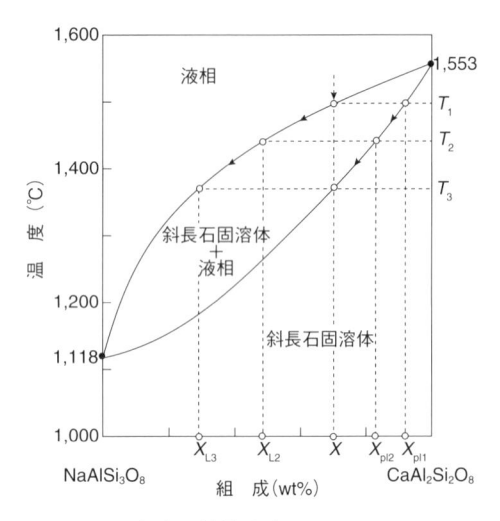

図6.4 0.1 MPaにおける斜長石（$NaAlSi_3O_8$–$CaAl_2Si_2O_8$）の2成分系完全固溶体の相平衡図（Bowen, 1913）

しては温度，両相の化学組成の3つを考えることができるが，自由度$F=1$であるため，これらのうちのいずれか1つを決めると残りの2つは自動的に決まる．たとえば，温度をT_2とすると斜長石の組成はX_{pl2}，メルトの組成はX_{L2}となり，両相の量比は線分$\overline{XX_{L2}}:\overline{XX_{pl2}}$となる．2相共存状態での冷却は斜長石の組成が系全体の組成(X)と等しくなる（すなわち結晶化が完了する）温度T_3まで続き，T_1〜T_3の範囲では，斜長石の組成はソリダスに沿って，また液の組成はリキダスに沿って次第に曹長石成分に富む方向に変化する．温度T_3以下において斜長石の組成は，当初のメルトの組成と同じXである．

6.3 初生マグマの分別結晶作用

　分別結晶作用が完全に起こり，晶出した結晶が速やかにメルトから分離すると，考慮すべき系の組成はそれぞれの時点（温度）で存在するメルトの組成と一致する．したがって，たとえば，図6.3において組成X_1のメルトが分別結晶作用を受けつつ反応点に達してもカンラン石との反応は起こらないため，そのまま温度の低下に伴って斜方輝石を晶出する．そして，最終的には共晶点に

達し,結晶化を終える.同様に結晶化するメルトの組成が X_2 であっても,分別結晶作用が起きると最終的にできるメルトの組成は共晶点の組成である.このように,分別結晶作用が起こると,初生メルトがある組成範囲をもっていても,冷却に伴ってカンラン石,斜方輝石およびシリカ鉱物のいずれもが生成することになる.

すなわち,完全平衡結晶作用(6.2 節)の場合は,温度が低下しても常に初期メルトと同じ組成のマグマ(メルト+結晶)が存在することになるが,完全分別結晶作用が起こると,それぞれの温度のメルトと同じ組成のマグマが生成する.したがって,分別の程度によって,初生メルトから共晶点の組成まで,さまざまな組成のマグマが生成することになる.

灰長石-曹長石 2 成分系(図 6.4)でも,同様に分別結晶作用が完全に起こると,メルトは当初の X から,そして斜長石は X_{pl1} 組成から曹長石端成分組成($NaAlSi_3O_8$)までのいずれの組成も取りうる.このように,分別結晶作用が起きると,初生メルトの組成にかかわらず,広い組成範囲のメルトが形成され,マグマの多様性をもたらすことになる.

6.4 玄武岩質マグマの多様性

さて,これまでは,初生マグマが玄武岩質でありほぼ同じ組成を有していることを前提に説明をした.しかし,玄武岩質マグマに複数のタイプがあることは,古くから主張されてきた.Kennedy(1933)は,玄武岩マグマには化学組成がわずかに異なる 2 種類があるとして,一方は分化して**アルカリ岩**(alkaline rock)類を生じ他方は**非アルカリ岩**(subalkaline rock)類を生ずるとし,前者をカンラン石玄武岩マグマ型(olivine-basalt magma type)[44],後者をソレアイトマグマ型(tholeiitic magma type)とよんだ.ところで,Bowen(1928)は,非アルカリ玄武岩質マグマが結晶分化作用を受けると,その残液は SiO_2 や $Na_2O + K_2O$ に富むようになり,$FeO + Fe_2O_3$, MgO や CaO に乏しくなることが一般的だと考えた.これに対し,Fenner(1929)は,非アルカリ玄武岩質マグマには,分化が進むにつれて SiO_2 はあまり増加しないが $FeO + Fe_2O_3$ が増加する

---

[44] 後述するように,今日では,一般的にアルカリ玄武岩とよばれており,ノルム鉱物(14.2 節参照)として,カンラン石と少量のネフェリンを含む.

第 6 章 火成岩（マグマ）の化学組成の多様性

系列があることを強調した．そして，Wager and Deer（1939）によるグリーンランド・Skaergaard 貫入岩体の研究を経て，一般に前者は**カルクアルカリ系列**（calc-alkaline series）[45]，後者は**ソレアイト系列**（tholeiitic series）とよばれるようになった．両者の違いは，マグマが結晶化するときの酸素フガシティーの違いで説明できる（Osborn, 1962）．すなわち，ソレアイト系列では，酸素フガシティーが比較的低く，マグマ中で多くの鉄は2価の状態で存在するためMgOとともにFeOを含むケイ酸塩鉱物として結晶化する．そしてFeOとSiO_2がともに取り去られるため，分化作用が進んでもSiO_2は急速には増加しない．これに対して，カルクアルカリ系列では，酸素フガシティーが高いため，多く存在するFe_2O_3が磁鉄鉱をつくり，マグマの結晶化に伴ってFeO + Fe_2O_3は減少するがSiO_2は急速に増加すると考えられている．そして，2つの系列の違いを表現するために，MgO–FeO*[46]–（$Na_2O + K_2O$）三角ダイヤグラム（図 6.5a：Wager and Deer（1939））や FeO*/MgO-SiO_2 図，FeO*/MgO–FeO*図（図 6.5b, c：Miyashiro（1974））が提唱されている．Kuno（1950）は，伊豆箱根地域に産す

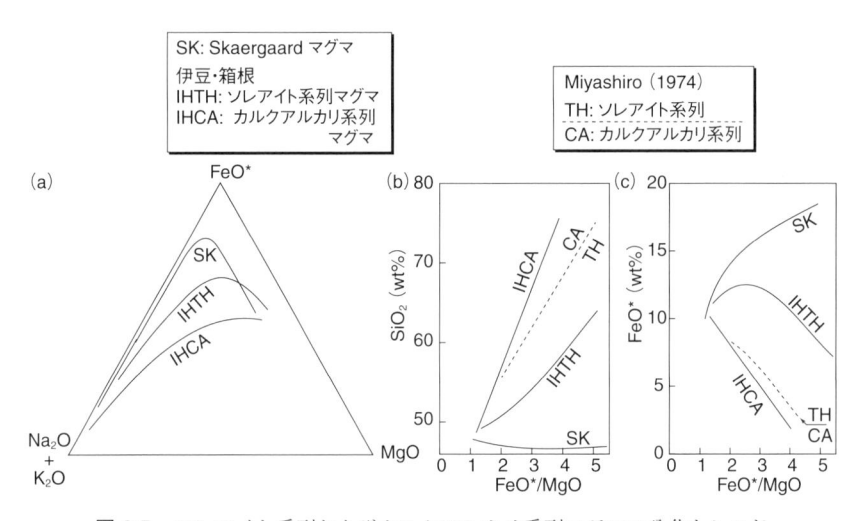

図 6.5 ソレアイト系列およびカルクアルカリ系列マグマの分化トレンド
（都城・久城（1975）をもとに編図）
ソレアイト系列とカルクアルカリ系列の境界は，Miyashiro（1974）による．

---

[45] 最近考えられている，カルクアルカリ系列マグマの成因については後述する．
[46] すべての鉄をFeOとして再計算した値．

6.4 玄武岩質マグマの多様性

る非アルカリ火山岩を，石基に認められる Ca に乏しい輝石がピジョン輝石であるピジョン輝石質岩系（pigeonitic rock series）と斜方輝石であるハイパーシン質岩系（hyperthenic rock series）に分け，それぞれソレアイト系列とカルクアルカリ系列に対応するとした．しかし，その後この対応関係が他の地域では必ずしも成立しないことが明らかとなった．

Yoder and Tilley（1962）は，ノルム鉱物（14.2節）としての石英，カンラン石，ネフェリンからなる三角形を底辺，単斜輝石を頂点とする正四面体を考え，玄武岩マグマを，ノルム鉱物としてのネフェリンを含む「**アルカリ玄武岩**（alkaline basalt）」，石英を含む「**石英ソレアイト**（quartz tholeiite）」およびいずれも含まない「**カンラン石ソレアイト**（olivine tholeiite）」に分けることを提唱した（図6.6）．これらの3種類のマグマのうちで，石英ソレアイトマグマは，カンラン石ソレアイトマグマからカンラン石などを結晶分化させることによって導くことができる．一方，カンラン石ソレアイトマグマとアルカリ玄武岩マグマは，カンラン石などの鉱物が晶出分離しても，互いのマグマを導くことはできない．この意味で，単斜輝石-カンラン石-斜長石の面は，2つの**本源マグマ**（parental magma, original magma：アルカリ岩マグマと非アルカリ岩マグマ）を隔てる大きな壁，**熱的障壁**（thermal divide）である．一方，単斜輝石-斜長石-斜方輝石の面は SiO_2 の飽和・不飽和両領域を限るシリカ飽和面（plane of silica saturation）である．

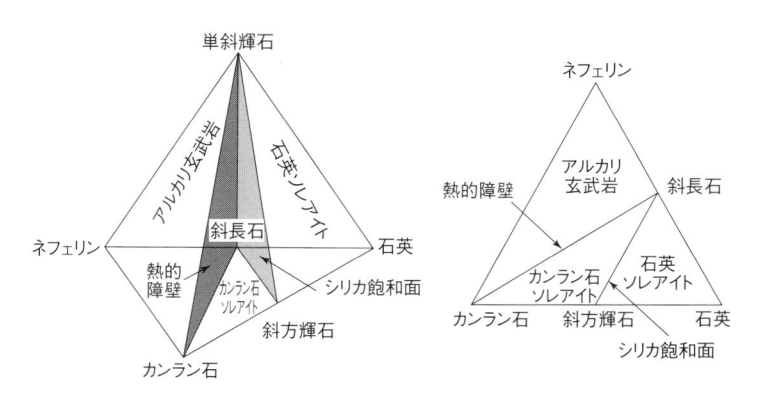

図6.6 ノルム組成による玄武岩の分類（Yoder and Tilley（1962）をもとに編図）

6.5 玄武岩質マグマの生成深度と化学組成

　典型的島弧と見なされる第四紀の日本列島を横切って，太平洋側から環日本海地域にかけて，ソレアイト玄武岩からアルカリ玄武岩が分布することは古くから知られていた (Tomita, 1935; Kuno, 1952; Katsui, 1961)．そして，Kuno (1959) は，それまでのデータをまとめて，このような化学組成の系統的な変化は，本源マグマが発生する深度の違いを表しているとした．この研究は，大陸側に向かって初生マグマ生成深度が次第に深くなることを示し，その後明らかとなる沈み込むスラブとマグマの生成場所の関連を想定させるものであった．それと同時に，この研究は，10.2 節で述べる都城 (1961) の島弧–海溝系の断面図とともに，岩石学的研究から島弧–海溝系直下の様子を論じたものとして特筆すべきものである．その後，Kuno (1966) は，両マグマの分布域の間に，新たに高アルミナ玄武岩マグマの活動を区別し，第四紀 (Quaternary) の島弧玄武岩マグマは，島弧から大陸側に向かって次第に深くなっていく深発地震面から直接もたらされたとする生成モデルを提唱した (図 6.7)．Kuno (1966) のソレアイト，高アルミナ玄武岩およびアルカリ玄武岩マグマは，ほぼ石英ソレアイト，カンラン石ソレアイトおよびアルカリ玄武岩にそれぞれ相当する．

　シリカ飽和・不飽和マグマやアルカリ・非アルカリマグマの形成条件は，6.1 節で述べた Mg_2SiO_4–SiO_2 系の実験を基礎とした多くの研究によって，定量的に論じられるようになった．カンラン岩には，斜長石や単斜輝石として CaO が含まれる．そこで，Mg_2SiO_4–SiO_2–$CaMgSi_2O_6$ 系の実験が行われた．その結果，フォルステライト，エンスタタイトおよびディオプサイドの集合体 (模擬マントル) が融解してできる最初のメルトは，0.1 MPa では石英ソレアイトの領域にあるが (図 6.8a)，高圧条件になるとそれはシリカに不飽和な組成となることが明らかとなった (図 6.8b)．初生マグマがアルカリ質か非アルカリ質かを論じる際には，SiO_2 の飽和度だけではなくアルカリ元素の量も考慮する必要がある．この問題を論じるために，$NaAlSiO_4$–Mg_2SiO_4–SiO_2 系の実験が Schairer and Yoder (1961) や Kushiro *et al.* (1968) によって行われ，フォルステライト–エンスタタイト–曹長石 (高圧ではヒスイ輝石) からなる模擬マントルが 0.1 MPa で部分融解すると最初にできるメルトはシリカに飽和した組成であるが，圧力が上昇すると次第に SiO_2 に乏しく Na_2O に富むようになり，最

6.5 玄武岩質マグマの生成深度と化学組成

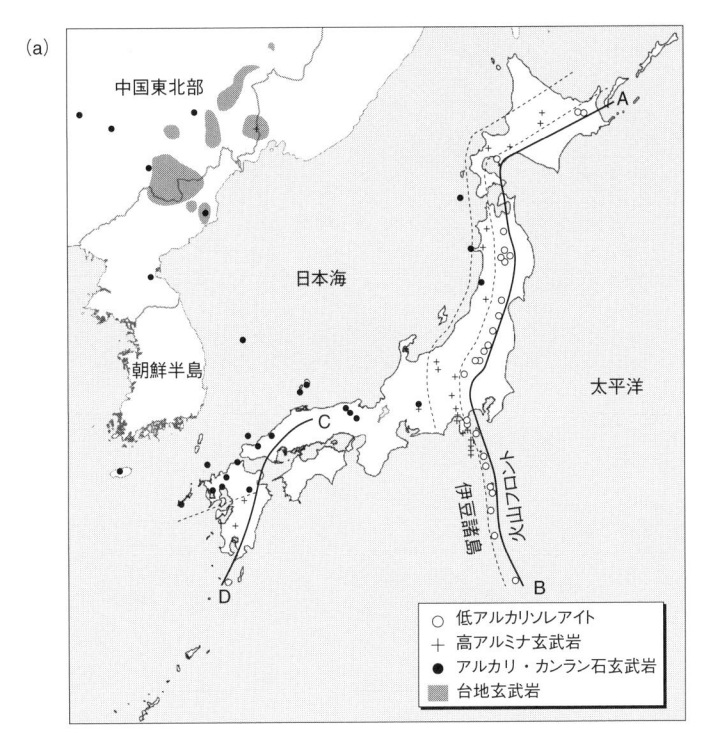

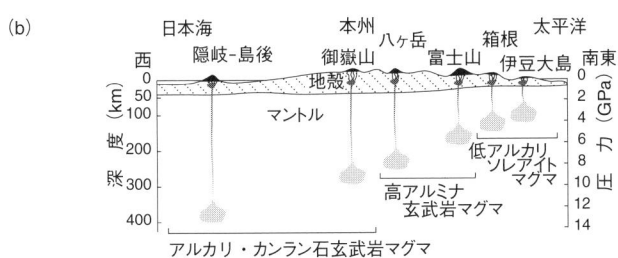

図 6.7 日本列島およびその周辺地域における玄武岩質マグマの組成変化とその生成モデル

(a) 低アルカリソレアイト，高アルミナ玄武岩とアルカリカンラン石玄武岩の分布．(Kuno (1966) および Miyashiro (1974) をもとに編図) 実線 A–B および C–D は火山フロント (volcanic front) を示す．

(b) Kuno (1966) による第四紀島弧玄武岩マグマの生成モデル (一部加筆)．このモデルでは，海溝から大陸側へと斜めにのびる深発地震面にそって，初生マグマが生成すると考えられている．

第6章 火成岩（マグマ）の化学組成の多様性

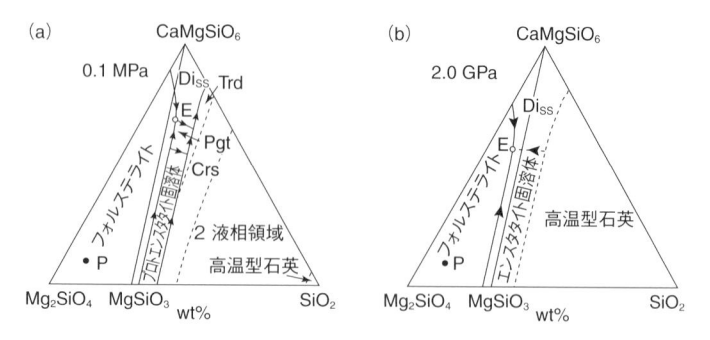

図 6.8 $CaMgSiO_6$–Mg_2SiO_4–SiO_2 系の相平衡図
（a）0.1 MPa 無水の場合（高橋（2000）を編図）．組成 P のモデル・カンラン岩が融解して，最初に生成するメルトの組成は E で SiO_2 に飽和している．
（b）2.0 GPa 無水の場合（Kushiro（1969）をもとに編図）．組成 P のモデル・カンラン岩が融解して，最初に生成するメルトの組成は E で SiO_2 に不飽和である．
［略号］Crs：クリストバル石，Di_{SS}：ディオプサイド固溶体，Pgt：ピジョン輝石，Trd：トリディマイト．

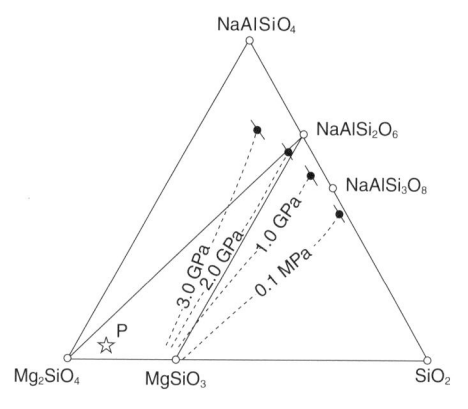

図 6.9 $NaAlSiO_4$–Mg_2SiO_4–SiO_2 系の相平衡図（Schairer and Yoder（1961）と Kushiro（1968）をもとに描かれた高橋（2000）を編図）
破線は液相境界線を示す．黒丸は，カンラン岩（組成 P）が融解して最初に生成するメルトの組成を示す．生成するメルトの組成は，高圧になるに従って SiO_2 に乏しく Na_2O に富むようになる．

終的にはアルカリ玄武岩組成をもつようになることが明らかとなった（図 6.9）．なお，Tatsumi *et al.* (1983) は，東北日本に産するカンラン石玄武岩，高アルミナ玄武岩およびアルカリカンラン石玄武岩の初生マグマの組成を推定し，

6.5 玄武岩質マグマの生成深度と化学組成

それらが無水の上部マントルから分離したときの温度・圧力条件を，それぞれ $1,320℃/1.1$ GPa，$1,340℃/1.5$ GPa および $1,360℃/1.75$ GPa と見積もっている．また，高橋 (1986) によれば，無水条件下で部分融解度が小さい場合，石英ソレアイトマグマは 0.7 GPa 以下，カンラン石ソレアイトマグマは 0.7〜1.5 GPa，アルカリ玄武岩マグマは 1.5〜3.0 GPa で生成される．このように，Kuno (1959) をはじめとする一連の研究が想定した，玄武岩マグマの組成がマントルの部分融解が起こる深さに関係するという点は実験的に裏づけられた．一方で，初生マグマが発生する深さもしくはマグマが最終的にマントル物質と平衡共存していた深さは，Kuno (1966) が想定したよりもはるかに浅い（低圧）であることも明らかとなった．

巽 (1995) は，島弧–海溝系の火山岩類を分類する場合には，$(Na_2O + K_2O)$ または K_2O 含有量を用いるのが最も有効であるとし，SiO_2–K_2O (wt%) 図上で，K_2O が少ないグループから順に，低カリウム系列，中カリウム系列，高カリウム系列およびショショナイト (shoshonite) 系列に分類することを提案した．なお，ショショナイトは，SiO_2 に比較的富み，その点ではソレアイト質玄武岩に似ているが，アルカリ成分に富み，とくに K_2O/Na_2O 値の大きい玄武岩をさ

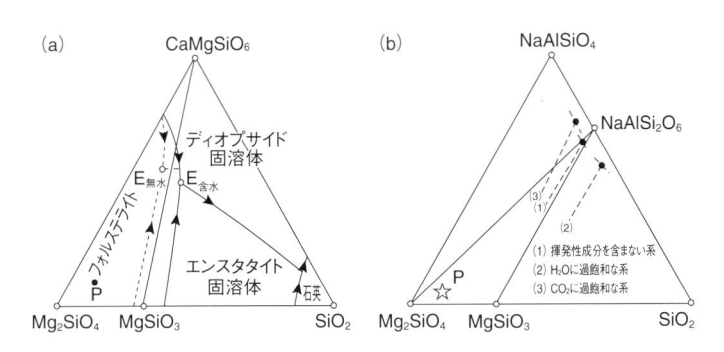

図 6.10 初生マグマの化学組成と圧力および揮発性成分の関係
(a) 2.0 GPa における $CaMgSiO_6$–Mg_2SiO_4–SiO_2 系の相平衡図（Kushiro (1969) を編図）．H_2O に飽和している場合，組成 P のモデル・カンラン岩が融解して，最初に生成するメルトの組成は $E_{含水}$ で SiO_2 に飽和している．
(b) 2.0 GPa における $NaAlSiO_4$–Mg_2SiO_4–SiO_2 系の相平衡図（Eggler (1978) と巽 (1995) をもとに編図）．黒丸は，カンラン岩（組成 P）が融解して最初に生成するメルトの組成を示す．生成するメルトの組成は，H_2O が加わると SiO_2 に富むようになり，CO_2 が加わると逆に SiO_2 に乏しくなる．

す．そして，ショショナイト系列と高カリウム系列はほぼアルカリ系列（アルカリ岩マグマ）に，中カリウム系列と低カリウム系列が非アルカリ系列（非アルカリ岩マグマ）に対応する．

玄武岩質初生マグマの組成は，揮発性成分によっても大きく変化する．$CaMgSi_2O_6$–Mg_2SiO_4–SiO_2 系においては，前述したように 2.0 GPa においてマントル物質が部分融解して最初にできるメルトは，無水条件下ではシリカに不飽和な組成をもつが，H_2O に飽和した状態では SiO_2 に富んだ石英ソレアイト質な組成になる（図 6.10a）．同様な傾向は，$NaAlSiO_4$–Mg_2SiO_4–SiO_2 系でも認められる（図 6.10b）．一方，CO_2 に飽和した状態では，無水条件の場合よりもシリカに不飽和なアルカリ玄武岩質の初生マグマが生成する．これらの傾向は，天然の試料を用いた高圧実験によっても確認されている（Mysen and Boettcher, 1975a, b）．また，アルカリ元素に富む火成炭酸塩岩（igneous carbonate rock）・カーボナタイト（carbonatite）マグマの存在も，推定されている CO_2 成分の影響を支持する．

6.6　テクトニクス場と玄武岩マグマ

6.6.1　火成活動の場は偏在している

国際火山学および地球内部化学協会（International Association of Volcanology and Chemistry of the Earth's Interior：IAVCEI）によってまとめられた，地球上の第四紀火山（活火山）の分布（図 6.11）をみると，地球上でマグマ活動が活発に続いている場所は，**海嶺**（ridge）などの**プレート発散境界**（divergent plate boundary），**海溝**（trench）-**島弧**（island arc）系の**プレート収束境界**（convergent plate boundary）および**ホットスポット**（hotspot）や**ホットリージョン**（hot region：Miyashiro, 1986）の**プレート内**（intraplate）など限られた地域である（6.6.4 項）．最近，これらの地域とは無関係な海溝軸の大洋側に，**プチスポット**（petit-spot）よばれる単成火山が多数見いだされ，それらは，アウターライズ・海溝外縁隆起帯（outer-rise）[47] 屈曲に起因する亀裂にそって**アセノスフェア**

---

[47] 海溝軸の大洋側に存在する海洋プレートが隆起した部分．

6.6 テクトニクス場と玄武岩マグマ

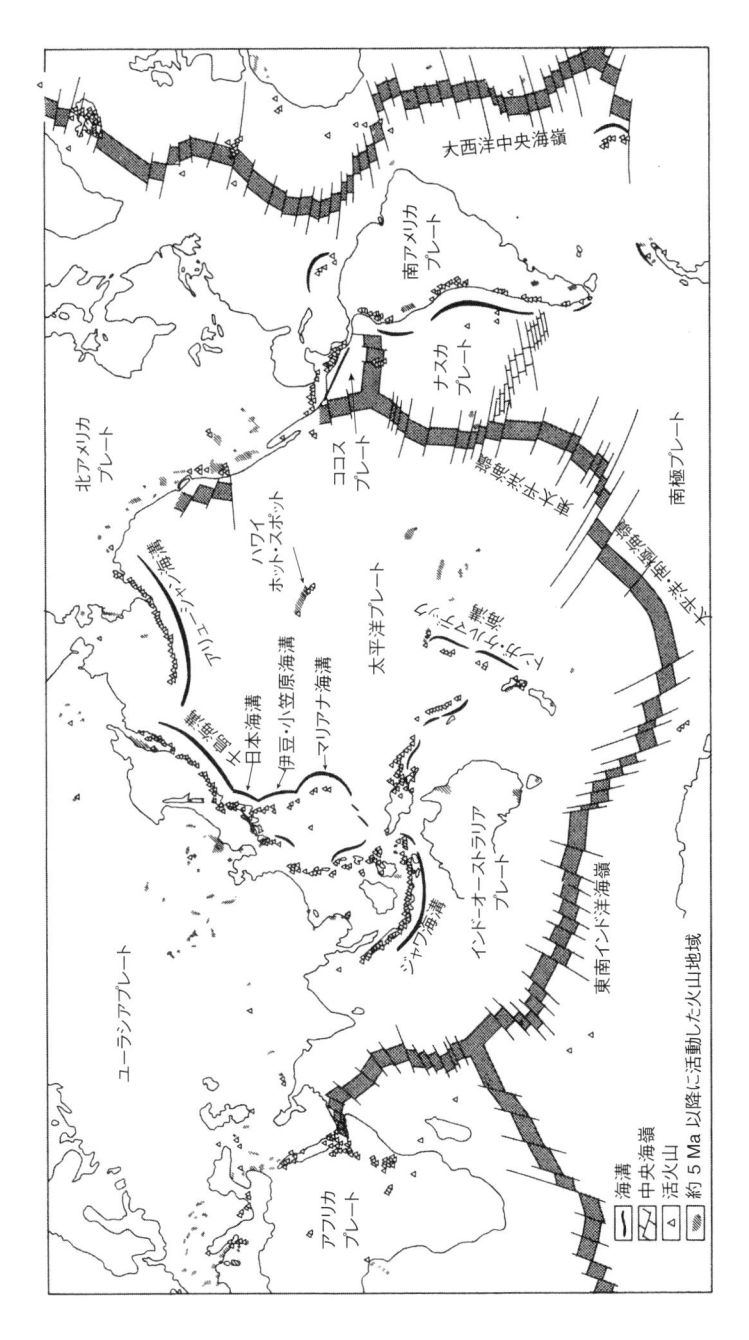

図 6.11 世界の火山分布（中村 (1988) をもとに編図）

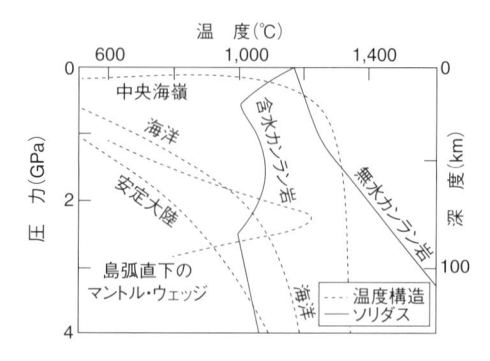

図 6.12　カンラン岩のソリダスと主な地域の温度構造の関係（Wyllie（1981）をもとに編図）

(asthenospher)[48] に由来するメルトが海洋プレート表面まで上昇して形成されたと考えられている（Hirano et al., 2006; 平野ほか, 2010）．したがって，アセノスフェアでは小規模な部分融解が起こっている可能性は高いが，一般に地球全体にわたって上部マントルの温度は，無水カンラン岩を広範囲に部分融解させるほど高くはないであろう（図 6.12）．すなわち，海嶺など火山（マグマ）活動が活発に起こっているところでは，プチスポットに比べて多量のマグマを供給するほどに，上部マントルが部分融解する要因があることを意味する．サブソリダス条件下にある岩石が部分融解を開始するために必要な条件は，その部分が等圧加熱と断熱減圧のいずれかまたはその両方を経験する，H_2O の付加などによりソリダス温度が低下する，もしくはそれらが複合して起こることである．

6.6.2　プレート発散境界の火成活動

　海嶺では，**海洋プレート**（oceanic plate）が両側に広がりつつあるため，マントル物質が上昇してくる場であり，他の地域と比べると比較的高い地温勾配を保っている（図 6.12）．海嶺直下は比較的浅い部分まで高温でありアセノスフェアはすでに多少なりとも部分融解しているか，それに近い状態である（図 6.13）．しかも，上昇するアセノスフェアは，ほぼ断熱的（adiabatic）に減圧す

---

[48] 上部マントル中（深さ約 100〜300 km）に位置する，地震波の低速度域．部分融解し，流動性を有していると考えられている．これより上の部分を**リソスフェア**（lithosphere）もしくは**プレート**（plate）とよぶ．

6.6 テクトニクス場と玄武岩マグマ

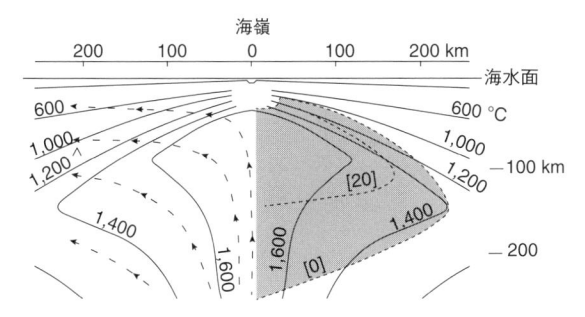

図 6.13 海嶺近傍の断面図(藤井 (1988) をもとに編図)
影をつけた部分は部分融解している領域,角括弧内の数字は部分融解の程度を,矢印は推定されるマントル物質の流動,実線は等温線を示す.

るためさらに融解しやすくなり,メルトの量は増加すると思われる.こうして生成したマグマは海底面に噴出したり地殻内に岩脈状に貫入したりして火成活動が起こる.それを**中央海嶺玄武岩**(mid-ocean ridge basalt:MORB)または**海洋底玄武岩**(ocean floor basalt)とよぶ.

　断熱減圧過程(adiabatic decompression process)によるマントルの部分融解は,McKenzie and Bickle (1988) や Iwamori *et al.* (1995) によって定量的に論じられている.McKenzie and Bickle (1988) は,マントル物質の大規模な上昇流内部の断熱温度勾配線を地表まで外挿したものを計算によって求め,**ポテンシャル・マントル温度**(PMT:potential mantle temperature)とよんだ(図6.14)[49].それによれば,断熱上昇するマントル物質の温度が高いほど,より深い場所で部分融解が開始し,その後には融解の潜熱が吸収されるため,PMT は融解しない場合に想定されるものよりも低温側にシフトする.しかし,もともとの PMT が高いほど,(1) 部分融解が起こった後でも PMT はより高温側に位置する傾向は保たれ(図6.14a),(2) 一定の深度に達したときの部分融解の程度も高くなる(図6.14b).これらの結果から,海嶺で厚さ約 6〜7 km の海洋地殻をつくるマグマを発生するためには,そこの PMT は 1300℃ 程度に達していると考えられる.そして,未分化なカンラン岩の融解実験の結果をあわせると,海嶺では,主にカンラン石ソレアイトが生成されていることが説明できる

---

[49] 火成岩岩石学の分野では,横軸に圧力を縦軸に温度をとって,温度−圧力図が描かれることが多いが,本書では,横軸に温度,縦軸に圧力をとった図を用いる.

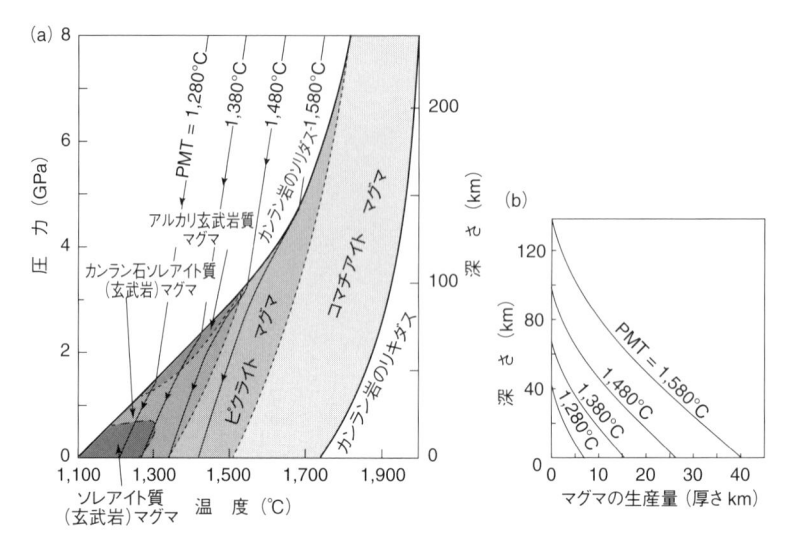

図 6.14 マントルカンラン岩の融解とマグマの生成
(a) 未分化なマントルカンラン岩の断熱上昇による融解モデルとマグマ組成(McKenzie and Bickle (1988) と高橋 (1996) をもとに編図)
(b) ポテンシャル・マントル温度 (PMT) と生成されるマグマ量の累積曲線 (McKenzie and Bickle, 1988).マグマ量は,断熱上昇中に順次生成されるマグマがすべて地表に噴出したとき形成される玄武岩地殻(海洋地殻)の厚さで表現されている.

(高橋, 1996).

6.6.3 プレート収束境界の火成活動

プレート収束域の火成活動によって形成される玄武岩を**島弧玄武岩**(island arc basalt:IAB)もしくは**島弧ソレアイト**(island arc tholeiite:IAT)とよぶ.海溝-島弧系直下は,沈み込むスラブによって連続的に冷却を受け,海嶺や海洋地域に比べると低い地温勾配をもっている(図 6.12, 6.15).そのような場の直上にあるマントル・ウェッジを部分融解させるために,さまざまなモデルが提案されている(高橋, 2000).それらの多くが重要視しているのが,沈み込むスラブによってマントル・ウェッジ直下にもたらされる H_2O(たとえば,長谷川ほか, 2008)と,それによる融点の低下である(たとえば, 巽, 1995 Iwamori, 1998; Niida and Green, 1999).Schmidt and Poli (1998) や Okamoto

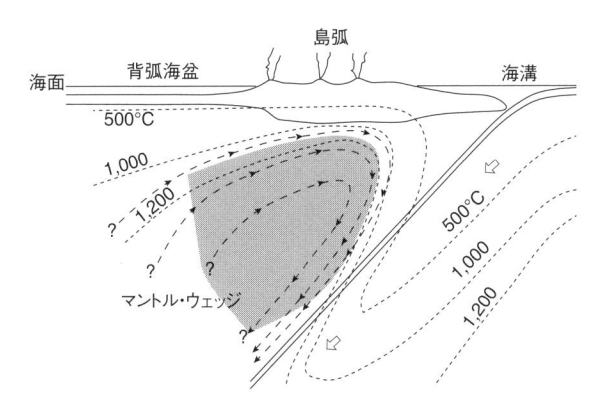

図 6.15 東北日本直下の地下温度構造（藤井（1988）をもとに編図）
影をつけた部分は部分融解している領域，黒の矢印は推定されるマントル・ウェッジの対流，破線は等温線を示す．

and Maruyama（1999）による MORB + H_2O 系の高圧実験（図 6.16）によれば，主要な含水ケイ酸塩鉱物としては，角閃石（$H_2O \approx 2.2wt\%$）が 2.4 GPa，ゾイサイト（2.0wt%）が 3.0 GPa，ローソン石（11.5wt%）が 8～10 GPa，そしてフェンジャイト（4.6wt%）が 10 GPa までの安定領域をもつ．したがって，沈み込むスラブ中に存在するこれらの鉱物が，H_2O をそれぞれの深さ（ローソン石やフェンジャイトは，約 300 km）のマントル・ウェッジにまで供給している可能性がある．一方，深さ 70～90 km で角閃岩や角閃石エクロジャイト中の角閃石が脱水反応を終了し，そこで放出された H_2O によりスラブ直上にあるカンラン岩が蛇紋岩（serpentinite）化して，それがさらに沈み込むことにより H_2O を深さ 200 km 以深にまで運んでいるとする考えもある（巽, 1995）．

6.6.4 プレート内火成活動

火山性の海洋島やそれに由来する**海山**（seamount）は，海洋プレート内部に散在している．また，**大陸**プレート（continental plate）内部にもいくつかの単成火山が活動している．これらの火山体は，プレート境界とは無関係に分布しているので，それらの成因をプレートテクトニクス（plate tectonics）の枠組みの中だけで説明することは困難である．これらの火山は，たとえばハワイ-天皇海山列（Hawaii-Emperor seamount chain）を構成するハワイ海山列のように，

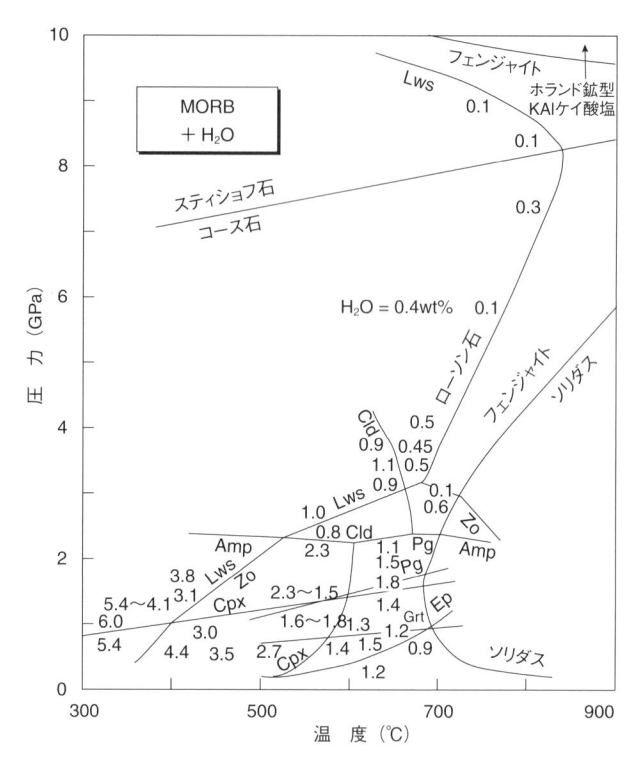

第 6 章 火成岩（マグマ）の化学組成の多様性

図 6.16 　MORB + H_2O 系における主要なケイ酸塩鉱物の安定関係（Schmidt and Poli (1998) をもとに編図）
0.4 などの数字は系に含まれる H_2O の wt% を示す．［略号］Amp：角閃石，Cpx：単斜輝石，Cld：クロリトイド，Ep：緑れん石，Grt：ザクロ石，Lws：ローソン石，Pg：パラゴナイト，Zo：ゾイサイト．

プレートの運動方向と平行に配列しているものが多い（図 6.17）．しかも，海山列の一端には活発に活動している火山島が位置し，そこから離れるに従って海底火山の形成年代が系統的に古くなっている．これは，マグマを供給する場所が，移動するリソスフェアやアセノスフェアよりも深部にあるため，プレート運動とは無関係な位置にほぼ固定され，その上を海洋島や海底火山をのせたリソスフェアが移動していると考えると説明できる．Wilson (1963) や Morgan (1972) は，このようなマグマ供給源は，マントル深部にほぼ定置している**マントルプルーム**（mantle plume）に由来すると考え，それをホットスポットと名づけ

6.6 テクトニクス場と玄武岩マグマ

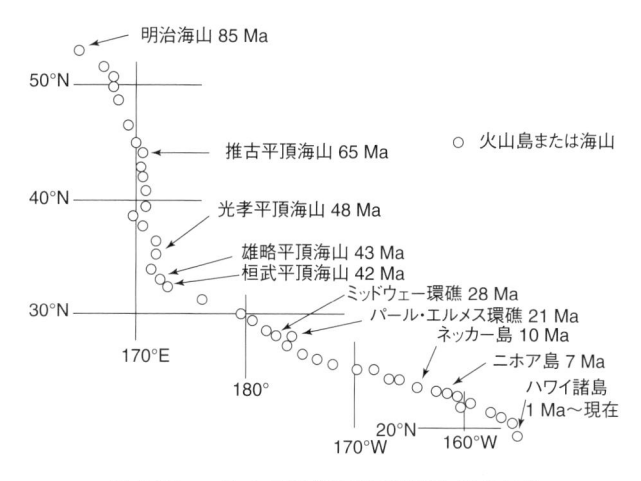

図 6.17 ハワイ–天皇海山列の配列と形成年代
(http://en.wikipedia.org/wiki/List_of_volcanoes_in_the_Hawaiian_-_Emperor_seamount_chain 2013/01/08 閲覧をもとに作成)

た[50]．なお，ハワイ・ホットスポットでは，PMT が 1,500～1,600℃ と考えられており，ピクライトマグマが生成しやすいことがわかる（図 6.14；高橋，1996）．こうしたホットスポット活動の結果生成した玄武岩を，**海洋島玄武岩**（ocean island basalt：OIB）もしくは**海洋島ソレアイト**（ocean island tholeiite：OIT）とよぶ．

ホットスポットのように，プレート境界とは無関係な火山活動であるが，数千 km の広範囲にわたって火山が分布する地域は，ホットリージョンとよばれている（Miyashiro, 1986）．代表例は，中国東北部からモンゴルにかけて起こった新第三紀（Neogene）から第四紀のアルカリ玄武岩を中心とする火成活動である．この火山活動をひき起こしたマントルプルームは，日本海盆などの**背弧海盆**（back-arc basin）を拡大させながら移動したと考えられている．

ところで，地球の歴史をたどってみると，このように定常的に存在するマン

---

[50] 天皇海山列をつくっている岩石の残留磁気の測定によれば，海山は現在のハワイ諸島よりも高緯度で形成され，しかも新しい海山ほど低緯度側で形成された．このことから，ホットスポット自身の位置も移動することがあると考えられるようになった（Tarduno et al., 2003）．

トルプルームに比べて，はるかに大規模な火成活動が起こったことがあり，それは**スーパープルーム**（super plume）とよばれている．その代表例が白亜紀（Cretaceous）に形成されたオントンジャワ海台（Ontong-Java plateau：Tarduno *et al.*, 1991; Larson, 1997）であり，陸上では二畳紀（Paleozoic）末のシベリア・トラップ（Siberian traps：Renne and Basu, 1991; Saunders *et al.*, 2005）や白亜紀〜古第三紀（Paleogene）のデカン・トラップ（Deccan traps）などが知られている．スーパープルームの活動に伴って形成された大規模な火成岩体を**洪水玄武岩**（flood basalt）とよぶ．このような，プルームを含めて海嶺やホットスポット直下の温度構造やそこで生成するマグマの化学組成の特徴や量などに関しては，Herzberg *et al.*（2007）によって詳しく論じられている．

6.6.5 玄武岩マグマの化学組成

上述したように，プレート境界やホットスポット・ホットリージョン地域には，マントルの部分融解によって生成した玄武岩マグマが噴出している．このように異なるテクトニクス場で生成した玄武岩ごとに，何か化学組成の特徴があるだろうか．Perfit *et al.*（1980）によれば，初生的な島弧玄武岩と中央海嶺玄武岩を比較すると，前者のほうが K_2O にやや富み，相対的に高い FeO/MgO 値をもつ以外は主化学組成に大きな違いは認められない．これに対し，海洋島玄武岩はやや TiO_2 に富み，Al_2O_3 に乏しいという特徴がある．微量元素に注目すると，島弧玄武岩は，中央海嶺玄武岩や海洋島玄武岩に比べて，**Large-Ion-Lithofile**（**LIL**）元素に富み，**High-Field-Strength**（**HFS**）元素に乏しい[51]．また島

---

[51] 岩石の部分融解やマグマの結晶化の際に，鉱物の中に入りにくく，結果としてマグマに濃集する元素を**不適合元素**（incompatible element）もしくは**液相濃集元素**（incompatible element）という．これに対して，固相に濃集する元素を**適合元素**（compatible element）とよぶ．その程度を決めるのは，結晶相と液相（マグマ）の間の**元素分配係数**（element partition coefficient）である．分配係数は 11.4 節で述べるように，温度・圧力の関数であるが，結晶は酸素が最密充填であるため，陽イオンのサイズと電荷にも大きく依存する（図 6.18：Nagasawa, 1966; Onuma *et al.*, 1968）．不適合元素のうち Rb, Cs, Sr や Ba など，とくにイオン半径が大きいものを LIL 元素，そして Zr, Nb, Hf, Ta などイオン半径が小さく価数が大きいものを HFS 元素とよぶ．HFS 元素は，ケイ酸塩鉱物の陽イオン席を置換しにくいため，多くが微量元素でありながらジルコンのように独立の鉱物をつくる場合が多い．

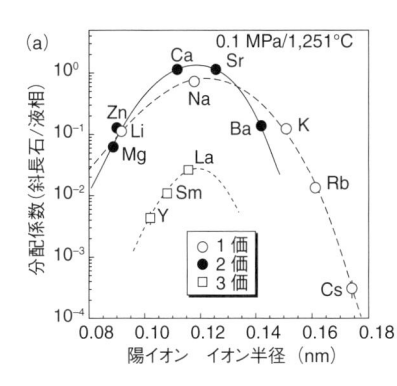

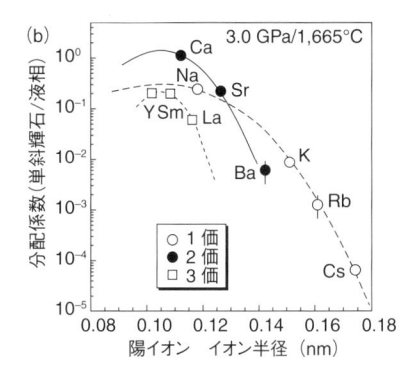

図 6.18　合成実験によって求められた，(a) 斜長石（An_{89}）と (b) 単斜輝石（Di_{87}）の結晶-液相分配係数とイオン半径の関係（小沼ダイヤグラム（Onuma diagram）：PC-IR 図）（Blundy and Wood (1994) を編図）

弧玄武岩は他の 2 種類の玄武岩に比べると，**揮発性成分**（volatiles）が濃集しており，同時に高い CO_2/H_2O 値と Cl/F 値をもっている．

　Pearce and Cann（1971）以来，マグマの化学組成の特徴，とくに微量元素の違いに基づいて火成岩の成因（形成場）を推定することを目的とした**識別図**（discrimination diagram）が数多く提案されてきた（たとえば，Vermeesch, 2006a, b）．これらは，化学組成データを統計的に扱い，成因の議論を始めるにあたって見通しを立てる際などの助けになるし，他の独立したデータから導き出される結論を評価する際などには有用であろう．しかし，岩石の産状や基礎的な記載情報を考慮せず，識別図の結果を最優先し岩石の成因やテクトニック場を結論づけることには注意が必要である．また，Nd, Sr や Pb などの同位体組成をもとにして，玄武岩類の特徴を論じることも広く行われている．これらについては，Wilson（1989）や野津・清水（2003）などに詳しいので，参考にされたい．

6.7　安山岩マグマ

　安山岩は，海溝-島弧系に最も多く産する火山岩であり，それらの成因としては，玄武岩質マグマの結晶分化作用，玄武岩質マグマの地殻物質による**同化作**

用（assimilation）[52]，下部地殻の部分融解，上部マントルの部分融解，沈み込むスラブの部分融解やマグマ混合（magma mixing）などが提案されている．以下では，上部マントルやスラブに直接由来する例とマグマ混合について述べることにする．

6.7.1 　高 Mg 安山岩とアダカイト

安山岩に相当する SiO_2 量をもちながら MgO を多く含む火山岩のなかには，そのマグマが初生的に生成したと考えられるものが知られている．その代表例が小笠原諸島に産する無人岩（boninite：Shiraki et al., 1980）や瀬戸内沿岸の讃岐岩（sanukitoid：Tatsumi and Ishizaka, 1981）である．このうち，無人岩は，斑晶鉱物としてカンラン石，単斜エンスタタイト，斜方輝石やクロム鉄鉱などを含むが，斜長石は認められない．そして，Al_2O_3，アルカリ元素，アルカリ土類元素や希土類元素にきわめて乏しいなどの特徴があり，枯渇したマントルカンラン岩に沈み込みスラブ由来の流体が付加して高 Mg 安山岩マグマが生じたと考えられている（たとえば，Taylor et al., 1994）．これに対し，讃岐岩は，少量存在する斑晶として，カンラン石，斜方輝石を，まれに角閃石，単斜輝石や斜長石を含む．そして，カンラン石には単純な結晶分化作用によっては形成されえない，異常に NiO に富むものがしばしば報告され（たとえば，Sato and Banno, 1983），Ni や Cr に富む全岩化学組成を有する（栅山・佐藤，1989）．Tatsumi (1982) は，融解実験により H_2O に飽和している場合は 1,030℃/1.5 GPa で，飽和していない場合は 1,070℃/1.0 GPa において，安山岩質マグマがカンラン石，単斜輝石および斜方輝石と平衡共存できることを示した．そして，上部マントルカンラン岩の部分融解で生成した可能性のある安山岩を高 Mg 安山岩（high-Mg andesite）とよんだ（巽, 1995）．また，Hirose (1997) は，H_2O 過剰の条件下でレールゾライトの融解実験を行い，1,000〜1,050℃/1.0 GPa の条件下では，部分融解によって MgO に富む安山岩マグマが生成することを示した．これらのことから，H_2O が存在する場合には比較的低圧条件下でのマントルの部分融解で高 Mg 安山岩質マグマが生成する可能性が示唆されていた．しかし，最近で

---

[52] マグマだまりやマグマが通過する火道の周囲の岩石（壁岩）を融かしこんで，マグマの化学組成が変化する過程．

は，瀬戸内の高 Mg 安山岩質マグマは，沈み込む海洋地殻やそれに伴ってマントル内に持ち込まれた陸源性堆積物が部分融解を起こして生成した珪長質マグマが，上昇中にマントル・ウェッジと反応して形成されたと考えられるようになった（Shimoda et al., 1998）．このモデルに従えば，上記の高 Mg 安山岩質マグマの生成条件は，珪長質マグマとマントル物質の反応で形成された高 Mg 安山岩質マグマが，マントルから分離したときの温度・圧力条件を示していると解釈される．

瀬戸内の高 Mg 安山岩質マグマは，13 ± 1 Ma[53] の限られた時期に活動している（巽, 1983）．この時代は，日本海の拡大に伴い西南日本周辺の上部マントルは異常に高い地温勾配であったことに加えて，沈み込んでいたフィリピン海プレート自身も形成して間もなく若くて高温であったと推定されており，これらの条件が整って沈み込んだ堆積物の融解がある限られた時期に起こったと考えられている．このモデルによって，上述の高 Mg 安山岩の記載岩石学的特徴や，高い $^{87}Sr/^{86}Sr$ 値，低い $^{143}Nd/^{144}Nd$ 値や高い $^{206}Pb/^{204}Pb$ 値などの同位体組成の特徴や LIL 元素の濃集などが説明できる．

沈み込む海洋プレート自身が融解してできると考えられているものに，アダカイト（adakite）質マグマがある．アダカイトは，アリューシャン列島に典型的に産する安山岩質火山岩で，斜長石と角閃石を含みしばしば斜方輝石や単斜輝石も認められる．全岩化学組成は，ザクロ石や角閃石に分配されやすい Y や Yb などの重希土類元素（たとえば，Fulmer et al., 2010）に乏しく，斜長石に入りやすい Sr（たとえば，Bindeman and Davis, 2000）などに富んでおり，結果的に高い Sr/Y および La/Yb 値をもつ．これらのことから，アダカイト質マグマは，沈み込む海洋地殻が相転移して形成されるエクロジャイトやザクロ石-角閃岩のように，残留相（residual phase）としてザクロ石を含むが斜長石を含まないような岩石の部分融解によって生成したと考えられている（Defant and Drummond, 1990）．アダカイトは，そのほとんどが若い海洋プレートや海嶺が沈み込んでいる島弧-海溝系に産出しており，アダカイト質マグマの生成にとって，高温のプレートの沈み込みが重要であると考えられている（Martin, 1999;

---

[53] 年代を表す単位．100 万年前を意味する．

Castillo, 2012)[54]．アダカイトや高 Mg 安山岩は，沈み込み帯での火成活動，島弧の成熟と酸性地殻の形成という島弧-海溝系の進化の高で大きな役割を果たしていると考えられている（巽, 2003）．

6.7.2 非アルカリマグマ系列と安山岩

　安山岩質マグマは，そのほとんどが島弧-海溝系で活動し，非アルカリマグマ系列に属する．6.4 節でふれたように，非アルカリマグマは，ソレアイト系列とカルクアルカリ系列の 2 つの初生マグマが存在すると考えられてきた．Sakuyama (1979, 1981) は，カルクアルカリ安山岩には，(1) Mg に富むカンラン石と石英など非平衡な鉱物組合せ，(2) 通常マグマの結晶分化作用ではできない逆累帯構造をもつ斑晶，(3) 組成的に非平衡な斑晶の共存，(4) 組成が二峰分布を示す斑晶や (5) 融食を受けた組織をもち，それがいったん不安定になったことを示す斑晶など，複数の異なる温度，化学組成，鉱物組成をもったマグマが混合したことを示すと思われる証拠が頻繁に認められるとした．そして，Sakuyama (1983) は，カルクアルカリ系列が (1) チタン磁鉄鉱の分別を含む分別結晶作用，(2) 斜長石斑晶の選択的濃集とチタン磁鉄鉱斑晶の選択的枯渇と (3) マグマの混合などさまざまな過程によって生成されうることを示した．この考えに従えば，初生マグマとしてのカルクアルカリ玄武岩質マグマを仮定する必要はなく，ある単一の玄武岩質マグマの分化過程とマグマの混合の程度の違いによって，ソレアイト系列とカルクアルカリ系列の両安山岩質マグマは形成されることになる．

---

[54] アダカイトは，大陸の衝突によって地殻が厚くなっている，南チベット高原からも報告されている（Chung et al., 2003）．この場合は，エクロジャイトやザクロ石-角閃岩に再結晶した地殻下部が，リソスフェアの剥離（delamination）と高温のアセノスフェアの流入によって高くなった地温勾配のために融解して，マグマが形成されたとされている．

6.7 安山岩マグマ

ぶらり途中下車 5　チベット高原

　チベットの空は暗いように青い．そこが，宇宙に近いことを実感させてくれるように．上海−成都経由で空路拉薩（Lhasa）に入って，調査用の車を待つ．その車は，上海に荷揚げしたのち，プロの運転手 2 人が交代で，ほとんど昼夜を問わず走らせ，西安−蘭州−青蔵公路（Qinghai-Tibet Road）経由で拉薩に到着した．そのとき，走行距離計は 6,613 km を示していた．こうして，KS 先生を隊長とし，MK，TY，MT さんと日本側総勢 5 名の現地調査が始まった．これが，私にとっては初めての海外調査どころか，初めての海外旅行であった．

　来る日も来る日も，左右に 5,000〜6,000 m 級の山々を臨みながら，青蔵公路沿いに車を走らせ，安多（Amdo）まで調査を行った．しかし，私が最も興味をもっていた雅魯蔵布縫合帯（Yarlung Zangbo suture zone）の調査は最後まで許可が得られず，結果として私は，会計という仕事以外ほとんど何の貢献もできなかった．そして，「最初の海外調査がチベット高原なら，あとは何処へでも行ける」という，励ましとも慰めともとれる先輩の一言とともに，チベットを後にした．あのとき，車で走った青蔵公路に沿って，今は青蔵鉄道が通っている．今度は，のんびりと鉄道の旅でもしてみようか．

第7章 花こう岩質岩

　超苦鉄質岩（4.3節）のように厳密な定義はないが，珪長質鉱物に富む深成岩を珪長質深成岩とよぶ．一般の珪長質深成岩は SiO_2 に富んでおり，石英，斜長石とカリ長石などを含み，これに黒雲母，角閃石や白雲母が加わる．そして，珪長質鉱物のモード組成によって，いくつかの種類に分けられている（図4.4）．花こう岩で代表される珪長質中〜酸性深成岩（以下では花こう岩質岩とよぶ）は，島弧，大陸地殻を構成する主要な岩石であり，閃緑岩（diorite）やそれよりも SiO_2 に富む花こう閃緑岩（granodiorite）など幅広い組成の岩石を含んでいる．この章では，珪長質マグマの成因や化学組成の特徴などについて述べる．

7.1 化学組成の特徴

　花こう岩質岩は，SiO_2 とアルカリ元素に富み $FeO + Fe_2O_3$，MgO や CaO に乏しい組成をもっている．そして，アルミナ飽和度・アルミナ飽和指数（alumina-saturation-index：ASI）[55] などの全岩化学組成の特徴と成因的要素を考慮して，IおよびS型（Chappell and White, 1974），A型（Loiselle and Wones, 1979），M型（White, 1979）などに分類される．それらの特徴を，主に周藤・小山内

---

[55] $Al_2O_3/(Na_2O+K_2O+CaO)$（モル比）で表される．長石類や準長石はこの値が1であり，それらに富む花こう岩質岩のASI値はこれに近い．しかし，白雲母（ASI = 3）などに富むものは1よりも有意に大きな値となり，パーアルミナスな岩石という．これに対して，1よりも小さな値をもつものをメタアルミナスな岩石とよぶ．

7.1 化学組成の特徴

(2002) を参考にしてまとめる．

I 型花こう岩 (igneous source type granite) は，CaO 量や Na_2O/K_2O 値が花こう岩の中では相対的に高く，多くは**メタアルミナス** (metaluminous) である．そして，角閃石や場合によっては輝石を含むことを特徴とする．一般的に，低い Sr 同位体初生値 (SrI 値)[56] をもち，より苦鉄質な火成岩を捕獲岩として含むことが多い．そのため，苦鉄質岩が部分融解して形成されるなど，I 型花こう岩は火成岩類と密接な成因的関係を有しているとされる．S 型花こう岩 (sedimentary source type granite) の多くは，**パーアルミナス** (peraluminous) であり白雲母，ザクロ石や菫青石 (cordierite) など Al_2O_3 に富む鉱物を含む．一般的に，高い SrI 値をもち，堆積岩起源の捕獲岩をしばしば含むことなどから，堆積岩類と密接な成因的関係を有しているとされる．A 型花こう岩 (anorogenic type granite) は，Na に富む斜長石やカリ長石に富み，アルカリ角閃石を特徴的に含むことがある．I 型花こう岩と比べると $FeO + Fe_2O_3$ や $Na_2O + K_2O$ の含有量が多いため，$(Na_2O + K_2O)/Al_2O_3$ 値や $(CaO + MgO)/(FeO + Fe_2O_3)$ 値によって，両型は区別できるとされている (Collins et al., 1982)．大陸地域のリフト (rift)[57] やホットスポットの活動に関係して H_2O に乏しい条件下で下部地殻が部分融解してできると考えられている．M 型花こう岩 (mantle-source type granite) は，K_2O/Na_2O 値と K_2O/SiO_2 値がきわめて低く，高い $CaO/(Na_2O + K_2O)$ 値をもち，斜長石と角閃石に富んでいる．SrI 値は，I 型花こう岩よりもさらに低く，ソレアイト質マグマの分化，あるいはソレアイト質玄武岩の部分融解によって生じた可能性が指摘されている．

日本列島には，二畳紀 (Paleozoic) 末から新第三紀にかけて形成された珪長質岩が広く分布している．これらの多くは，I 型珪長質岩であるが，中田・高

---

[56] 岩石中の Sr 同位体 ($^{87}Sr/^{86}Sr$) 値は，^{87}Rb の壊変により時間の経過とともに増加する．また，増加する割合は $^{87}Rb/^{86}Sr$ 値に依存する．Rb は一般に泥質堆積岩などに多いため，古い泥質変成岩などは高い $^{87}Sr/^{86}Sr$ 値をもつ．火成岩について，その放射年代と現在の $^{87}Sr/^{86}Sr$ 値および $^{87}Rb/^{86}Sr$ 値が測定できると，その火成岩が固結した時点での $^{87}Sr/^{86}Sr$ 値が計算でき，これを Sr 同位体初生値という．この値から，マグマの生成に対する堆積岩が関与の程度を評価することができる．

[57] マントル物質の上昇などに伴う伸長作用によって，地殻やリソスフェアが引き離されて形成される帯状の地域．アフリカ大陸東部を南北に縦断する大地溝帯 (Great Rift Valley) などが代表的．

第7章 花こう岩質岩

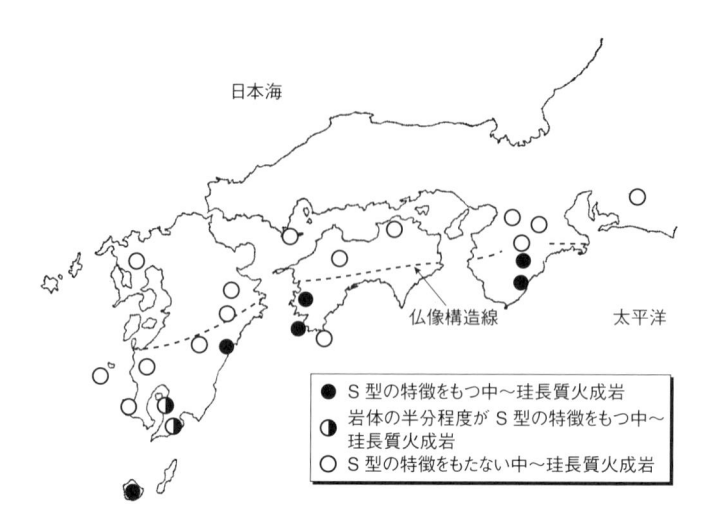

図 7.1 西南日本における S 型珪長質火成岩体の分布（中田・高橋（1979）をもとに編図）

橋（1979）によれば，西南日本外帯では，ほぼ仏像線[58]を境界として南側（南海トラフ寄り）には，S 型珪長質岩が帯状に分布している（図 7.1）．これは，南海トラフから沈み込んでいる堆積物の影響を見ているのかもしれない．

Ishihara（1977）は，不透明鉱物（opaque mineral）に注目し，日本列島の花こう岩質岩を磁鉄鉱とチタン鉄鉱の両方を含む磁鉄鉱系列（magnetite series）と磁鉄鉱を欠くチタン鉄鉱系列（ilmenite series）に区分し，西南日本では，前者は日本海側に後者は太平洋側に分布することを示した（図 7.2）．磁鉄鉱系列には I 型花こう岩の一部，チタン鉄鉱系列には I 型花こう岩の一部と S 型花こう岩が含まれる．これら酸化鉱物の特徴からチタン鉄鉱系列のマグマは，磁鉄鉱系列のマグマに比べて，酸素フガシティーが低かったと考えられる．また，チタン鉄鉱系列花こう岩質岩のほうが SrI 値や酸素同位体比が高く，硫黄同位体比が低い傾向を考え合わせると，そのマグマの生成時には炭質物（carbonaceous matter）を含む堆積岩（堆積物）が関与していたと考えられている．一方，磁鉄鉱系列マグマは，炭質物を含まない地殻物質の再溶融によって生成した可能

---

[58] 北側の秩父帯または三宝山帯と南側に分布する四万十層群北帯との境界をなす断層．関東地方・犬吠埼付近に始まり中央構造線の南側を平行して沖縄本島まで続いている．

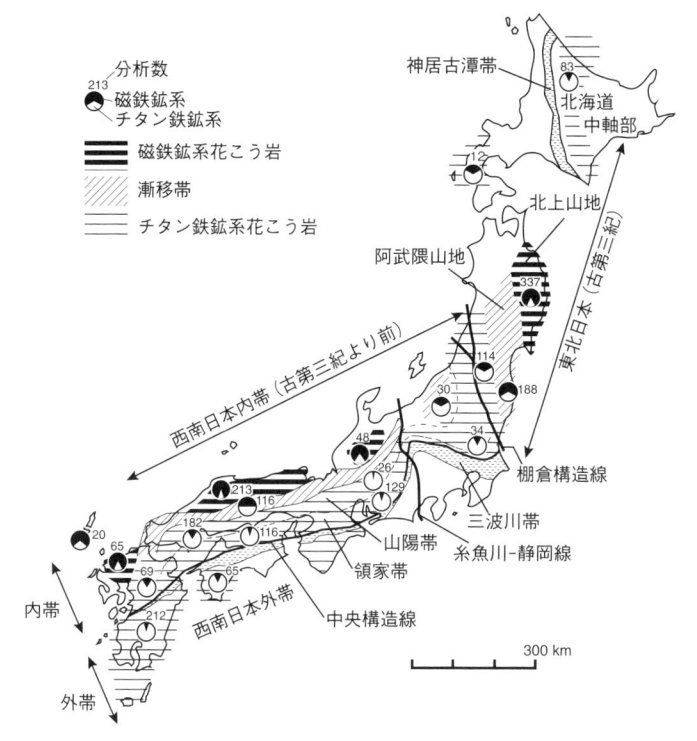

図 7.2 日本列島における，磁鉄鉱系列とチタン鉄鉱系列花こう岩質岩の分布
（Ishihara（1977）に加筆）

性が高い．

7.2 花こう岩質マグマの生成

　花こう岩質岩は，その規模はさまざまであるものの，地下深部にある空間を占める岩体として産する．したがって，マグマがその位置を占める際に地殻物質を溶かし込んだり，固結途中に壁岩と反応したりするなどの同化作用によって全岩化学組成を多少なりとも変化させていることが考えられる．しかし，基本的には，初生的なマグマの多くが地殻物質の部分融解によって生成されるといってよいであろう．そして，花こう岩質岩は，初生的な黒雲母，白雲母や角

第7章 花こう岩質岩

閃石などの含水ケイ酸塩鉱物を含んでいるため，H_2O を含んださまざまな系で融解実験が行われている．

7.2.1 単純系での融解実験

Ⓐ Qz–Ab–Or–H_2O 系

狭義の花こう岩は，カリ長石に比べて斜長石の量が少なく，しかも斜長石は曹長石成分に富んでいるため，Qz–Ab–Or–H_2O 系で近似される場合が多い（図7.3）．それによると，無水の場合ソリダス温度は少なくとも 960℃ と高温である．そして，Qz–Ab–Or の 3 相と共存するメルト（つまり共融点のメルト）の H_2O 等濃度線は，無水ソリダスとほぼ平行で，温度が低下すると H_2O 濃度は上昇する．一方で，メルトへの H_2O の溶解度を示す等溶解度線は温度軸にほぼ平行であり，圧力が上昇すると溶解度は上昇する．そして，この 2 つの等値線の交点の集合が Qz–Ab–Or–メルト–H_2O が共存する飽和ソリダス（$F=1$）となる．すなわち，飽和ソリダスは圧力を上げると低温になり，そのときのメルト中の H_2O の含有量は増加する．そして，大陸地殻下部に相当する圧力（たとえば 1.0 GPa）になると，H_2O に飽和した状態ではソリダス温度は 635〜640℃ にまで低下する．大陸地殻や島弧地殻中〜下部の温度は 500〜850℃ と見積もら

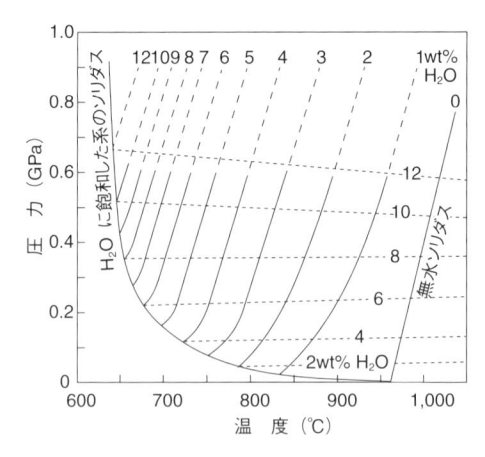

図 7.3 Qz（石英）–Ab（曹長石）–Or（正長石）–H_2O 系における，共融点メルト中の H_2O 濃度およびメルト中の H_2O 等溶解度線と温度・圧力条件との関係（Johannes and Holtz, 1996）

れているから（Honda, 1985; Taylor and McLennan, 1985; 古川・上田, 1986），H_2O が存在していれば，地殻下部を構成する珪長質な岩石が部分融解することは十分可能である[59]．

では，珪長質な岩石の部分融解が起こったとき，生成するメルトはどのような組成であろうか．これについても Tuttle and Bowen（1958）以降，多くの研究がなされている（図 7.4a）．それによれば，圧力が上昇するほど最初に生成するメルト組成は曹長石成分に富み，H_2O の**活動度**（activity）[60] が低くなるほどカリ長石成分に富むようになる．いずれの条件でもメルトの組成は花こう岩の化学組成が集中する範囲に近い（図 7.4b, c）．これらのことは，珪長質の岩石が部分融解することで，酸性マグマが生成する可能性があることと，H_2O に多少不飽和であるほうが，より花こう岩質マグマに近い組成のメルトができやす

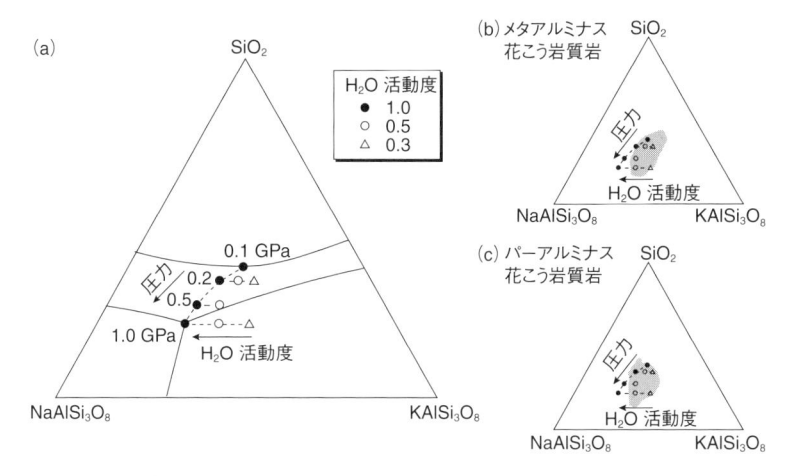

図 7.4　Qz（石英）- Ab（曹長石）- Or（正長石）系における最低融点のメルト組成と (a) 圧力および H_2O 活動度の関係（Ebadi and Johannes, 1991）および 天然の (b) メタアルミナス花こう岩質岩や (c) パーアルミナス花こう岩質岩の組成範囲との比較（Ebadi and Johannes (1991) と Luth et al.（1964）をもとに編図）

---

[59] 上記の結果は，高圧であるほどメルトは形成されやすくなるが，地殻中にはどこにでもほぼ同量の H_2O が存在すると仮定すると，生成するメルトの量は少なくなるはずである．したがって，岩体を形成するほどの十分なメルトがどのように形成されるかという問題は，依然として残っている．

[60] 14.3 節参照．

いことを示している．

❸ Qz–Ab–An–Or–H$_2$O 系

さて，前節で Qz–Ab–Or–H$_2$O 系の融解についてみてきたが，実際の花こう岩質岩には CaO が含まれており，より実際の岩石に近い議論をする場合は，Qz–Ab–An–Or–H$_2$O 系の相平衡を明らかにする必要がある．Winkler（1979）は，H$_2$O に飽和した系（$P_{H_2O} = 0.5$ GPa）において，石英，斜長石，カリ長石および H$_2$O と共存するメルトの組成と温度の関係を示す共融線が，全体として Qtz–Ab–An–Or 四面体内の An 成分に乏しい位置（Ab–Or–Qz 面に近いところ）にあることを示した．またとくに灰長石成分に乏しい斜長石を含む系では，ソリダス温度は灰長石成分の付加によって大きく影響されない（図 7.5）．したがって，この条件が一般にあてはまる狭義の花こう岩では，灰長石成分の違いは，ソリダス温度や最初に生成するメルトの組成に大きく影響しないと考えられる．

7.2.2 天然の岩石の融解実験

地殻物質が融解するプロセスとして，上部角閃岩相やグラニュライト相などの高温の広域変成作用が進行し，変成岩自身が部分融解することが想定されて

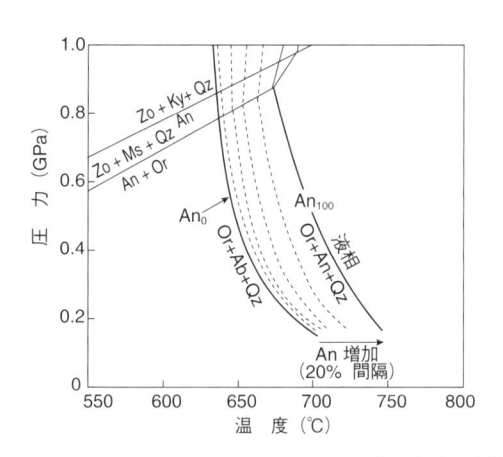

図 7.5 Na$_2$O–K$_2$O–CaO–Al$_2$O$_3$–SiO$_2$–H$_2$O 系における融解およびサブソリダス反応（Johannes, 1984）
［略号］Ab：曹長石，An：灰長石，Kfs：カリ長石，Ky：藍晶石，Ms：白雲母，Qz：石英，Zo：ゾイサイト．

いる（11.7節）．また，地殻内部に玄武岩質マグマが貫入した場合でも，その熱的影響で地殻の一部が部分融解することがある．そこで，より実際に近い条件での部分融解を再現するために，上記のようなモデル系ではなく，地殻物質を直接融解させる実験も数多く行われている．

地殻深部では，大量の H_2O が流体として岩石と共存している例は少ない．そして，H_2O は雲母や角閃石などの含水ケイ酸塩鉱物中に結晶水として存在する．H_2O に飽和していない環境でも，含水ケイ酸塩鉱物が H_2O を含むメルトと無水ケイ酸塩鉱物の組合せに変わることによってメルトが生成する（11.7節参照）．この過程を**脱水融解**（dehydration melting）という．ただし図7.6において，角閃岩どうしを比べると明らかなように，無水の系において脱水融解が起こり始める温度は H_2O に飽和した系で融解が起こり始める温度よりも高く[61]，同じ温度で生成するメルトの量も少ない．しかし，泥質変成岩やグレーワッケ[62]質変成岩が融解する場合では，850℃ 前後においてメルトの量は 17～50wt% に達する（図7.7）．したがって，モホロビチッチ不連続面直上の温度が 850℃ に達し，そこに堆積岩源変成岩類が存在すると，大量のメルトが生成していることにな

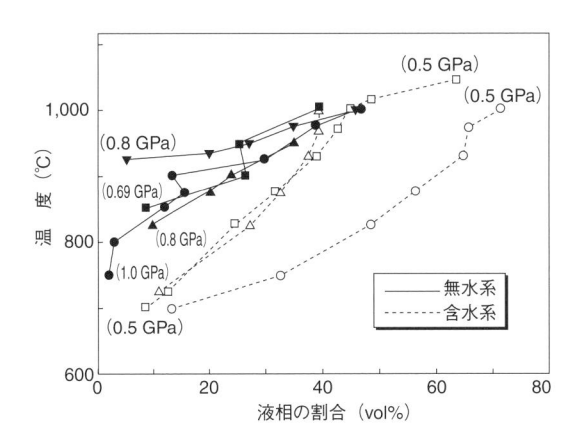

図 7.6 角閃岩の H_2O 飽和融解（含水系）と脱水融解（無水系）における液相の vol% と温度との関係（Wolf and Wyllie, 1994）

---

[61] 図 11.11 参照．
[62] 基質が泥質（およそ 15vol% 以上）であり，淘汰が悪い砂岩をグレーワッケ（greywacke）とよぶ．

第 7 章 花こう岩質岩

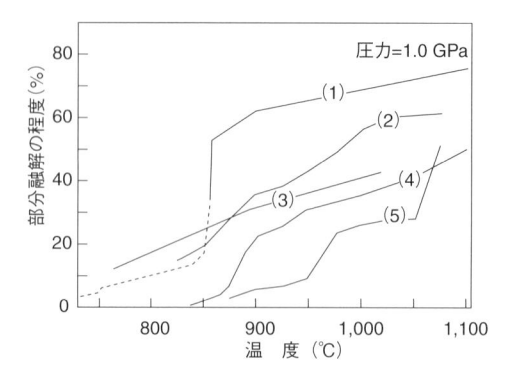

図 7.7 さまざまな組成をもつ岩石の脱水融解実験における温度と部分融解との関係
(1) 泥質変成岩 (VH88), (2) 泥質変成岩 (PJ91), (3) グレーワッケ質変成岩 (MV97), (4) トーナライト質変成岩 (RW88), (5) トーナライト質変成岩 (PSJ93). データは, VH88：Vielzeuf and Holloway (1988), PJ91：Patiño Douce and Johnston (1991), MV97：Montel and Vielzeuf (1997), RW88：Rutter and Wyllie (1988), SJ93：Skjerlie and Johnston (1993).

る．また，泥質変成岩やグレーワッケ質変成岩から生成されるメルトの多くはパーアルミナスな化学組成をもっているため，堆積岩源の変成岩が部分融解してS型花こう岩マグマが生成されることは確かだと思われる．一方, I 型のトーナル岩 (tonalite)[63] やトロニエム岩 (trondhjemite)[64] 組成のマグマは，角閃岩などの苦鉄質岩の部分融解で生成されることが示唆されている (Johannes and Holtz, 1996).

7.3 花こう岩質岩の固結深度

酸性マグマが定置し固結する温度・圧力条件などは，花こう岩体（バソリス：batholith）がいかにしてその空間的位置を占めたかという古くからの未解決の問題を論じる際に重要な情報である．そこで，花こう岩質岩にさまざまな地質温度圧力計を適用した研究がなされている (Anderson, 1996; Anderson et al., 2008). 花こう岩質岩を構成する固溶体鉱物は，長石類，雲母類や角閃石であり，

---

[63] カリ長石をほとんど含まず，石英，斜長石と有色鉱物からなる深成岩（図 4.5 参照）.
[64] トーナル岩のうち，有色鉱物の割合が 10vol% 以下のもの.

7.3 花こう岩質岩の固結深度

場合によってはザクロ石も産することがある．したがって，温度・圧力条件の見積もりには，基本的にこれらの鉱物を含む連続反応を利用する（11.4.2 項参照）．これら岩石の形成条件の解析法は，変成岩岩石学の分野で長きにわたって検討，使用されてきたものである．

7.3.1 角閃石を含む組合せ

花こう岩質岩の固結深度を推定する際に最も利用されているのは，Hammarstrom and Zen（1986）や Hollister et al.（1987）によって提唱された，角閃石 Al 地質圧力計（Al-in hornblende barometer）である[65]．彼らは，花こう岩質岩を構成する主要鉱物は，石英，斜長石，カリ長石，黒雲母，角閃石，磁鉄鉱（もしくはチタン鉄鉱），チタナイト（titanite：$CaTiSiO_5$）およびメルトであり，固結時にそれらが共存していた場合を想定した．これらのうち，主要なケイ酸塩鉱物（石英，斜長石，カリ長石，黒雲母，角閃石）とメルトおよび H_2O の，カルクアルカリ・マグマにおける模式的な相平衡関係は図 7.8 のようである（Hollister et al., 1987）[66]．ここで，角閃石の化学組成を変化させた場合を考える．そのとき，角閃石を含む（疑似）単変曲線の位置は温度-圧力図上を移動するが，角閃石を含まない単変曲線（Hbl）は位置を変えない．すなわち，上記の主要なケイ酸塩鉱物＋メルト＋H_2O が共存する条件（図 7.8 の（疑似）不変点：●）は，角閃石の化学組成が変化すると単変曲線［Hbl］上を移動することになる．ところで，花こう岩質マグマが固結すると思われる 0.2 GPa 以上では，角閃石が参加しないもの（図 7.8 の［Hbl］）を含めて単変曲線は大きな傾き dP/dT をもっている．したがって，角閃石の組成変化による不変点の位置の変化は，温度条件にほとんど依存せず圧力条件の指標となる．この点をふまえ，Hammarstrom and Zen（1986）は，石英，斜長石，カリ長石，黒雲母，磁鉄鉱（もしくはチタン鉄鉱）およびチタナイトと共存する角閃石の全 Al 量（O = 23）から圧力（GPa）を求める次の経験式を提案し，それ以降いくつかの較正式が提案された．

---

[65] 初期の研究は，高橋（1993）によってまとめられている．
[66] 実際の岩石では，斜長石の Na/Ca 値や苦鉄質鉱物の Mg/Fe^{2+} 比は全岩化学組成によっても変化する．したがって，厳密にいえばこの図に示された相平衡関係は，温度と圧力のみの関数ではない．

第 7 章 花こう岩質岩

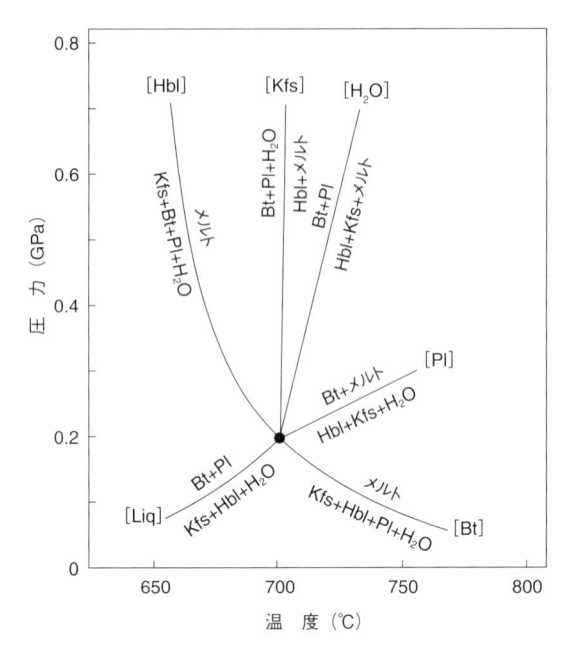

図 7.8 カルクアルカリ・マグマのソリダス近傍の模式図（Hollister *et al.*, 1987）
角括弧内の相は，それが変反応に関与しないことを示す．［略号］Bt：黒雲母，Hbl：ホルンブレンド，Kfs：カリ長石，Pl：斜長石．黒丸は，本文中で論じている疑似不変点を示す．

$$P = -0.392 + 0.503 \times Al \tag{7.1}$$

しかし現実には，角閃石の Al 量は温度によっても変化することは自明である．そこで，Anderson and Smith（1995）は，温度依存性を考慮した以下のような地質圧力計（GPa）を提案した．

$$P = 0.476 \times Al - 0.301 - \{[T(℃) - 675]/85\} \times$$
$$\{0.053 \times Al + 0.0005294 \times [T(℃) - 675]\} \tag{7.2}$$

この圧力計を用いる際には，利用した鉱物が結晶化したときの温度条件を独立に見積もる必要がある．その際にしばしば利用されるのが Holland and Blundy（1994）によって提案された，角閃石と斜長石の端成分を含む次の反応式を利用した角閃石–斜長石地質温度計である．

7.3 花こう岩質岩の固結深度

$$\text{NaCa}_2\text{Mg}_5(\text{Si}_7\text{Al})\text{O}_{22}(\text{OH})_2 + 4\ \text{SiO}_2$$
　　エデン閃石　　　　　　　石　英

$$= \text{Ca}_2\text{Mg}_5\text{Si}_8\text{O}_{22}(\text{OH})_2 + \text{NaAlSi}_3\text{O}_8 \quad (7.3)$$
　　　　　　トレモラ石　　　　　　曹長石

$$\text{NaCa}_2\text{Mg}_5(\text{Si}_7\text{Al})\text{O}_{22}(\text{OH})_2 + \text{NaAlSi}_3\text{O}_8$$
　　エデン閃石　　　　　　曹長石

$$= \text{Na}(\text{CaNa})\text{Mg}_5\text{Si}_8\text{O}_{22}(\text{OH})_2 + \text{CaAl}_2\text{Si}_2\text{O}_8 \quad (7.4)$$
　　　　　リヒター閃石[67]　　　　　　　灰長石

また，3成分系長石地質温度計（たとえば，Fuhrman and Lindsley（1988））も利用される．

さて，角閃石 Al 地質圧力計は，天然の試料や合成実験のデータをもとに，経験的に校正したものである．しかし，低圧の条件下において角閃石中の Al 量は，主にチェルマック置換とエデナイト置換の両置換によって制御されている（2.5 節参照）．当然，両置換の温度・圧力依存性は互いに異なるので，温度・圧力条件は本来は全 Al 量の代わりにそれぞれの置換で入った Al 量を区別して議論されるべきである．そこで，次のような連続反応を角閃石 Al 地質圧力計として利用することも提案されている．

$$2\ \text{SiO}_2 + 2\ \text{CaAl}_2\text{Si}_2\text{O}_8 + \text{KMg}_3(\text{Si}_3\text{Al})\text{O}_{10}(\text{OH})_2$$
　石　英　　　灰長石　　　　　フロゴパイト

$$= \text{Ca}_2\text{Mg}_3\text{Al}_2(\text{Si}_6\text{Al}_2)\text{O}_{22}(\text{OH})_2 + \text{KAlSi}_3\text{O}_8$$
　　　　　チェルマック閃石　　　　　カリ長石

（Hollister et al., 1987）(7.5)

$$\text{Ca}_2\text{Mg}_5\text{Si}_8\text{O}_{22}(\text{OH})_2 + \text{KMg}_3(\text{AlSi}_3)\text{O}_{10}(\text{OH})_2$$
　　トレモラ閃石　　　　　　フロゴパイト

$$+\ 2\ \text{CaAl}_2\text{Si}_2\text{O}_8 + 2\ \text{NaAlSi}_3\text{O}_8$$
　　　灰長石　　　　　曹長石

---

[67] リヒター閃石（richterite）：アクチノ閃石に，$\text{NaNa}\square_{-1}\text{Ca}_{-1}$ の置換が起こって生成する角閃石．

$$= 2\ \mathrm{NaCa_2Mg_4Al(Si_6Al_2)O_{22}(OH)_2} + 6\ \mathrm{SiO_2} + \mathrm{KAlSi_3O_8}$$
パーガス閃石　　　　　　　　　石英　　カリ長石
（Mäder and Berman, 1992）(7.6)

$\mathrm{Ca_2Mg_5Si_8O_{22}(OH)_2} + \mathrm{Ca_2Mg_3Al_2(Si_6Al_2)O_{22}(OH)_2} + 2\ \mathrm{NaAlSi_3O_8}$
トレモラ閃石　　　　　　チェルマック閃石　　　　　　　　　曹長石

$$= 2\ \mathrm{NaCa_2Mg_4Al(Si_6Al_2)O_{22}(OH)_2} + 8\ \mathrm{SiO_2}$$
パーガス閃石　　　　　　　　石英
（Bhadra and Bhattacharya, 2007）　(7.7)

7.3.2 マグマ起源の緑れん石を含む花こう岩質岩

緑れん石族鉱物（2.8.4 項参照）は，一般的に変成鉱物として産する．しかし，Zen and Hammarstrom（1984）は，マグマから直接晶出した緑れん石族鉱物を記載し，それが 0.8 GPa の比較的高い圧力のもとで固化した深成岩を特徴づけるものとして，マグマ起源緑れん石の岩石学的重要性を強調した．そしてマグマ起源緑れん石は，これまでに花こう閃緑岩‒トーナル岩をはじめとして，モンゾ花こう岩，デイサイト質岩，閃緑岩，そしてエクロジャイトに由来する高圧ミグマタイトやペグマタイトなどから報告されている（Schmidt and Poli, 2004）．

マグマ起源の緑れん石の安定領域は，多くの合成実験によって議論されている（図 7.9）．それによれば，メルトと共存する緑れん石は安定圧力の下限をもっており，その値はマグマの化学組成にもよるが，花こう閃緑岩ではおよそ 0.6 GPa である．そして，緑れん石の安定領域の高温低圧限界を示す緑れん石消失線（epidote-out line）は系のノルム灰長石[68]成分が多くなるほど系統的に高温側へシフトし，その安定領域は広くなる．また，系の酸素フガシティーが高くなり，結果として緑れん石の $\mathrm{Fe^{3+}/Al}$ 比が高くなるほど，消失線は高温低圧側にシフトして，メルトと共存する緑れん石の安定領域は広くなる（図 7.10）．

このように，マグマ起源緑れん石の安定領域は，マグマの化学組成に大きく依存はするが，その産出は花こう岩質マグマが比較的高圧条件下で固化したことの重要な指標であろう．

---

[68] 14.2 節参照．

7.3 花こう岩質岩の固結深度

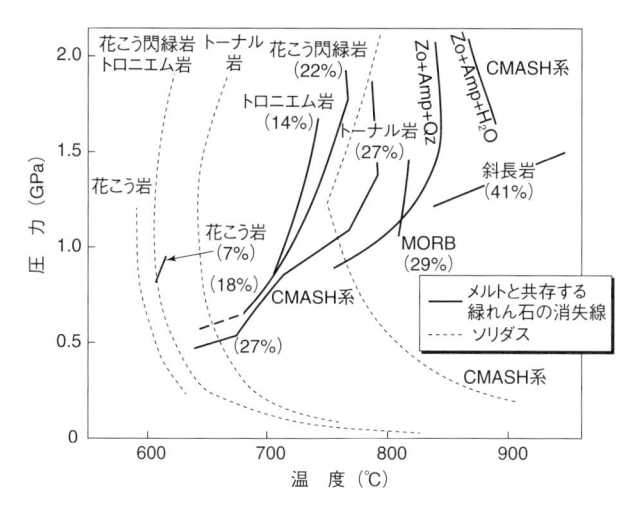

図7.9 H$_2$O 飽和条件下（MORB を除く）におけるさまざまな組成のマグマ中の緑れん石族鉱物の安定領域と主な火成岩のソリダス（Schmidt and Poli, 2004）

括弧内の数字はノルム灰長石の wt%．花こう閃緑岩は，圧力が 1.0 GPa 以下と以上の条件で，異なる全岩化学組成のものが用いられている．[略号] Amp：角閃石，Qz：石英，Zo：ゾイサイト，MORB：中央海嶺玄武岩，CMASH 系：CaO-MgO-Al$_2$O$_3$-SiO$_2$-H$_2$O 系．

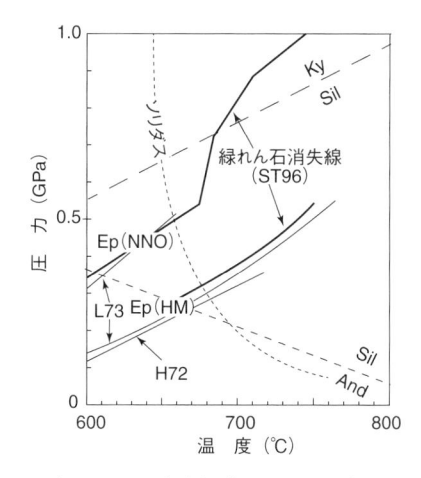

図7.10 緑れん石の安定領域とトーナル岩のソリダス

データは，H72：Holdaway（1972），L73：Liou（1973），ST96：Schmidt and Thompson（1996）による．[略号] And：紅柱石，Ep：緑れん石，Ky：藍晶石，Sil：珪線石，HM：赤鉄鉱–磁鉄鉱バッファー，NNO：Ni-NiO バッファー．

第 7 章　花こう岩質岩

ぶらり途中下車 6　　世界一若い露出した花こう岩質岩

　火成岩は，今この瞬間も地球の至るところで形成されている．そのうち，火山岩は固結している現場をリアルタイムで観察することができる．一方，花こう岩のような深成岩は，〈ぶらり途中下車 8〉で紹介する葛根田岩体のボーリング・コア試料のような特殊な例を除くと，ある深さで固結した後に上昇や被覆していた岩石が削剥されることによって地表に露出して，はじめてわれわれが観察したり採取したりすることができる．長野−岐阜県境の北アルプスに分布する滝谷花こう閃緑岩（Takidani granodiorite）は，これまでに知られている最も新しい深成岩である（Harayama，1992）[69]．

　北アルプスの槍ヶ岳から穂高岳周辺には，巨大な高カルデラを埋めて大量の溶結凝灰岩（穂高安山岩類）とそこに貫入して接触変成作用を与えている滝谷花こう閃緑岩が分布している．岩石の形成年代を議論する際には，放射年代が大きな意味をもつ．しかし，とくに深成岩の固結年代を決定するためには多くの困難が伴い，年代測定方法によって異なる多くの値が報告されることも多い．それは，深成岩体が貫入して冷却するのに長時間を要することや，冷却の過程などで変質作用などを被り，年齢の若返りが起こることが多いからである．滝谷花こう閃緑岩についても，新第三紀末〜第四紀の年代も報告されていたが，その形成年代は古第三紀の深成岩だと考えられていた．それは，46.4 ± 1.1 Ma の Rb–Sr 全岩アイソクロン年代が報告されていたことと，花こう岩質マグマは冷却固結しさらに浸食削剥により地表に露出するまでには，100 万年単位の長い時間を要するであろうという漠然とした思い込みがあったからかもしれない．

　ところで，滝谷花こう閃緑岩と穂高安山岩類の南西には，2.3 〜 2.5 Ma の年代が報告されている丹生川火砕流堆積物が分布しており，当初それらは穂高の南にある乗鞍岳周辺から噴出したとされていた．お隣どうしだけれども遠い親戚くらいにしか思われていなかったこの穂高安山岩類と丹生川火砕流堆積物が，前者を地質図幅「上高地：原山（1990）」，後者を地質図幅「高山：山田ほか（1985）」で調査されていた原山さんによって，じつは兄弟姉妹であることが明らかにされた．その結果，穂高安山岩類に接触変成作用を与えている滝谷花こう閃緑岩から報告されている新しい年代の重要性が再認識され，やがて約 1.0 〜 1.4 Ma に地下 3 km に定置し，その後急速に隆起した姿が描き出された（原山，2006）．原山さんは 1984 〜 86 年の約 2 年間，私も所属していた研究室に来られており，ご一緒させていただいた．しかし，そのとき世界記録につながる仕事をされているのだとは残念ながら理解できない私であった．

---

[69] 最近，飛騨山地の黒部川花こう岩より，0.6 〜 0.8 Ma の K–Ar 黒雲母・角閃石年代（原山ほか，2010）と LA–ICP–MS・SHRIMP U–Pb ジルコン年代（Ito et al., 2013）が報告された．

第8章 変成作用と変成岩

8.1 変成作用とは

　変成岩（metamorphic rock）とは，既存の岩石（原岩：protolith）が別の**鉱物組合せ**（mineral assemblage：鉱物共生（mineral paragenesis）ともいう）や新たな組織（構造）に変化（**再結晶**：recrystallization）してできたものであり，この再結晶作用が起こっている過程を**変成作用**（metamorphism）という．この場合，再結晶は，必ずしも鉱物組合せの変化を伴うわけではなく，たとえば石灰岩（limestone）が粗粒化して結晶質石灰岩（crystalline limestone）になったり，チャート（chert）が変成チャート（metachert）に変わったりすることも再結晶である[70]．

　化学反応は高温であるほど迅速に進行する．また，脱水反応により変成流体が生成されると，元素の粒界移動や化学反応が促進される．したがって，再結晶作用は，温度と圧力（**変成度**：metamorphic grade），とくに温度の上昇に伴って進行する．この時期を昇温期（prograde stage），そこで進行している再結晶作用の過程を**昇温期変成作用**（prograde metamorphism）とよぶ．一方，冷却過程に転ずると化学反応は次第に起こりにくくなり，系へのH_2Oの供給が乏しいと**加水反応**（hydration reaction）も促進されないので，それ以前に形成された鉱物組

---

[70] 石灰岩やチャートは多少の不純物を含んでいるので，再結晶によって少量の新しい変成鉱物（metamorphic mineral）が形成される．しかし，基本的には変成作用の前後で主要な鉱物種は変わらず，鉱物は粗粒化し組織が変化する．

合せは改変されにくくなる．そのため，一般に変成岩が保持している鉱物組合せは，変成作用の温度が最高に達したときにほぼ形成されたと見なされている[71]．この時点を，温度ピーク（thermal peak）もしくは変成ピーク（metamorphic peak）とよぶ．すなわち，ある地域の変成温度（metamorphic temperature）の変化の様子（温度構造：thermal structure）は，一般にそこに分布するそれぞれの岩石が変成ピークに達したときの温度条件をもとに論じられる．この変成温度の空間的な変化を，**累進変成作用**（progressive metamorphism）とよぶ．ところで，一般に変成作用が進行している場の**地温勾配**（geothermal gradient）は定常的ではない．その場合，昇温期変成作用時の温度-圧力変化（圧力-温度-（時間）経路：P-T-(t) path）と累進変成作用として認識される温度-圧力変化は一般に一致しないので，両者を混同しないようにする必要がある．なお，変成ピークに達した後に温度が低下する過程（降温期：retrograde stage）でも，H_2Oの供給が十分であったり，冷却速度が小さかったり，**変形作用**（deformation）が進行したりすることなどが原因となって，再結晶作用は継続することがある．それを，**降温期変成作用**もしくは**後退変成作用**（retrograde metamorphism）とよぶ．

　変成岩の多くは，脱水反応の過程で生成したり系外から流入したりした**変成流体**（metamorphic fluid）の関与はあるものの，基本的にはサブソリダス条件下で形成されることは共通しており，これが変成作用の本質であるといえよう．とはいえ，たとえば変成温度が上昇するとそれまでに形成されていた変成岩の一部は部分融解してメルトが生ずることがある．そして，メルトが抜け去って融け残った部分（レスタイト：restite）は変成岩そのものであるし，レスタイトとメルトがふたたび固化してできたように見える部分が肉眼的に混在して，**ミグマタイト**（migmatite：口絵 2b）とよばれる岩石が形成される場合もある．また，低温の変成作用は変質作用（alteration）や続成作用（diagenesis）と連続している．広い意味で，変成作用は変質作用の一種である．しかし多くの場合，変質作用は，熱水作用（hydrothermal process）や化学的風化作用（chemical weathering）などのような，岩石の局所的な化学的・鉱物学的変化などに限定

---

[71] 超高圧変成岩などでは，ほぼ等温減圧の過程を経た後に，角閃岩相〜グラニュライト相条件下で，ほぼ完全に再結晶している例も報告されている（Banno *et al.*, 2000; Ye *et al.*, 2000）．

して用いられることが多い．したがって，どこまでを変成作用とよぶかを明確に定義はできない[72]．変成作用は，それが起こる原因によって，広域変成作用，接触変成作用や衝撃変成作用に大別される．

8.1.1 広域変成作用

現在でも日本列島直下では，沈み込む海洋プレートを構成している玄武岩や一部の海洋底堆積物などが変成岩に変わりつつあり，そしてインド亜大陸とユーラシア大陸の衝突現場であるヒマラヤ造山帯の深部でも変成作用は進行している．このように，地球内部の広域的な温度構造を反映して進行している変成作用を**広域変成作用**（regional metamorphism）とよび，そこで形成された岩石を**広域変成岩**（regional metamorphic rock）いう．そして，広域変成岩が広く分布している地質体を**広域変成帯**（regional metamorphic belt）とよぶ．ただし，古い時代の広域変成帯は，削剥を受けたり，後に深成岩の貫入を受けたりして分布の連続性が失われる．たとえば，西南日本には基本的に，日本海側に古い時代の広域変成岩が，太平洋側には新しい時代の広域変成岩が分布している（図 8.1）．そして，白亜紀の沈み込み帯で形成された三波川変成岩（Sanbagawa metamorphic rock）は，少なくとも関東山地から九州・佐賀関まで，約 800 km にわたってほぼ連続して分布している．これに対し，三畳紀（Triassic）の変成年代を示す周防変成岩（Suo metamorphic rock）や 280 Ma よりも古い蓮華変成岩（Renge metamorphic rock）は，その大部分は削剥されて点在変成岩の様相を呈している（Nishimura, 1998）．

広域変成作用は，程度の差はあるものの変形作用を伴って再結晶を起こす．したがって結晶の配列などによって片理面（schistosity），片麻状構造（gneissosity）や縞状構造（banding）などの組織が発達する．一般に，いわゆる高温低圧型変成岩（低 P/T 型変成岩：10.2 節）は片麻状構造や縞状構造を示すことが多いため**片麻岩**（gneiss：口絵 2c）とよばれるのに対し，低温高圧型変成岩（高 P/T 型変成岩）では片理面が発達し**結晶片岩**（crystalline schist：口絵 2d）とよばれる．しかし，これらの名称はとくに成因や形成条件などで定義されているわけではない．

---

[72] 中島ほか（2004）は，変質作用と低温の変成作用の主たる違いは，前者では反応が完全に開いた系で起きていることと，空間的・時間的規模がはるかに小さいこととしている．

第 8 章 変成作用と変成岩

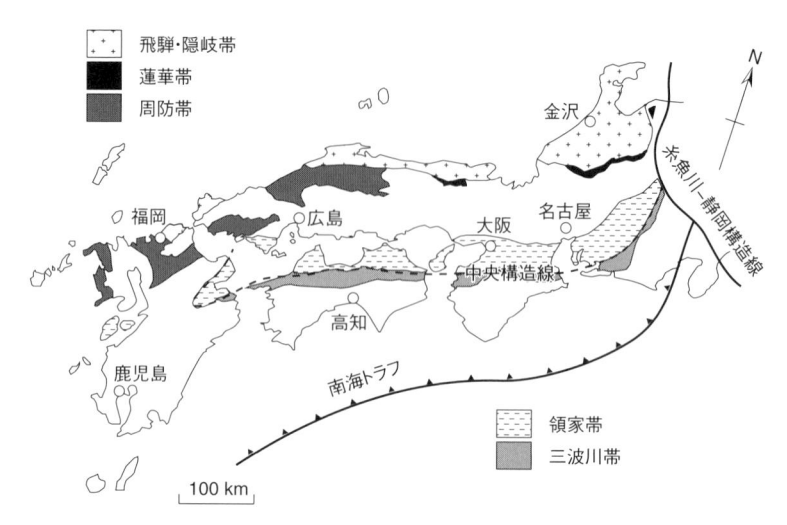

図 8.1 西南日本の変成岩類の分布（磯崎ほか（2010）の一部を簡略化）

8.1.2 接触変成作用

マグマが地下深部に貫入し大規模な火成岩体を形成すると，その周囲の岩石はほぼ等圧的に加熱され再結晶作用が起こる．それを，**接触変成作用**（contact metamorphism）とよび，形成された岩石を**接触変成岩**（contact metamorphic rock），接触変成作用が及んだ範囲を**接触変成域**（contact metamorphic aureole）という（Kerrick, 1991）．接触変成域は，広域変成帯とは異なり特定の地質体を示す用語ではなく，接触変成作用時以前に形成されていた複数の地質体の境界を横断して発達することもある．接触変成域の範囲は，マグマの温度や量，貫入した場所の温度などにもよるが，多くの場合は境界から数 km 以内であり[73]，変成作用の温度は熱源となった岩体に近づくほど高くなっている（図 8.2）．接触変成作用の圧力は，マグマが貫入した深さによるが，一般に広域変成作用と比べて低いことが多い．しかし，藍晶石が安定な深さで形成された接触変成岩も報告されている（Hollister, 1969a, b）．本来は，もっと深いところでも接触

---

[73] 北アメリカ東部のアパラチア変成帯では，広域変成作用のピーク以後に貫入した深成岩体が熱源となって形成されたと考えられる藍晶石–珪線石アイソグラド（10.2 節）が，岩体から 20～25 km 離れたところに位置している例が知られている（De Yoreo et al., 1989）．

8.1 変成作用とは

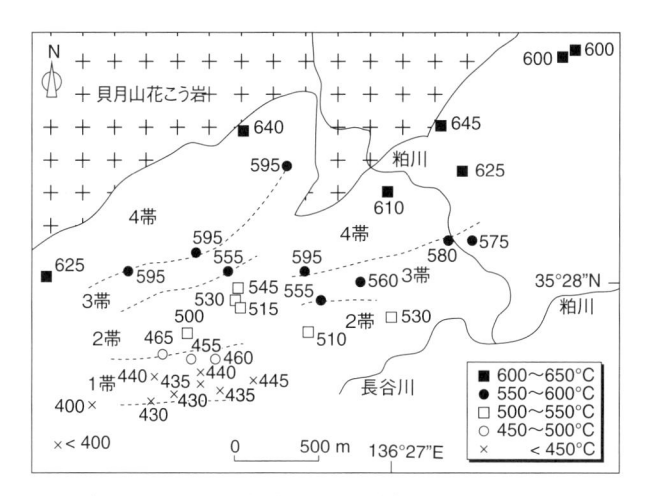

図 8.2 岐阜県・貝月山花こう岩類による接触変成作用（Suzuki (1977) をもとに編図）
400〜645 の数字は方解石–ドロマイト地質温度計で見積もられた変成温度（℃）を，1〜4 帯は石灰質変成岩の鉱物組合せによる変成分帯を表す．

変成作用は起こっているだろうが，深度が増すにつれて広域的に温度も上昇するので，接触変成作用の影響を識別することが困難になるであろう．また，造山帯においては，比較的短時間の間に繰り返し起こるマグマの貫入が，地殻内の温度を広域的に上昇させたり高温の状態を長時間にわたって維持させたりする可能性があり，中〜低 P/T 型広域変成作用の形成を促進しているのかもしれない．

7.2 節で述べたように，圧力が上昇するほど，花こう岩質岩の H_2O に飽和したソリダス温度が低下するとともに H_2O の含有量は増加し，たとえば 0.4 GPa の圧力条件では，ソリダス温度は約 650℃ であり，H_2O 量は約 9wt% に達する．このことは H_2O を含む花こう岩質マグマが浅所に貫入して冷却すると，固化する際に H_2O に富む流体を大量に放出することを意味する．この流体は熱とともにアルカリ元素やアルカリ土類元素など流体に溶けやすい元素を輸送し，周囲の岩石に広範囲な組成的改変[74] を及ぼし（鈴木，1975; Norton and Knight,

---

[74] 交代作用（metasomatism）ともいう．

1977),スカルン(skarn)[75] を形成することも多い.また,通常はマグマの貫入によって強い変形作用は起こらないため,広域変成岩で一般的にみられる面構造などは発達しない.しかも,再結晶作用の継続時間も広域変成作用に比べると短いため,接触変成岩は,細粒で緻密であることが多く,一般に**ホルンフェルス**(hornfels:口絵 2e)とよばれる.

8.1.3 衝撃変成作用

常に地球内部で進行している広域変成作用や接触変成作用とは異なるが,時として隕石が地表に落下し,局所的・短時間に超高圧・(多くの場合は)超高温状態での再結晶が進行することがある.これを**衝撃変成作用**(impact metamorphism, shock metamorphism)という.隕石の衝突によって形成された隕石孔(meteor crater)には,角礫岩からガラス質岩石までの多様な岩石が見いだされ,いくつかの隕石孔からはマイクロ・ダイヤモンドが発見されている(El Goresy et al., 2001).SiO_2 高圧相であるコース石は,最初に隕石孔から発見され(Chao et al., 1960),その後キンバリー岩(kimberlite)[76] や超高圧変成岩からも報告された(13.1 節参照).最初のスティショフ石も隕石孔から確認されている(Chao et al., 1962)[77].このような,高圧鉱物のほかに,シャッターコーン(shatter cone)[78] や面状変形組織(planar deformation features:PDFs)[79] なども,衝撃変成作用を特徴づけるものである.なお,隕石自身に衝撃変成作用の影響が認められることがある(木村, 2011).

Stöffler et al.(1991)は,おもにカンラン石と斜長石に記録された衝撃の影響をもとに,普通コンドライト(ordinary chondrite)に認められる衝撃

---

[75] 石灰岩やドロマイト(苦灰岩:dolomite または dolostone)などの炭酸塩岩中に酸性マグマが貫入した際,その接触部付近に形成される Ca, Fe, Mg や Al などに富む鉱物の集合体.主に,マグマから Si, Fe, Mg や Al が炭酸塩岩側に移動し Ca と反応してできる.これら元素の移動は,拡散と熱水を介在した浸透や移流によって起こる.

[76] ダイヤモンドやマントル捕獲岩を含む,アルカリ元素($K_2O > Na_2O$)に富む超苦鉄質火山岩.

[77] 最近,キンバリー岩に含まれるダイヤモンド中に産するナノサイズのスティショフ石が,透過型電子顕微鏡観察によって確認された(Wirth et al., 2007).

[78] 隕石の衝突や地下核実験に伴って形成される,放射状の溝や割れ目をもった円錐状の岩石や,それが示す地質・地形.

[79] 衝撃変成作用を受けた石英(衝撃石英:shocked quartz)や長石などに認められる顕微鏡スケールの微細構造.なお,正式な日本語表記は未定である.

変成作用の程度を，とくに影響が認められない S1 から，カンラン石が再結晶して時にはリングウッダイト（ringwoodite）[80] に相転移を起こしている S6 までの 6 段階に分ける案を提唱している．Earth Impact Database によれば，2012 年現在，世界で約 180 個のクレーターが確認・登録されている（http://www.passc.net/EarthImpactDatabase/index.html）．これらのほとんどは，陸域から報告された痕跡である．海底にもクレーターが形成されているが，古いものは海洋プレート（oceanic plate）の沈み込みによって消滅している．

8.2 原岩による分類

変成岩の原岩は，火成岩，堆積岩，そして変成岩自身のこともあり多様である．変成岩の鉱物組合せは，温度と圧力や変成流体の組成だけではなく，岩石の全岩化学組成によっても変化する．そこで，変成岩は原岩によって，主に以下の 5 種類に分けて扱われることが多い．

8.2.1 泥質変成岩（pelitic metamorphic rock）

泥岩を原岩とし，変泥質岩（metapelite）ともいう．全岩化学組成は，Al_2O_3 や K_2O に富み，一般にアルミナ飽和指数（ASI：7.1 節参照）が 1 よりも大きい．そのため，Al_2SiO_5 鉱物，十字石やザクロ石など Al_2O_3 に富む鉱物が出現する．また，炭質物や石墨（graphite）を含む場合が多く，11.6 節で述べるようにそのような試料では，変成作用時の酸素フガシティーが低く制御されているため，全鉄を FeO と見なして全岩化学組成を議論してもよい場合が多い．

8.2.2 石英長石質変成岩（quartzo-feldspathic metamorphic rock）

チャートや珪長質鉱物に富む砂岩（sandstone）や火成岩などを原岩とし，全岩化学組成は著しく SiO_2 に富む．鉱物組合せは一般に単純であり，変成度を推定するために利用することは少ない．しかし，石英長石質の岩石は大陸地殻を代表しており，地殻とマントルの相互作用を論じるうえで，他の種類の岩石

---

[80] スピネル型結晶構造をもつカンラン石の高圧相．地球内部では，深さおよそ 520～660 km（圧力約 18～23 GPa）で安定であると考えられている（大谷，2005）．

と同様に重要な位置を占める．

8.2.3　石灰質変成岩（calcic metamorphic rock）

不純な石灰岩や石灰岩と他のケイ酸塩岩との混合物を原岩とし，石灰珪質変成岩（calc-silicate metamorphic rock）ともいう．全岩化学組成は著しく CaO に富み，Ca ザクロ石や Ca 輝石など Ca に富むケイ酸塩鉱物のほかに，方解石やドロマイトなどの炭酸塩鉱物を含むことが多い．したがって，それらの共生関係は，変成流体の化学組成（$X_{CO_2} = CO_2/(CO_2 + H_2O)$）にも大きく影響される．逆にいえば，変成流体の組成の変化を解析する際に重要である．

8.2.4　塩基性変成岩（basic metamorphic rock または mafic metamorphic rock）

玄武岩質もしくは安山岩質火成岩や火山砕屑岩（pyroclastic rock）を原岩とし，変塩基性岩（metabasite）ともいう．全岩化学組成は，MgO, FeO + Fe_2O_3 や CaO に富み SiO_2 に乏しく，一般に ASI 値が 1 よりも小さい．したがって，白雲母もしくはパラゴナイトなどが不安定となるような特殊な場合を除いて，Al_2SiO_5 鉱物は出現しない．また，同じ温度・圧力条件においても，石英の有無によって鉱物共生が大きく異なるので注意が必要である．

8.2.5　超塩基性変成岩（ultramafic metamorphic rock）

カンラン岩を原岩とし，全岩化学組成は著しく SiO_2 に乏しく MgO + FeO（とくに MgO）に富む．低温で再結晶作用を受けると主に蛇紋石（serpentine：$(Mg, Fe^{2+})_6Si_4O_{10}(OH)_8$），緑泥石（chlorite：$(Mg, Fe^{2+})_5Al(Si_3Al)O_{10}(OH)_8 \sim (Mg, Fe^{2+})_4Al_2(Si_4Al_2)O_{10}(OH)_8$），タルク（滑石，talc：$Mg_3Si_4O_{10}(OH)_2$），Ca 角閃石や磁鉄鉱などからなる蛇紋岩（serpentinite）へ変化する．変成温度が上昇すると脱水反応が起こってカンラン石や輝石が形成され，スピネルやザクロ石なども含むことがある．

8.3　組織と構造

再結晶が進行すると，鉱物組合せや粒径のほかに岩石全体の組織や構造が変化する．それらを特徴づける幾何学的要素であり，変成・変形作用時の運動像や

歪み像を解析するときの基本情報には，**面構造**（foliation）と**線構造**（lineation）がある．

変成岩に見られる面構造としては，劈開面（cleavage），片理面（schistosity），片麻状構造や縞状構造などがある．線構造（口絵 3a）は，一般に面構造上に現れ，鉱物もしくはその集合体が一方向に伸長した結果できる伸張線構造（stretching lineation），角閃石などの柱状や伸長結晶が配列してできる鉱物線構造（mineral lineation），微褶曲や細密褶曲（crenulation）のヒンジ（hinge）[81]が線構造として現れたちりめんじわ線構造（crenulation lineation）や複数の面の交線である交線線構造（intersection lineation）などがある．また，変成岩を特徴づける組織として，特定の鉱物が大きく成長した**斑状変晶**（porphyroblast：口絵 3b, c, d）がある．斑状変晶中に保存されている線構造や面構造を観察することにより，変形時の運動センスなどの情報を読み取ることができる．運動センスは，露頭面で観察される非対称変形レンズ（口絵 4a）や脈の変形の様子から読み取ることもできる（口絵 4b）．これらの構造の解析方法の基礎や応用または変形岩全般については，Simpson and Schmid（1983），狩野・村田（1998），中島ほか（2004）や金川（2011）などを参照されたい．

---

[81] 褶曲部で曲率が最も大きい部分（折れ曲がり部分）．

ぶらり途中下車7　変成作用と交代作用

　コース石を含んでいることが明らかとなり超高圧変成岩研究の端緒となったDora Maira のパイロープ−石英岩（pyrope-quartzite），蘇魯超高圧変成帯のザクロ石−コランダム岩（garnet-corundum rock）やほとんど純粋なヒスイ輝石だけからなるヒスイ輝（石）岩（jadeitite）など，その原岩を通常の火成岩や堆積岩に比定することが困難な岩石が，他の高圧−超高圧変成岩に伴って産することがある．

　パイロープ−石英岩としばしば共存し，同じようにAl_2O_3やMgOに富む岩石として白色片岩（whiteschist）とよばれる岩石があり，これは蒸発岩（evaporite）を原岩とする特殊な変堆積岩と考えられていた（Schreyer and Abraham, 1976）．そして，パイロープ−石英岩も同様に超高圧作用を受けた蒸発岩と考えられた（Chopin, 1984）．しかし，パイロープ−石英岩は花こう岩質片麻岩中にレンズ状に産することや地球化学的な特徴から，現在ではMg交代作用を受けて形成されたと考えられている（Schertl and Schreyer, 2008）．ザクロ石−コランダム岩も，当初はボーキサイト（bauxite）とMgに富む炭酸塩岩（carbonate）の混合したものを原岩とすると考えられていた（Enami and Zang, 1988）が，その後に行われた地球化学的分析結果からは，交代作用を受けたスピネル−ウェブステライト（図4.4参照）であるとされている（Zang et al., 2004）．

　ヒスイ輝岩は，ミャンマー，ロシア，カザフスタンやグアテマラなどから報告されているが，日本でも糸魚川（河野，1939）や西彼杵（西山，1978）などに産する．ヒスイ輝岩は高圧変成岩に伴う蛇紋岩中のブロックとして産する．このような産状やヒスイ輝石の安定領域の圧力の下限が500℃で約0.8 GPaであること（図8.3）から高圧変成作用で形成されたことは明らかである．そして，ヒスイ輝岩がしばしばアルビタイト（曹長（石）岩，albitite）を伴っていることを考え合わせて，曹長石がヒスイ輝石＋石英に分解し，石英のみが周囲の蛇紋岩中のSiO_2に不飽和な鉱物と反応したり，変成流体に溶けて取り去られるなどして消滅し，ヒスイ輝岩の岩塊が形成されたと考えられていた（たとえば，Shido, 1958）．しかし，ヒスイ輝岩は，大きなものでは重さ数十トン以上（体積20〜30 m^3）に及び，そのような巨大な岩塊を単純な固相−固相反応でつくることに疑問が呈されていた．また，アルビタイトの分解反応でヒスイ輝岩をつくろうとする場合，ヒスイ輝岩の約1.7倍の体積のアルビタイトがまず存在する必要があると同時に，ヒスイ輝岩の約38％の体積に相当する石英が取り去られる必要がある．これも説明困難な条件である．そして，現在では，ヒスイ輝石の安定領域条件下にあるマントル・ウェッジに流入した変成流体から直接沈積して形成されるか（椛座・後藤，2010），斜長石に富む花こう岩（plagiogranite），変斑れい岩（metagabbro）やエクロジャイトが交代作用を受けて形成されたと考えられている（Tsujimori and Harlow, 2012）．

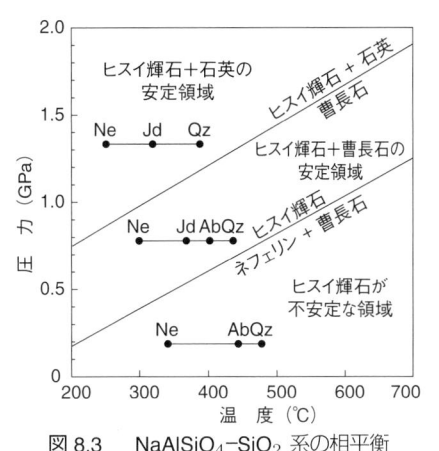

図 8.3　$NaAlSiO_4$–SiO_2 系の相平衡
［略号］Ab：曹長石，Jd：ヒスイ輝石，Ne：ネフェリン，Qz：石英．

　変成岩を解析する場合，基本的には流体成分以外の主要元素は系に固定されているとみなされる．最近，新しい解析法として盛んに使用されるシュードセクション法も，完全移動性成分とみなしたもの以外は変成作用の途中に増減しないことを前提としている．昔のことではあるが，マグマの状態を経ずしてさまざまな岩石の化学組成が変化することによって花こう岩類が形成されるとする，交代作用（花こう岩化作用：granitization）説が少なからず支持されたことがあり，私が学生のころにもかすかにではあるがその雰囲気が残っていた．全岩化学組成を勝手に変えてよいのなら，どんな岩石でも自由につくることが可能であろう．それは，議論の原点を自分の都合のよいように設定することに等しいような気がした．そのため，私は交代作用もしくは交代作用説に近づかないで今日に至っている．少なくとも変成岩研究の中で重要な位置を占める岩石のいくつかは，交代作用の結果形成されたことは明らかであるが，私はその解析法を理解できないでいる．

第9章 鉱物共生と反応関係の理解

　第10章で述べるように，変成相はある特定の鉱物共生が安定化することで特徴づけられ，特定の鉱物共生はある温度-圧力範囲で安定である．したがって，隣り合う変成相との境界は，鉱物共生の変化を説明する鉱物反応で定義される．第3章では，鉱物の安定関係を理解する基礎的な事項を理解するために，Al_2SiO_5鉱物を例にして1成分系の取扱いについて述べた．しかし，実際の変成岩を対象とする場合は，多成分系を扱うことになる．そこで，この章では2成分系以上の扱い方を簡単に述べることにする．

9.1　2成分系の相図

　まず，2成分系について見てみよう．この系で，A，BおよびCの3相を考える．ただし，相Bは相Aと相Cの中間の組成であるとする．そうすると，この系は相AとCを端成分とする2成分系であり，3相の間の安定関係は次の反応で記述される．

$$A + C = B \tag{9.1}$$

ここで，A+Cのエントロピーおよび体積は，いずれもBよりも大きいとする．これらの相のエントロピーは正の値をもつから，圧力一定のもとで温度の上昇とともに各相の自由エネルギーは減少するが，その割合はA+Cに比べてBがより小さい．したがって，自由エネルギー-温度-組成図上において温度上昇に伴う各相の自由エネルギーの変化は，3.2.4項で述べた1成分系の例と同様に，

9.1 2成分系の相図

図9.1aのように模式的に描くことができる.また,温度一定のもとでの,圧力上昇に伴う自由エネルギーの変化は,図9.1bのようになる.そして,温度-圧力図上での各相の安定関係は図9.2のように描くことができる.これより,単変曲線より高温低圧側では,相Bが相対的に不安定となり,A＋Cが唯一安定な組合せとなる.一方,低温高圧側では,系の組成が相BよりもA側にあれば

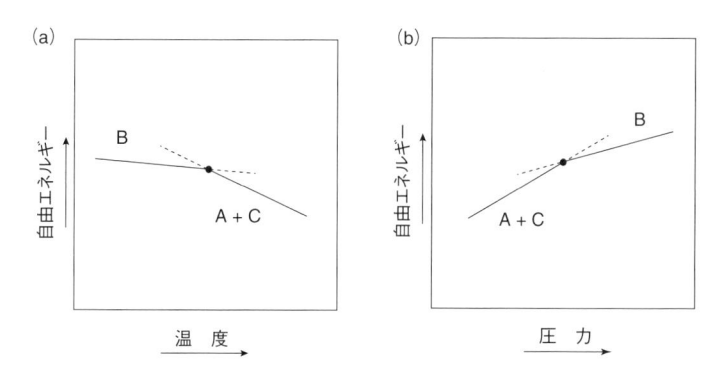

図9.1 2成分系3相モデル系の自由エネルギーの温度-圧力変化図
組合せA＋Cが相Bよりも大きなエントロピーと体積をもつ場合.

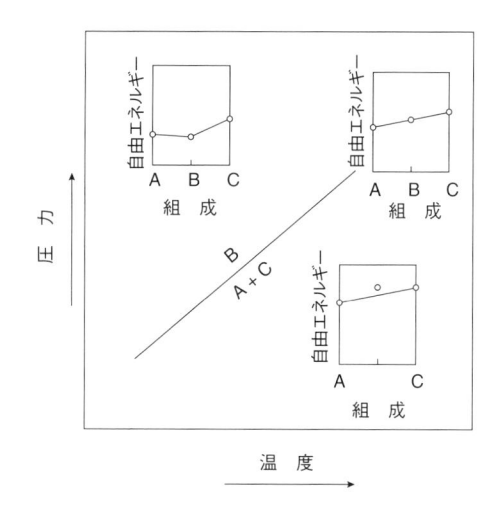

図9.2 2成分系3相モデル系の温度-圧力安定領域図と自由エネルギーの変化
相の組合せA＋Cが相Bよりも大きなエントロピーと体積をもつ場合.

第 9 章 鉱物共生と反応関係の理解

A + B の組合せが安定となり，逆に C 側にあれば B + C の組合せが安定となる．この関係は 2.6 節で論じた次の反応に相当する．

$$Fe_2SiO_4 + SiO_2 = 2\,FeSiO_3 \qquad (9.2)$$
　　ファイアライト　　石　英　　フェロシライト

次に，図 9.3 に示すように A, B, C および D の 4 相を含む A–D 2 成分系を考えてみる．この場合，一般には 1 つの不変点（4 相共存）から放出する 4 本の単変曲線（3 相共存）によって，4 つの双変領域（2 相共存）に分割された温度–圧力相図が描かれる．そして，単変曲線は次の 4 つの反応に相当する（反応の係数は省略する）．

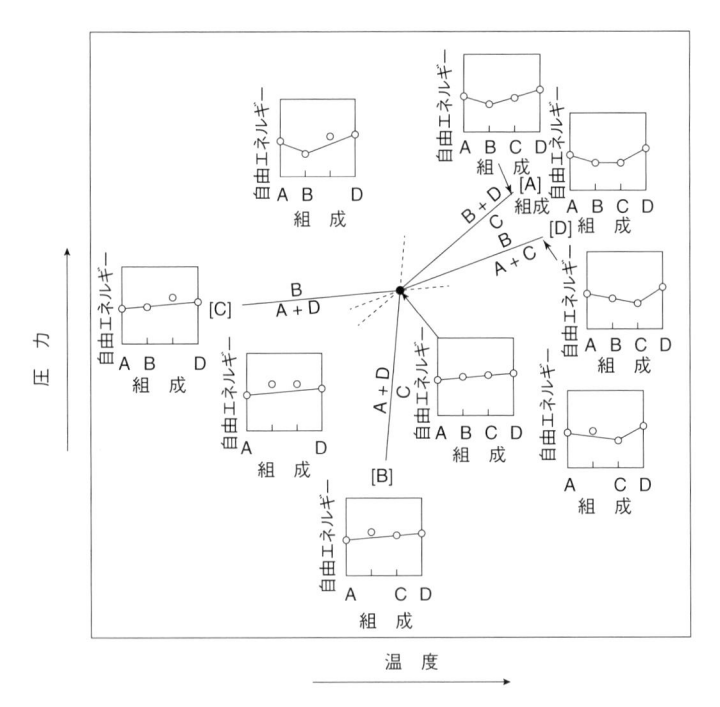

$$B = A + D \qquad (9.3)$$

$$B = A + C \qquad (9.4)$$

図 9.3　2 成分系 4 相モデル系の温度–圧力安定領域図と自由エネルギーの変化
　　　　角括弧内の相は，それが反応に関与しないことを示す．

$$B + D = C \tag{9.5}$$

$$A + D = C \tag{9.6}$$

この関係は，ネフェリン–石英の 2 成分系に相当し，それぞれを相 A と D とすると，B はヒスイ輝石，C は曹長石となる．Holland and Powell (1998) の熱力学データを用いると，上記の 4 つの単変曲線はいずれも正の傾き (dP/dT) を示し，B = A + D から A + D = C の順に値は大きくなる．また，いずれの式でも右辺が高温で安定である．したがって，この系の相図は，模式的に図 9.3 のように表される（便宜的に，A–D の 2 成分を表す線上で，4 相の組成は等間隔に描いてある）．図 8.3 に示したヒスイ輝石の安定条件を限定する 2 つの反応

$$NaAlSi_2O_6 + SiO_2 = NaAlSi_3O_8 \tag{9.7}$$
　　ヒスイ輝石　　石英　　　曹長石

$$2\,NaAlSi_2O_6 = NaAlSiO_4 + NaAlSi_3O_8 \tag{9.8}$$
　　ヒスイ輝石　　ネフェリン　　曹長石

は，この図の高温側にある 2 本の単変曲線に相当する．

9.2　3 成分系

多成分系において，不変点から射出する単変曲線の配列は，相の組成相互の関係によって異なり，Zen (1966) によって 7 成分系までについて解析されている．3 成分系における 5 相の共生関係は，この節の終わりに述べる場合のような縮退がなければ，図 9.4a に示す 3 通りであり，それぞれに対応する単変曲線の配列は図 9.4b となる．図 9.4a において，2 つの相を結んだ実線を**タイライン** (tie-line) といい，結ばれた相は安定共存できることを示す．3 成分系の場合，単変曲線は縮退がなければ 4 相の反応で定義され，2 つのタイプに分けられる．

ひとつの反応は，たとえば図 9.4a1 においてはタイライン A–C と B–E が交差していることで表現され，単変曲線の両辺では，それぞれいずれかのタイライン（鉱物組合せ）が安定となり，他のタイラインは不安定となる．これを反応式で表すと次のようになる．

$$A + C = B + E \tag{9.9}$$

第 9 章　鉱物共生と反応関係の理解

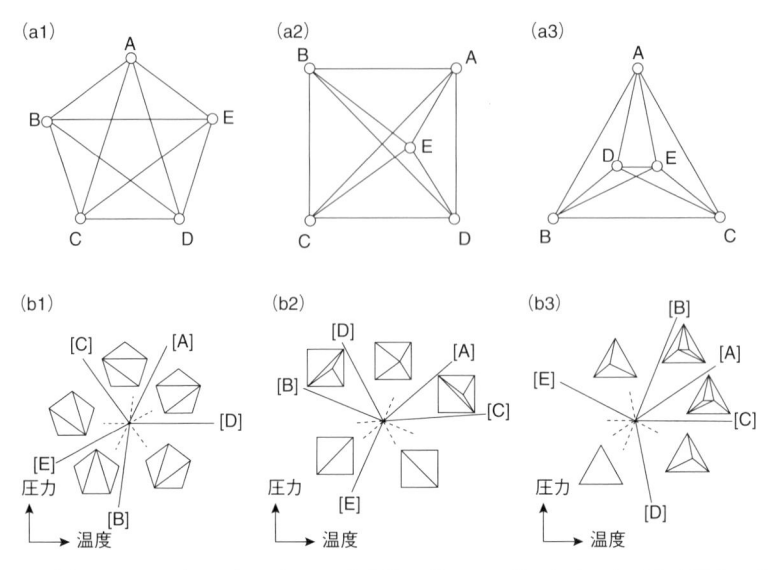

図 9.4　Zen（1966）による 3 成分系 5 相モデル系における組成共生関係の型と単変曲線の配列（坂野（1979）を一部改変）
(a) は可能な相の配置のトポロジーを，(b) はそれぞれに対応するシュライネマーカースの束を示す．角括弧内の相は，それがそれが反応に関与しないことを示す．

このように安定なタイラインが変わる反応を，**タイライン転換反応**（tie-line switching reaction）といい，図 9.4b1 では単変曲線 [D] に相当する．この反応の左辺では A＋C＋B もしくは A＋C＋E の組合せが，右辺では，B＋E＋A もしくは B＋E＋C の組合せが安定となる．反応が進行して右辺が安定となったときに，どちらの組合せが安定となるかは，系全体の化学組成に依存している．すなわち，系の組成が台形 ABCE のなかで，タイライン B–E よりも A 側にあれば B＋E＋A の組合せが，他方 C 側にあれば B＋E＋C が安定となる．このように，タイライン転換反応が起こった場合は，系全体の組成に依存して新たに安定となる鉱物組合せは変化する．しかし，反応の両辺で特定の相が絶対的に不安定となることはない．

もうひとつは，たとえば図 9.4a2 の 3 本のタイラインからなる三角形 A＋C＋D とそれに囲まれた相 E の組合せで表現され，これを反応式で表すと次のようになる．

$$E = A + C + D \tag{9.10}$$

この場合は、反応の左辺が安定な条件では、系の組成に応じて A+C+E, A+D+E もしくは C+D+E のいずれかが安定となる．一方，反応が進行し右辺が安定となると，E は絶対的に不安定となり，想定している系のいずれの化学組成においても A+C+D の組合せが安定となる．このようにある特定の相が絶対的に不安定となる反応を**限界反応**（terminal reaction）といい，図 9.4b2 では単変曲線 [B] に相当する．

以上では，各相の組成が一般的な位置関係にある場合について述べた．しかし，それらがある特別な共生関係にある場合は，図 9.4 と異なった単変曲線の配列が生ずる．たとえば，図 9.4a2 の特殊な場合として，図 9.5a のように相 E の組成がタイライン A–C 上に位置する場合を考える．そうすると，次のような反応関係が成立する．

$$C + E = B + D \ \cdots\cdots \ [A] \tag{9.11}$$

$$A + C = E \ \cdots\cdots\cdots \ [B, D] \tag{9.12}$$

$$E = A + B + D \ \cdots\cdots \ [C] \tag{9.13}$$

$$A + C = B + D \ \cdots\cdots \ [E] \tag{9.14}$$

すなわち，反応曲線 [B] と [D] は互いに等価な反応となり，温度–圧力図上では，1 本の反応曲線 [B, D] となる（図 9.5b）．このように，単変曲線の本数が減ることを縮退といい，縮退した反応曲線は少ない成分（この例では，2 成分系）で表現され，反応に参加する相の数も少なくなる（この例では，3 相）．な

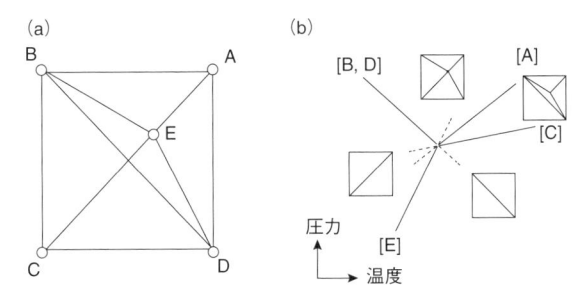

図 9.5 縮退をもつ組成共生関係の型と単変曲線の配列の例

お，図 9.4a1 で相 B がタイライン A–C 上，また図 9.4a3 で相 D がタイライン A–B 上に位置するときなどにも縮退が起こる．

9.3 多成分系の取扱いと組成−共生図

鉱物の共生関係や反応関係を平面上に描き理解するのは 3 成分系が限度である．4 成分系に対しては，立体視のための図を用意して議論することもある（Spear and Peacock, 1989）．また，最近では任意の方向からみた立体をパーソナル・コンピュータで描くことも容易であるから，それを利用して反応関係を理解することもそれほど難しくはない．しかし，それを超える多成分系（multicomponent system）の共生・反応関係を，そのまま図的に理解することは不可能である．そこで，Eskola (1915) は，**ACF 図**（ACF diagram）と **AKF 図**（AKF diagram）という 2 つの組成−共生図（composition-paragenesis diagram）を提案した（図 9.6）．これは，変成岩の主な構成鉱物の種類や量に最も大きな影響を及ぼすのは，$Al_2O_3 : CaO : (MgO + FeO) : K_2O$ 比であるという経験的事実に基づく考察による．以下に，都城（1965）の解説を一部簡略化して両図の扱い方を紹介する．

通常の変成岩を構成する主な化学成分は，SiO_2，TiO_2，Al_2O_3，Fe_2O_3，FeO，MnO，MgO，CaO，Na_2O，K_2O，P_2O_5，H_2O などである．このうち，石英を含む岩石を扱う場合，その試料は SiO_2 に関して過飽和である（過剰であ

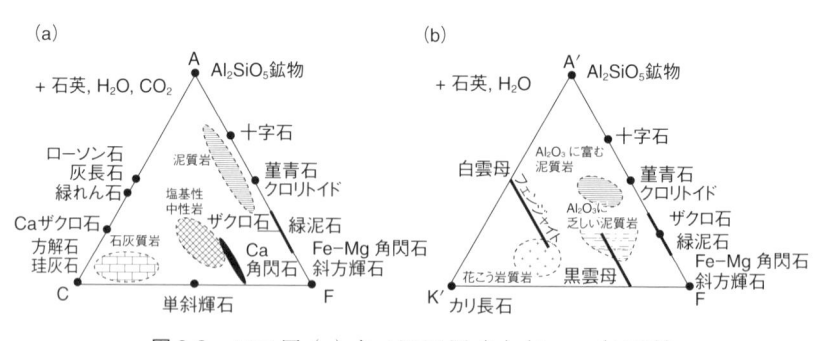

図 9.6 ACF 図 (a) と A′K′F 図 (b) (Spear (1993))

る）ので系から除外する[82]．同様に，流体相がほぼ純粋な H_2O 組成をもつとすると，同様な理由で H_2O および流体は系から除外する．$Al_2O_3 + Fe_2O_3$，$FeO + MnO + MgO$ と $Na_2O + K_2O$ はそれぞれ結晶化学的に互いによく似た挙動をするため，まとめて3つの成分として扱う．また，通常 TiO_2 と P_2O_5 は他の成分に比べて微量であるため単に考慮しない，もしくは，たとえば P_2O_5 はリン灰石（apatite：$Ca_{10}(PO_4)_6(OH, F, Cl)_2$）のように特定の鉱物だけに入り，他の鉱物の共生に影響しないとする．そうすると，考慮すべき成分は，$(Al_2O_3 + Fe_2O_3)$, $(FeO + MnO + MgO)$, CaO, $(Na_2O + K_2O)$ の4成分となる．ここで，$(Na_2O + K_2O)$ はすべて Al_2O_3 と対になってアルカリ長石をつくっていると見なすと，最終的には次の3成分のモル比率で表した三角図で鉱物の組成共生関係を表現することになり，それを ACF 図という（図 9.6a）．

$A = Al_2O_3 + Fe_2O_3 - (Na_2O + K_2O)$

$C = CaO$

$F = FeO + MnO + MgO$

ACF 図は，粗い近似ではあるが，さまざまな化学組成をもつ変成岩の鉱物組合せを表記できる．

一方，たとえば泥質岩を原岩とするような変成岩の場合，K_2O の量が鉱物または鉱物組合せ（とくに，ACF 図の AF 辺上にプロットされる鉱物）に大きく影響する．そして，CaO の量は一般に少なく，中～高温変成岩においては，主として灰長石成分として斜長石に含まれている．また，通常対象とするケイ酸塩鉱物は $Al_2O_3/(K_2O + Na_2O) > 1$ の組成をもつため，便宜的にアルカリ長石を頂点の1つ K にプロットできるように，次のように成分を扱っても組成共生関係を乱すことはなく，これを AKF 図という．

$A = Al_2O_3 + Fe_2O_3 - (CaO + Na_2O + K_2O)$

$K = K_2O$

$F = FeO + MnO + MgO$

---

[82] たとえば，SiO_2 が過剰である場合，その量の増減は単に石英の量に影響するだけで，他の鉱物の共生関係には何ら影響を及ぼさない．このようなものを**過剰成分**（excess component）とよび，組成–共生図上から除外することができる．

これに対し Spear（1993）は，下記のように各頂点を定義した，Al_2O_3–$KAlO_2$–$(MgO + FeO)$ 系の改変図を提案している．ここでは混乱を避けるために，この図を A′K′F 図とよぶ（図 9.6b）．

$A' = Al_2O_3$

$K' = KAlO_2$

$F = (MgO + FeO)$

Eskola の AKF 図と Spear の A′K′F 図において，各鉱物の投影点の相対的な位置関係は変わらない．しかし，A′K′F 図では AKF 図と比べて K_2O を含む鉱物の化学組成が A′K′F 図全体にわたって投影されるため，鉱物の組成共生関係が見やすくなっている．

ここで述べた ACF 図，AKF 図や A′K′F 図は，変成岩の鉱物の共生関係を概観するには便利ではあるが，FeO と MgO を 1 つの成分として扱っているという点で，定量性を欠いている．すなわちこれらの図上で議論される鉱物の多くは Fe–Mg 固溶体であるにもかかわらず，全岩化学組成の FeO/MgO 値がそれらの組成共生関係に与える影響を表現できない問題点があった．この点を補うために，Thompson（1957）は **A″FM 図**（A″FM diagram）を考案した（図 9.7）．同図は泥質変成岩を対象とし，以下の点が仮定されている．(1) SiO_2 を過剰成分とし，(2) 石墨を一般に含むため酸素フガシティーは低く Fe_2O_3 は少量である（11.6 節参照），(3) CaO と Na_2O は少量であるとして取り扱わない（共生関係に斜長石の影響を考慮しないことに等しい），(4) TiO_2，MnO や P_2O_5 も CaO などと同様に扱う，(5) 変成作用の進行中，岩石は H_2O について開いた系であり，その化学ポテンシャルは系外から一定に保たれている（完全移動性成分）．そうすると，考慮すべき成分は Al_2O_3, FeO, MgO, K_2O となる（図 9.7a）．さらに，泥質変成岩には白雲母（低〜中変成度の岩石）またはカリ長石（比較的高変成度の岩石）が普遍的に含まれているため，KAl_3O_5 もしくは $KAlO_2$ を過剰成分とする（これらから投影（projection）する）と，次のように表現される A″FM 図が導かれる（図 9.6b）．

$A'' = Al_2O_3 - 3\,K_2O$ または $Al_2O_3 - K_2O$

$F = FeO$

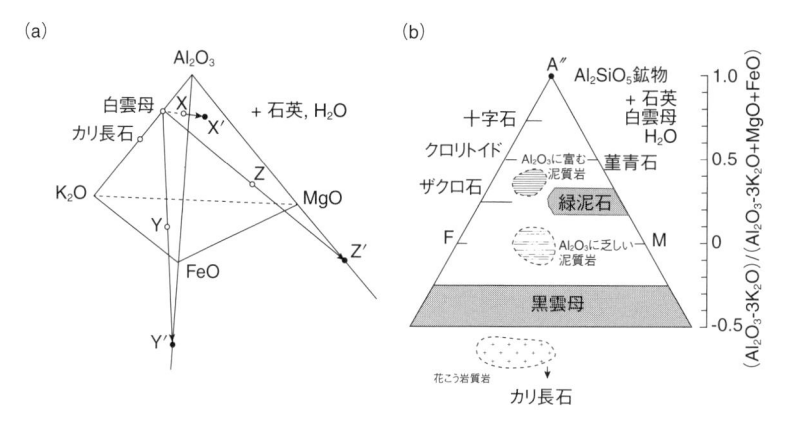

図 9.7 トンプソンの A″FM 図
(a) Al_2O_3–K_2O–FeO–MgO の 4 成分系から A″FM 3 成分系へ投影した場合の模式図（Thompson (1957) を簡略化）．
(b) 白雲母から投影した場合の泥質変成岩に産する主な鉱物の A″FM 図．

$$M = MgO$$

この場合，たとえば石英，白雲母および H_2O を過剰に含む低～中変成度の泥質変成岩で安定な鉱物の組成は，A″FM 図上では図 9.7b のように表現され，11.1 節で論じるように，これらの鉱物の安定関係が疑 3 成分系として理解できる．

第10章 変成相と変成相系列

　変成岩の全岩化学組成と鉱物組合せの関係を知ることによって,変成作用時の物理条件(**変成条件**：metamorphic conditions)を比較することが可能となり,変成岩を生成条件によって経験的に分類できる.これを,鉱物相の原理(principle of mineral facies)という(Eskola, 1920).すなわち,Eskolaは一群の変成岩の全岩化学組成と鉱物組合せの間に一定の関係があるのは,それらが一定の範囲の温度・圧力条件下で形成されたからであると考えた.そして,ある全岩組成のもとで一定の鉱物組合せが安定な温度・圧力条件の範囲を1つの**変成相**(metamorphic facies)に属するとした.したがって,鉱物組合せからその岩石が属する変成相を決めることにより,変成条件を半定量的に論じることができる.また,同様に変成温度・圧力条件の高低や変化を表現する際には,変成度という言葉も使われる.Winkler(1979)は,変成温度が約200℃以下を極低変成度(very low grade),およそ200〜400℃を低変成度(low grade),400〜600℃を中変成度(medium grade),そしてそれよりも高温であり部分融解が起こる可能性が高い場合を高変成度(high grade)とよんだ.なお,第13章で述べるように,1990年代になると大陸地殻を構成している高変成度岩が,900℃を超える温度で再結晶している例が多数報告されるようになり,それらは**超高温変成岩**(ultra-high temperature metamorphic rock)とよばれるようになった(たとえば,Harley, 1998).また,コース石やダイヤモンドが安定な高圧条件下で形成された累進変成岩の報告が相次ぎ,それらは**超高圧変成岩**(ultra-high pressure metamorphic rock)とよばれている(Coleman and Wang, 1995; Carswell and

Compagnoni, 2003).

10.1 変成相

　Eskola（1939）は，主に塩基性変成岩の鉱物組合せに基づいて定義される，変成作用が起こった温度-圧力範囲を変成相とよんだ．そして，低変成度側から順に緑色片岩相（greenschist facies），緑れん石-角閃岩相（epidote-amphibolite facies），角閃岩相（amphibolite facies）およびグラニュライト相（granulite facies），とくに低圧高温条件を代表するものとして輝石ホルンフェルス相（pyroxene hornfels facies）とサニディナイト相（sanidinite facies）を，また高圧条件を特徴づけるものとして藍閃石片岩相（glaucophane schist facies）とエクロジャイト相（eclogite facies）の各変成相を提唱した．その後，Coombs et al.（1959）および Coombs（1961）によって，緑色片岩相の低温側を代表する沸石相（zeolite facies）とぶどう石-パンペリー石相（prehnite-pumpellyite（metagreywacke）facies）が新たに提唱された．さらに，変成岩の研究が進むにつれて，それまでに想定されていた温度-圧力範囲を超えた超高圧条件下や超高温条件下で再結晶した変成岩が広く産することが知られるようになり，グラニュライト相とエクロジャイト相として扱われる温度-圧力範囲が著しく広がった．そして，両相はいくつかの亜相（subfacies）に細分すること提唱がされている．図 10.1 に（a）Liou et al.（1998）と（b）坂野ほか（2000）によって提案されている変成相の温度-圧力範囲を示す．変成相という概念は，塩基性変成岩の鉱物組合せから変成作用が起こった温度・圧力条件を，ある範囲に限定できる点できわめて有用ではある．しかし，後に述べるように変成相の境界は，多くの場合連続反応で定義されているため，各領域間には広い漸移帯があることを留意する必要がある．以下では，主に広域変成岩に認められる変成相について述べる．

10.1.1 沸石相

　一般に，沸石（zeolite）＋石英の鉱物組合せで特徴づけられる．しかし，主な沸石は Ca 沸石と Na 沸石に大別され多様な組成を有し，それぞれが異なる安定領域をもつため，一義的に沸石相の安定領域を定義することはできない．ニュージーランド南島（Coombs et al., 1959），丹沢山地（Seki et al., 1969）や

第 10 章 変成相と変成相系列

カナダのバンクーバー島（Cho et al., 1986）などの研究によれば，沸石相の高温限界は，方沸石（analcime：$NaAlSi_2O_6 \cdot H_2O$）もしくは濁沸石（laumontite：$CaAl_2Si_4O_{12} \cdot 4H_2O$）やワイラケ沸石（wairakite：$CaAl_2Si_4O_{12} \cdot 2H_2O$）などの消滅で定義されている．

10.1.2 ぶどう石-パンペリー石相〜パンペリー石-アクチノ閃石相

Ca 沸石に代わり，ぶどう石やパンペリー石が安定な CaAl ケイ酸塩鉱物となり，緑れん石や緑泥石と共存する．関ほか（1964）によれば紀伊半島四万十帯において，ぶどう石-パンペリー石相の高変成度側では，ぶどう石が消滅しパンペ

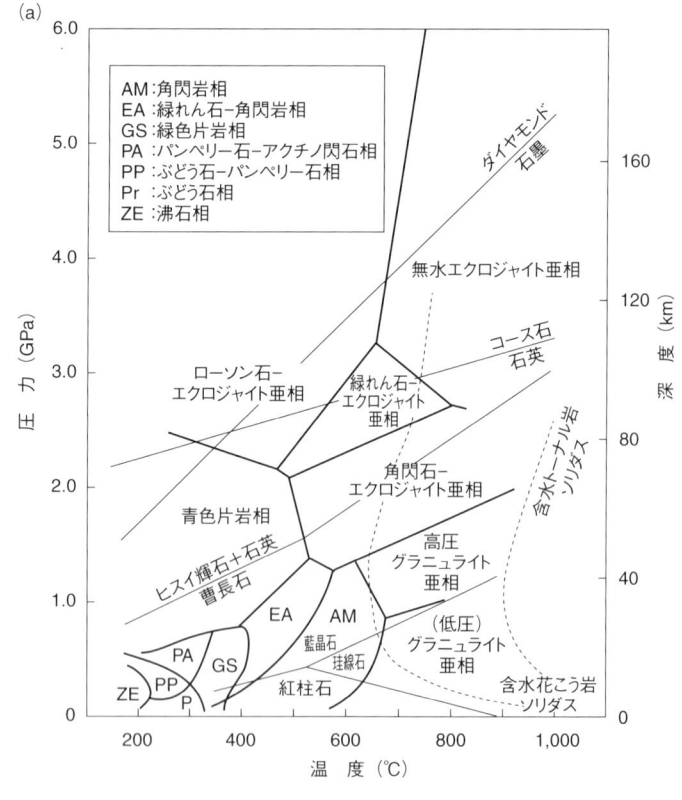

図 10.1 各変成相の温度-圧力領域
(a)（Liou et al.（1998）），

リー石＋アクチノ閃石＋緑れん石＋緑泥石の組合せが安定になる．そして，橋本（1966）はこの組合せが安定な変成相として，パンペリー石-アクチノ閃石（片岩）相（pumpellyite-actinolite (schist) facies）を提唱した．この組合せは，三波川変成帯低温部に広く認められる（図10.2：Nakajima, 1982）．一方，より低圧の地域では，ぶどう石＋アクチノ閃石＋緑れん石＋緑泥石の組合せが安定になる．Nitsch（1971）の合成実験の結果を考慮すると，パンペリー石-アクチノ閃石相の鉱物組合せは，緑色片岩相の低温側で約 0.3 GPa よりも高圧の条件下で安定であると考えられる．

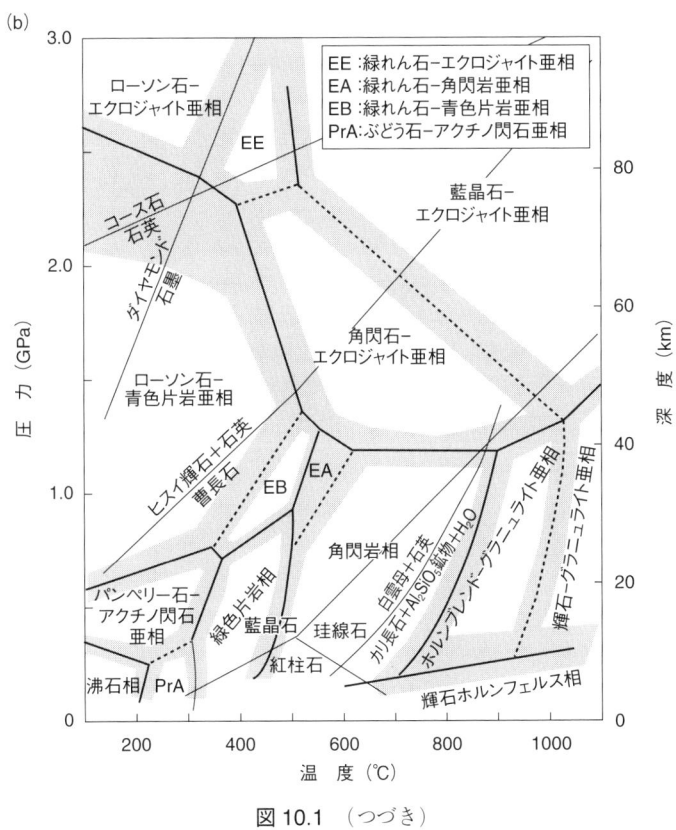

図 10.1 （つづき）
(b)（坂野ら（2000））．影をつけた部分は漸移帯

第 10 章　変成相と変成相系列

10.1.3　緑色片岩相〜緑れん石-角閃岩相〜角閃岩相

　変成度の上昇とともに，ぶどう石やパンペリー石が不安定となると，塩基性変成岩の鉱物組合せは，アクチノ閃石＋緑れん石＋緑泥石＋曹長石（緑色片岩相）へ移行する（図 10.2, 10.3）．さらに変成度が上昇すると，次のようなモデル反応が進行し，緑泥石のモードが減少し角閃石はモードが増加するとともに Al_2O_3 に富むようになる（図 10.3, 10.4）．

　　アクチノ閃石＋緑泥石＋チタナイト＋石英
　　　＝ Al に富む角閃石＋チタン鉄鉱＋H_2O　　（Liou et al., 1974）　(10.1)
　　アクチノ閃石＋緑泥石＋緑れん石＋石英
　　　　　　　　　＝チェルマック閃石＋H_2O　　（Spear, 1993）　(10.2)

そして，平均的な全岩化学組成をもつ塩基性変成岩では，ホルンブレンド＋緑

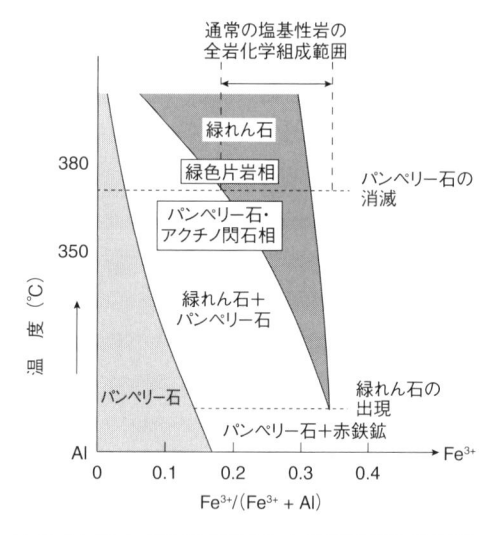

図 10.2　Al–Fe^{3+} 疑 2 成分系で表された低温塩基性変成岩における，パンペリー石と緑れん石の安定関係（Nakajima et al.（1977）に加筆・編図）

10.1 変成相

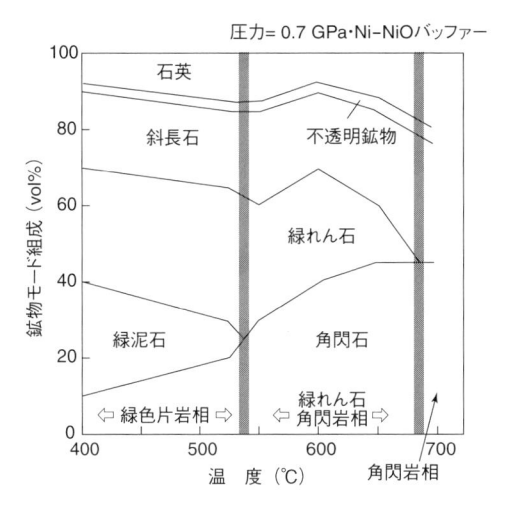

図 10.3 緑色片岩相から角閃岩相における塩基性変成岩を構成する鉱物のモード組成変化（Apted and Liou, 1983）
酸素フガシティーの緩衝反応については図 11.10 参照.

れん石 + 曹長石[83]（緑れん石–角閃岩相）の鉱物組合せが安定となる．さらに変成度が上昇すると，次のようなモデル反応が進行し，緑れん石が不安定となるに従って，斜長石中の灰長石成分が増加し，ホルンブレンド + Ca に富む斜長石の鉱物組合せ（角閃岩相）となる．

緑れん石 + 曹長石 + 角閃石 + 石英

$\quad =$ より Ca に富む斜長石 + より Al に富む角閃石 + H_2O

（Apted and Liou, 1983）　　(10.3)

また，一般に角閃岩相は次の白雲母分解反応によって，白雲母 + 石英の組合せが安定な低温部と，それが不安定となり代わりにカリ長石 + Al_2SiO_5 鉱物の組合せが出現する高温部に分けられる．

$$KAl_2(Si_3Al)O_{10}(OH)_2 + SiO_2 = KAlSi_3O_8 + Al_2SiO_5 + H_2O \quad (10.4)$$
　　　白雲母　　　　　　石英　　　カリ長石　Al_2SiO_5 鉱物

---

[83] 本書では，IMA 推奨の命名法とは異なり，灰長石成分をほとんど含まない斜長石を曹長石とよぶ．

第 10 章　変成相と変成相系列

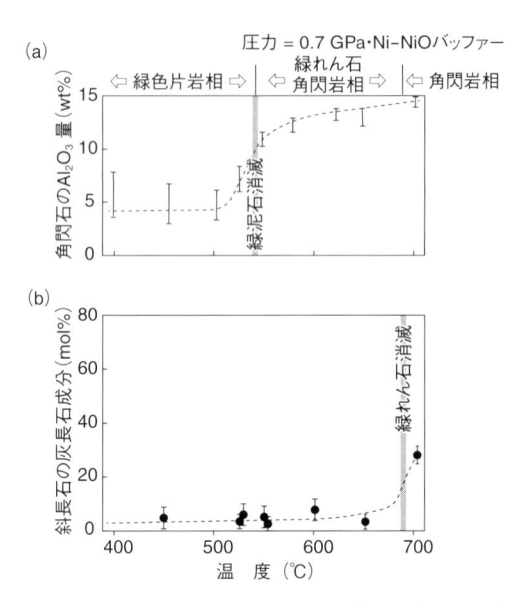

図 10.4　緑色片岩相から角閃岩相における塩基性変成岩中の角閃石の Al_2O_3 量（a）と斜長石の灰長石成分量（b）の変化（Apted and Liou, 1983）
緑泥石と緑れん石の不安定化に伴い，それぞれ角閃石中の Al_2O_3 量と斜長石中の灰長石成分が急激に増加する．

これら提案されている反応（10.1），（10.2）や（10.3）は連続反応であるから，坂野ら（2000）によって強調されているように各変成相の境界は広い漸移帯をもつ（図 10.1b）．また，それぞれの反応が起こる温度と圧力の関係も相互に異なる．たとえば，圧力が 0.7 GPa では緑泥石が消滅し角閃石の Al_2O_3 量が増加する温度に比べると，緑れん石が消滅し斜長石が灰長石成分に富み始める温度は 150℃ ほど高温側に位置し，広い温度範囲で緑れん石-角閃岩相の鉱物組合せが安定となっている（図 10.3，10.4）．これに対し，Liou et al.（1974）による 0.2 GPa 条件下の合成実験では，角閃石中の Al_2O_3 量の増加と斜長石中の灰長石成分の増加は，ともにほぼ 500 ± 20℃ で起こっており，低圧条件下では緑色片岩相から角閃岩相へ直接移り変わることが示されている．すなわち，緑れん石-角閃岩相の鉱物組合せは低圧条件下では不安定であり，中〜高圧条件を特徴づける変成（亜）相である．

10.1.4 グラニュライト相

　グラニュライト相は，塩基性変成岩中に斜方輝石が出現することで定義され，一般的に斜方輝石＋単斜輝石＋斜長石の鉱物組合せで代表され，これに角閃石，ザクロ石や黒雲母などが加わることがある（図 10.5）．しかし，その組合せは酸素フガシティーの違いによっても変化する．13.2 節で述べる超高温変成岩を含む高温側の広い温度範囲の変成岩がこの変成相に属し，下部地殻の大部分の岩石がこの条件下におかれていると考えられている．変成度が上昇するにつれて，次のようなモデル反応によってホルンブレンドが消滅し，含水鉱物を含まない典型的なグラニュライト相の鉱物組合せに移行する．

　ホルンブレンド＋石英

　　＝斜方輝石＋単斜輝石＋斜長石＋H_2O　　　（Spear, 1993）　（10.5）

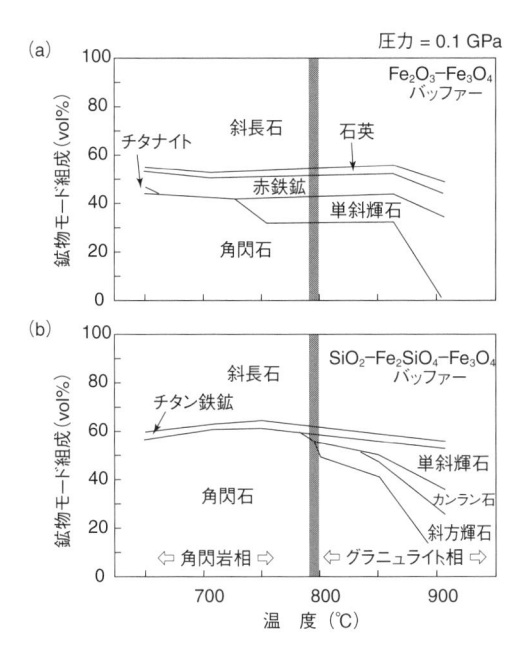

図 10.5　角閃岩相からグラニュライト相における塩基性変成岩を構成する鉱物のモード組成変化（Spear, 1981）
　　　酸素フガシティーによって鉱物の安定関係が変化することに注意．

第 10 章 変成相と変成相系列

坂野ら (2000) は，この反応によってグラニュライト相を低温側のホルンブレンド-グラニュライト亜相と高温側の輝石-グラニュライト亜相に分けている（図10.1b）．これに対し，Oh and Liou (1998) は次の反応によって，グラニュライト相を高圧グラニュライト亜相（左辺）と低圧グラニュライト亜相に分けている（図 10.1a）．

$$\text{ザクロ石} + \text{単斜輝石} + \text{石英} = \text{斜方輝石} + \text{斜長石} \quad (\text{Green and Ringwood, 1967}) \quad (10.6)$$

なお，他の変成反応においても同様ではあるが，上記の斜方輝石を安定化させる脱水反応は，温度の上昇ばかりではなく H_2O の化学ポテンシャル（あるいは活動度）が低下することによっても促進される．実際，いくつかのグラニュライト相地域で，H_2O の活動度が $0.1 \sim 0.5$ のように極端に小さい例が報告されている（たとえば，Wells, 1979）．また，CO_2 に富む流体の流入によって H_2O の活動度が低下し，局所的にグラニュライト相の鉱物組合せが安定化する例（arrested charnockite formation）も報告されている（たとえば，Newton, 1989）．

10.1.5 青色片岩相

青色片岩相（blueschist facies）は，緑色片岩相の高圧側の変成条件を表す変成相である．Eskola の藍閃石片岩相に相当するが，とくにはっきりした理由はないまま，今では青色片岩相とよばれるようになった[84]．これは，この変成相で想定されている低温高圧の条件下で安定な Na 角閃石が，狭義の藍閃石だけではなく広い固溶体組成を有していることが主たる理由のひとつなのかもしれない（2.5 節参照）．緑色片岩相から青色片岩相への移行は，次のモデル反応で説明される．

$$\text{アクチノ閃石} + \text{緑泥石} + \text{曹長石} = \text{藍閃石} + \text{緑れん石} + \text{石英} + H_2O \quad (\text{Evans, 1990}) \quad (10.7)$$

さらに高圧条件になると次の反応によって，安定な CaAl ケイ酸塩鉱物はローソン石となる．

---

[84] 坂野 (1988) を参照されたい．

緑れん石＋緑泥石＋パラゴナイト＋石英＋H_2O

$$= 藍閃石＋ローソン石 \quad (Evans, 1990) \quad (10.8)$$

そこで，青色片岩相は，低圧側の緑れん石−青色片岩亜相と高圧側のローソン石−青色片岩亜相に分けられることが多い．ローソン石−青色片岩亜相の高圧側の境界は次のモデル反応によって定義され，次節で述べるローソン石−エクロジャイト亜相に移行する．

藍閃石＋ローソン石

$$= ザクロ石＋オンファス輝石＋石英＋H_2O \quad (Evans, 1990) \quad (10.9)$$

Na 角閃石は広い固溶体組成をもっており，そのため青色片岩相の鉱物組合せの安定領域は，著しく変化することに注意する必要がある（Evans, 1990）．

10.1.6 エクロジャイト相

狭義には，ザクロ石とオンファス輝石の量が全体の 70〜75% 以上を占める塩基性変成岩を，エクロジャイト（榴輝岩（りゅうきがん），eclogite：口絵 2f）とよぶ．そして，ザクロ石＋オンファス輝石＋SiO_2 鉱物の鉱物組合せが安定な温度−圧力領域をエクロジャイト相（eclogite facies）とよんでいる．この鉱物組合せが安定となるには，少なくとも約 1.0 GPa 以上の高圧条件が必要であり，エクロジャイト相は，青色片岩相，緑れん石−角閃岩相，角閃岩相やグラニュライト相の高圧側に位置する，広い温度−圧力範囲を占めており，共存するケイ酸塩鉱物によって，ローソン石−エクロジャイト亜相，緑れん石−エクロジャイト亜相，角閃石−エクロジャイト亜相や藍晶石−エクロジャイト亜相などに細分される（図 10.1）．また，圧力の**指標鉱物**（index mineral）[85]を用いて，石英−エクロジャイト，コース石−エクロジャイトやダイヤモンド−エクロジャイトなどとよばれることも多い．

ところで，曹長石は，エクロジャイト相条件になると Na 輝石＋石英に分解するとされている．この考えは，塩基性変成岩においてはほぼ成立するが，全岩化学組成の Al/Na 値が塩基性変成岩と比べて大きい泥質変成岩では，Na 輝

---

[85] 各変成相や鉱物帯を特徴づける変成鉱物．

石（Al/Na = 1）の代わりにパラゴナイト（Al/Na = 3）がエクロジャイト相の低圧部（およそ 2.5 GPa 以下）を含めた広い温度–圧力範囲にわたって安定となる場合がある（Kouketsu and Enami, 2011）．

10.2 変成相系列とテクトニクス

変成岩の分布地域を指標鉱物の出現もしくは消滅によっていくつかの**鉱物帯**（mineral zone）に分けること（**変成分帯**：metamorphic zonal mapping）は，George Barrow（1853～1932）によって，スコットランド高地南東部の Grampian Highlands 地域で 1893～1912 年に初めて行われた．そして，現在では Barrow が研究した変成岩類が分布する地域は，Barrovian 地域とよばれている（図 10.6）．鉱物の安定関係は，温度・圧力条件だけではなく全岩化学組成にも大きく依存す

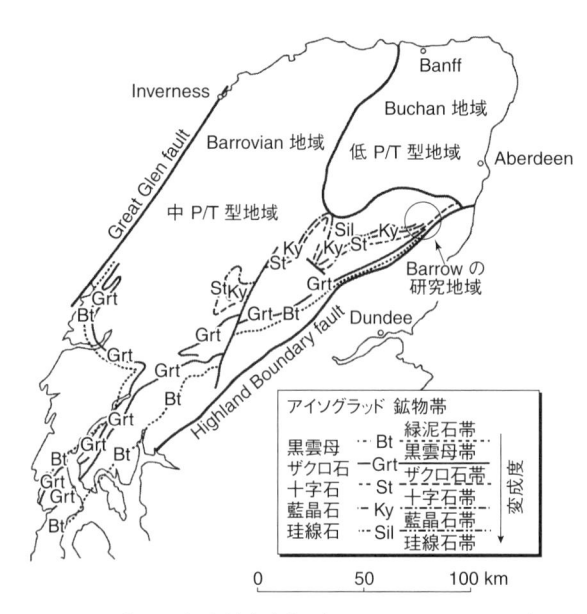

図 10.6 スコットランド高地東南部（Grampian Highlands）におけるカレドニア変成地域の変成分帯図（都城（1994）に加筆）
中 P/T 型の Barrovian 地域と低 P/T 型の Buchan 地域が区分され，さらに Barrovian 地域が 6 鉱物帯に分帯されている．

る（11.2 節参照）．したがって，各鉱物帯の境界は，たとえば泥質変成岩のようにある特定の岩石種だけに注目し，それらの"全岩化学組成はほぼ等しい"と仮定して，指標鉱物が出現・消滅する地点を結んだ線（**アイソグラッド**：isograd）で定義される．そして，鉱物の出現や消滅を説明する変成反応が定義されることにより，アイソグラッドは温度・圧力情報として理解される．一般に，鉱物の出現・消滅反応は温度依存性が高いため（図 11.2 参照），大局的には変成温度の変化を示す．しかし，あるアイソグラッドに沿って，もしくはある鉱物帯全体にわたって圧力が等しいとは限らないから，場合によっては，アイソグラッドと等温線が平行でないことも起こりうる．たとえば，Helms and Labotka（1991）によって研究されたサウス・ダコタ州の Black Hills では，アイソグラッドと変成温度がピークに達したときの等温線が大きく斜交している（図 10.7）．また，Anovitz and Essene（1990）は，カナダ・オンタリオ州の Grenville 地域において，変成温度がピークに達したときの等温線と等圧線は互いに斜交する場所があること（図 10.8）や，約 25 km 以深になるとほとんど温度は一定となることを示した．この原因としては，地下深部に貫入したマグマによってある深さの範囲がほぼ等温に加熱されたことや，岩石の部分融解が始まった部分では融解熱が温度の上昇を妨げたことなどが考えられる（都城，1994）．なお，Carmichael

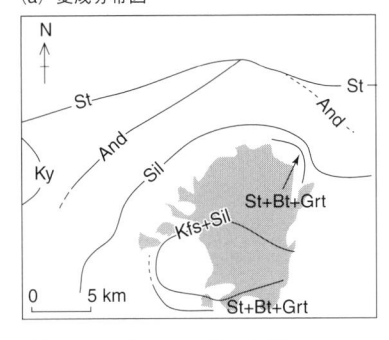

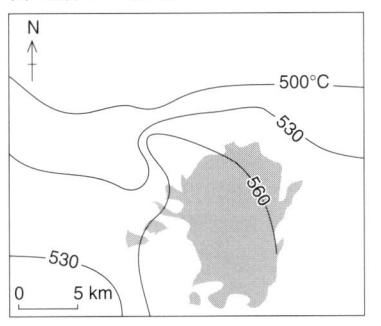

図 10.7 サウス・ダコタ州 Black Hills の変成分帯図（a）と温度ピーク等温線図（b）（Helms and Labotka（1991）をもとに都城（1994）が編図）．変成度の上昇の順に，St（十字石），And（紅柱石），Sil（珪線石），St + Bt + Grt（珪線石–黒雲母–ザクロ石）および Kfs + Sil（カリ長石–珪線石）の各アイソグラッドが引かれている．西端部には，Ky（藍晶石）アイソグラッドが現れている．グレーの部分は，Harney Peak 花こう岩の分布を示す．

第 10 章　変成相と変成相系列

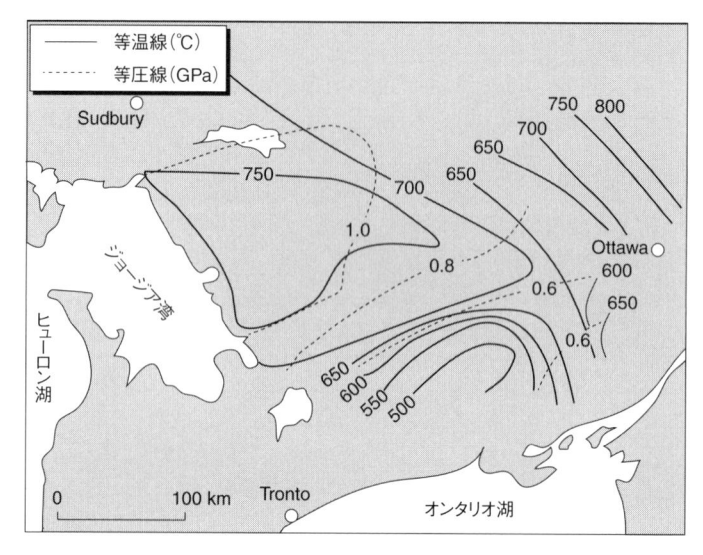

図 10.8　カナダ・オンタリオ州等南端部の Grenville 変成地域における変成温度がピークになったときの等温線と等圧線図（Anovitz and Essene（1990）をもとに都城（1994）が編図）

（1978）は，温度–圧力図上で 2 つ以上の反応曲線の交点を通り温度軸に平行であることで定義した等圧線（バソグラッド：bathograd）を用いて，変成帯を分帯することを提案した．そして，2 つのバソグラッドで境された領域を，バソゾーン（bathozone）とよんだ．

　Barrow が最初に変成分帯を行った地域は，全体として南から北へ変成度が上昇し，泥質変成岩の鉱物組合せをもとに，低変成度側から順に，緑泥石帯，黒雲母帯，ザクロ帯，十字石帯，藍晶石帯および珪線石帯に分帯されている（図 10.6，10.9）．これらの鉱物帯は，塩基性変成岩の鉱物組合せに基づくと，緑泥石帯と黒雲母帯は緑色片岩相に，十字石帯，藍晶石帯および珪線石帯は角閃岩相，そしてザクロ石帯は両変成相の漸移帯となる．したがって，この地域の温度・圧力条件は緑色片岩相から角閃岩相へ変化していることになる．このように，変成相の移り変わりから推定される累進変成作用の温度–圧力変化（**フィールド温度–圧力曲線**：field P-T curve, metamorphic field gradient）を，Miyashiro（1961）は，**変成相系列**（metamorphic facies series）とよび，変成地域によって

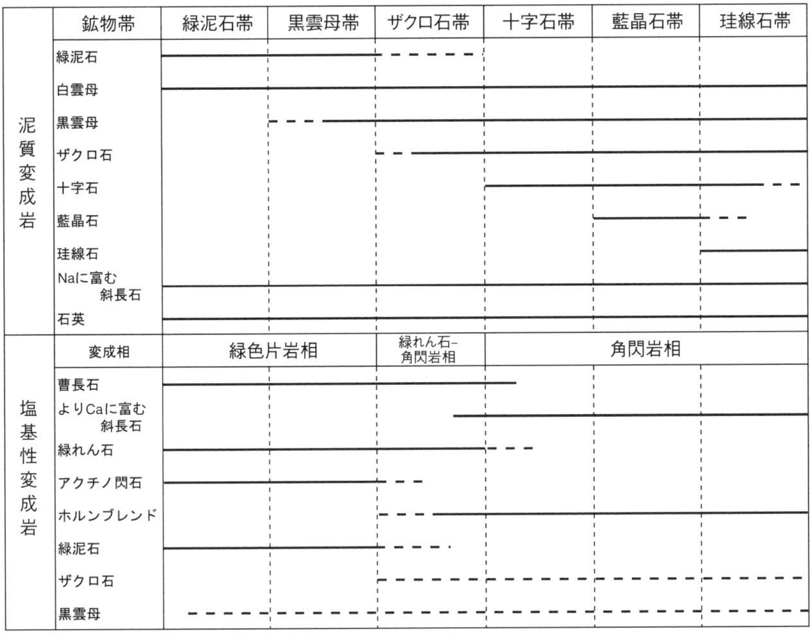

10.2 変成相系列とテクトニクス

図10.9 スコットランド高地東南部 (Grampian Highlamds) のカレドニア変成地域・Barrovian 地域に見られる泥質および塩基性変成岩の鉱物組合せの累進的変化 (都城 (1994) に加筆)

変成相系列が異なれば，それは変成作用が起こった場の違いであるとした．さらに，たとえば三波川帯と領家帯 (Ryoke belt) のように，太平洋周縁地域には同時代にできた変成相系列を異にする2つの変成帯が並走しており，しかもより高圧の変成帯が海洋側に，高温の変成帯が大陸側に位置することを指摘した．そして両者は成因的に関係がある一対であると考え，それを"対になった変成帯 (paired metamorphic belts)"とよんだ．これらの考えが公表されたのは，プレートテクトニクス (plate tectonics) が体系化される以前である．それにもかかわらず，都城 (1961) によって島弧 (island arc)-海溝 (trench) 系の断面がみごとに描き出されていることは，おどろくべきことである (図10.10)．宮崎 (2003) によって，プレートの年齢や沈み込む速度と角度およびマントル・ウェッジにおけるアセノスフェアの対流を考慮して計算された，仮想的島弧-海溝系における変成相の空間分布を図10.11に示す．

第 10 章 変成相と変成相系列

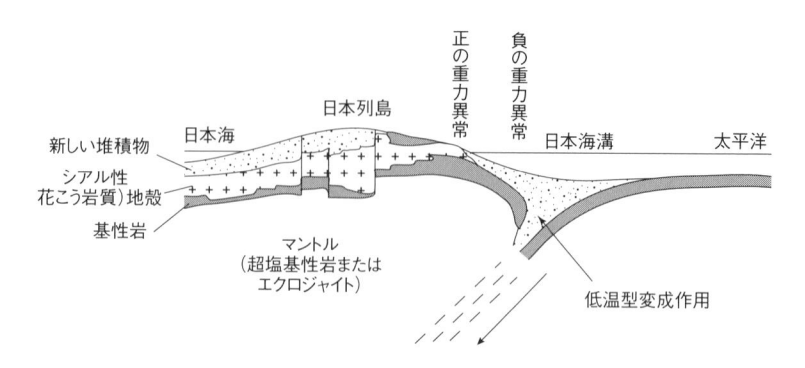

図 10.10 「対になった変成帯」を説明するために想定された東北日本と日本海溝付近の推定地下構造（都城，1961）

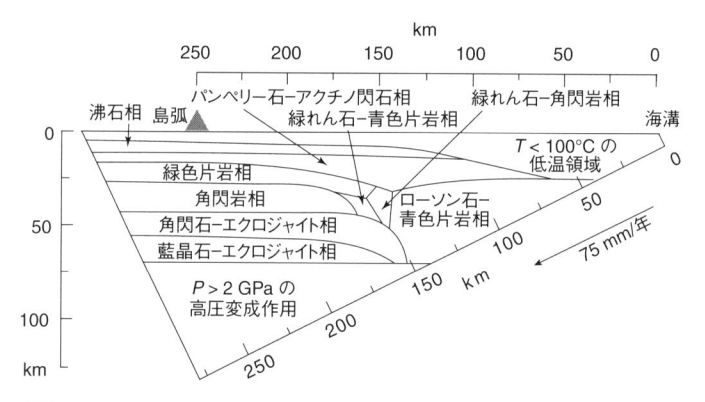

図 10.11 モデル島弧-海溝系における変成相の空間分布（宮崎，2003）
沈み込むプレートの年齢は 50 Ma，沈み込み速度 75 mm/年，沈み込み角度 26.6°，沈み込まれる側のプレートの年齢は 200 Ma，そして上部地殻（深さ 20 km 以浅），下部地殻（深さ 20〜35 km），海洋地殻（厚さ 6 km）およびマントルの岩石の密度は，それぞれ 2.70，2.90，2.90 および 3.33 g/cm^3 と仮定し，島弧下 65 km 以深のマントルにおいて，海洋プレートの沈み込みに励起されたアセノスフェアの対流が考慮されている．

　Miyashiro（1961）は，変成相系列をヒスイ輝石-藍閃石型（jadeite-glaucophane type），藍晶石-珪線石型（kyanite-sillimanite type），紅柱石-珪線石型（andalusite-sillmanite type）およびそれらの中間型に分けた．現在では，圧力勾配（P/T）を強調して，高 P/T 型（high P/T type），中 P/T 型（intermediate P/T type）および低 P/T 型（low P/T type）とよぶことが多い（図 10.12）．このうち高お

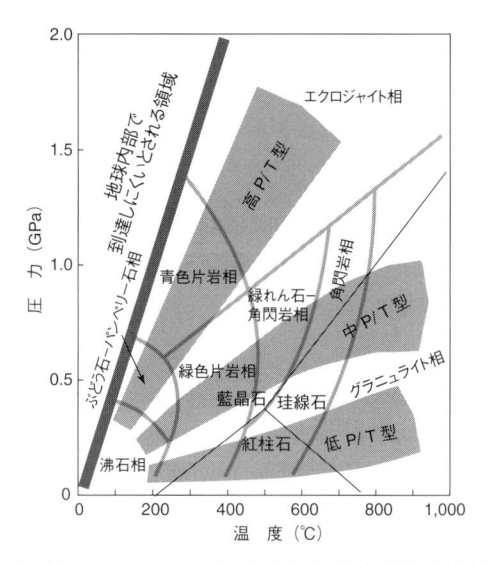

図10.12 主な3つの変成相系列を示す温度−圧力図
（Spear（1993）に加筆）

よび低P/T型広域変成作用は，それぞれ沈み込み帯と島弧や海嶺直下の変成作用を代表している．中P/T型は，かつては大陸地殻内での広域変成作用を特徴づけると考えられていた（Spear, 1993; 都城, 1994）．しかし，その後の研究で沈み込み帯とそれに続く**大陸衝突帯**（continental collision belt）深部を特徴づけるのは，コース石が安定な圧力条件で起こる超高圧変成作用であることが明らかとなった（たとえば，Hacker and Liou, 1998）．そして，中P/T型変成岩（帯）の大部分は，超高圧変成岩（帯）が上昇時に減圧・加水反応を被って，より低圧条件下で安定な鉱物組合せに変化した結果，形成されたとする考えもある（Liou *et al.*, 2004; 丸山ほか, 2004）．

ぶらり途中下車 8　現在進行形の変成作用

　広域変成作用であっても接触変成作用であっても，それらが起こっている深度に違いはあるものの，いずれも地下深部で起こっている現象であり，一般にその過程を直接観察することはできない．唯一の例外は，活動中の地熱地帯であろう．坑井掘削で得られたコア試料を用いた地熱地帯の研究は，Salton Sea (Elders and Sass, 1988) など多くの地域で行われているが，その熱源となっている深成岩体まで到達したのは葛根田 (Kakkonda : Doi *et al.*, 1998) が唯一の例である．葛根田花こう岩は，岩手山の平成期火山活動において新たなマグマ供給を受けた可能性が指摘されており，今なお成長途上にある深成岩体である．Salton Sea 地熱地帯の試料を分析したこともあったため，雲仙普賢岳の掘削プロジェクトで中心的な役割を果たしておられた大学時代の先輩のSNさんに誘われて，NDさんたちに案内していただき，葛根田地熱地帯を見学したことがある．

　ここでは，何本もの坑井が掘削されており，そのうちの1本は熱水対流系を貫通し，その熱源である固結したばかりのマグマだまり（葛根田花こう岩体）にまで到達した．そのときの温度は500℃以上．そのような条件での岩石を掘削する技術に驚かされると同時に，花こう岩の試料の新鮮さには目を見張った（口絵1a）．それから15年あまりが経ち，同僚のSWさんがその小片試料を用いて，熱モデリングの研究を始めるそうである．どんな試料でも，同じものは二度と手に入れることはできない．皆さん，岩石試料を大切にしましょう．

第11章 変成条件の定量的取扱い

11.1 反応関係の理解

　鉱物帯や変成相の境界は，変成反応で定義される．したがって，各鉱物帯や各変成相が示す温度・圧力条件をより定量的に理解するためには，まずそこで起こっている変成反応を特定する必要がある．そのためには，9.3節で述べた組成−共生図を用いることが有用である．10.2節で述べたBarrovian地域を例にとると，各鉱物帯の鉱物組合せは，図11.1のように描かれる．Atherton (1977) によれば，同地域に産するほとんどの泥質変成岩は，Thompson (1957) のA″FM図上においてザクロ石−緑泥石タイラインと黒雲母の間にプロットされる全岩化学組成を有している．そのため，黒雲母帯においては，黒雲母 + 緑泥石の組合せが広範囲に出現する（図11.1a）．ザクロ石帯になると，上記の組合せに加えてザクロ石が安定となり，3相の苦鉄質鉱物が出現する（図11.1b）．ただし，ザクロ石は通常無視できない量のMnOやCaOを含んでおり，これらの成分を無視したA″FM図は定量的とはいいがたい．このような問題点はあるものの，緑泥石が共存するザクロ石よりもわずかにA″成分に乏しいことから，ザクロ石出現アイソグラッドは，おそらく次のモデル連続反応で定義されると考えられる（都城, 1994）．

$$\text{緑泥石} + \text{白雲母} + \text{石英} = \text{ザクロ石} + \text{黒雲母} + H_2O \tag{11.1}$$

十字石帯になると，ザクロ石−緑泥石タイラインが不安定となり，代わりに十字

第 11 章　変成条件の定量的取扱い

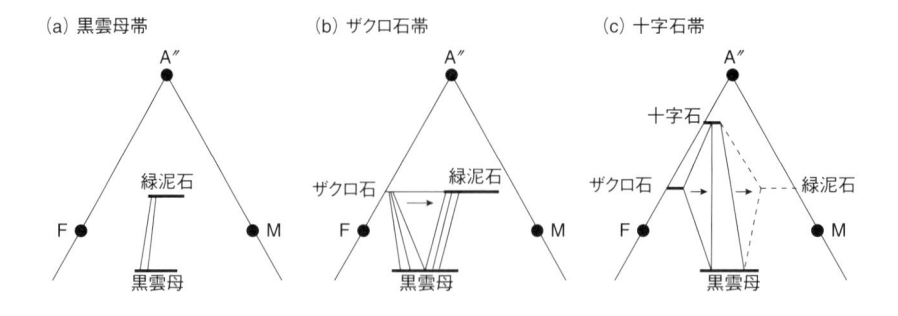

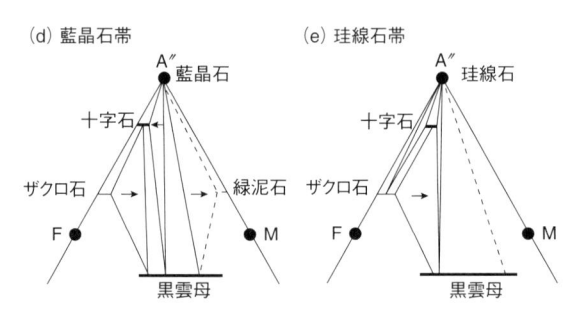

(a) 黒雲母帯　(b) ザクロ石帯　(c) 十字石帯

(d) 藍晶石帯　(e) 珪線石帯

図 11.1　スコットランド高地東南部（Grampian Highlands）・Barrovian 地域の泥質変成岩に見られる鉱物の組成共生関係の変化を示す A″FM 図（都城, 1994）
（a）から（e）へと変成度は高くなる．また，矢印は変成度の上昇に伴って固溶体組成が変化する方向を表す．

石–黒雲母タイラインが安定となるため（図 11.1c），次のようなタイライン転換反応（不連続反応）が起こり，広い組成範囲にわたって十字石が出現する．

$$\text{ザクロ石} + \text{緑泥石} + \text{白雲母} = \text{十字石} + \text{黒雲母} + \text{石英} + H_2O \tag{11.2}$$

さらに変成度が上昇すると，十字石–緑泥石タイラインが不安定となり，Al_2SiO_5 鉱物–黒雲母タイラインが安定となる．すなわち，次のようなタイライン転換反応が起こり，広い組成範囲にわたって Al_2SiO_5 鉱物が出現する．この領域のうち低温側が藍晶石帯（図 11.1d），高温側が珪線石帯となる（図 11.1e）．

$$\text{十字石} + \text{緑泥石} + \text{白雲母} + \text{石英} = Al_2SiO_5\text{鉱物} + \text{黒雲母} + H_2O \tag{11.3}$$

さて，A″FM 図 は，同じ変成度であっても全岩化学組成の Mg/Fe^{2+} 値によって

鉱物組合せが変化するという，もうひとつの重要なことを示している（図 11.3 もあわせて参照されたい）．今，極端に高いまたは低い Mg/Fe^{2+} 値をもっていない岩石の場合を考える．ザクロ石帯においては比較的広い Mg/Fe^{2+} 値において，ザクロ石 + 緑泥石 + 黒雲母の鉱物組合せが安定である．しかし，十字石帯に入ると，Mg/Fe^{2+} 値が低い岩石ではザクロ石 + 十字石 + 黒雲母が，高い岩石では緑泥石 + 十字石 + 黒雲母が安定となる．そして，藍晶石帯になると，Mg/Fe^{2+} 値が低い順に，ザクロ石 + 十字石 + 黒雲母，十字石 + 黒雲母 + 藍晶石，黒雲母 + 緑泥石 + 藍晶石の組合せとなる．すなわち，藍晶石帯になっても，十字石は出現しにくくはなるが不安定にはならないし，藍晶石が常に出現するわけではない．

11.2 岩石成因論的グリッド

$A''FM$ 図で表される鉱物共生の変化は，タイライン転換反応もしくは限界反応で記述される（9.2 節参照）．これらの反応は，変成流体が純粋な H_2O であると仮定すると，温度-圧力図上で単変曲線として描かれる．したがって，温度-圧力図は，全岩化学組成を仮定すると，その変成岩に起こりうる単変曲線によっていくつかの領域に区分できる．このような図を**岩石成因論的グリッド**（petrogenetic grid）とよぶ．

図 11.2 は，K_2O–FeO–MgO–Al_2O_3–SiO_2–H_2O の 6 成分系（KFMASH 系ともよぶ）に属する泥質変成岩の岩石成因論的グリッドの一例である（白雲母もしくはカリ長石，石英および H_2O の 3 相を過剰とする）．この結果を用いると Barrovian 地域で記載されたザクロ石帯→十字石帯→藍晶石帯→珪線石帯の鉱物組合せの変化は，圧力を 0.6～07 GPa と仮定すると，およそ 550～680℃ の温度範囲において変成度の上昇によって起こったことが理解できる．また，さらに変成度が上昇すれば，十字石が不安定となりザクロ石 + 黒雲母 + 珪線石の鉱物組合せが広く産することが予想できる．なお，ザクロ石帯を定義するザクロ石の形成反応（11.1）は連続反応であり，図 11.2 ではザクロ石+緑泥石の安定領域を定義する 2 本の単変曲線に囲まれた領域の中で起こる．その条件は，圧力を一定とした場合の温度–Mg/Fe^{2+} 図によって論じることができる（図 11.3）．すなわち，この反応は，緑泥石を消費して，それよりも低い Mg/Fe^{2+} 値をもつ

第 11 章 変成条件の定量的取扱い

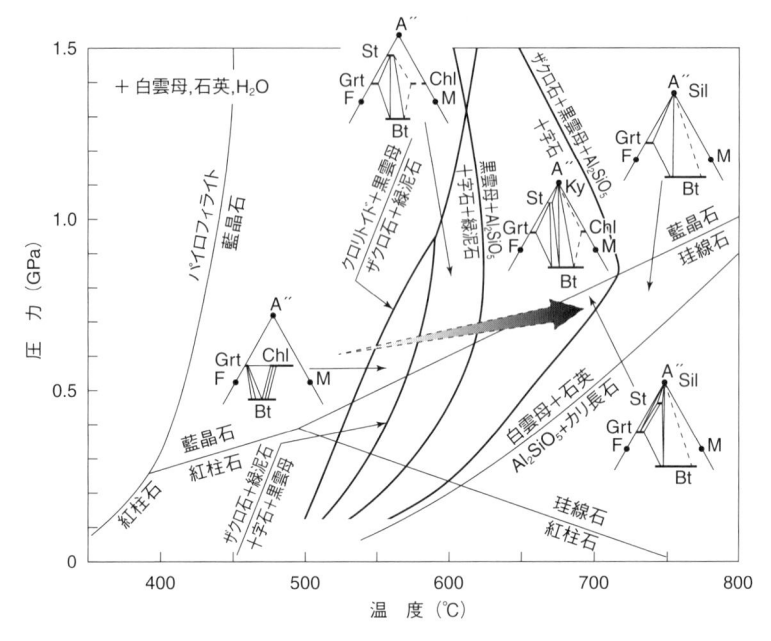

図 11.2 $K_2O-FeO-MgO-Al_2O_3-SiO_2-H_2O$ 6 成分系における泥質変成岩の岩石成因論的グリッド（Spear and Cheney（1989）を加筆・簡略化）

この図は，Barrovian 地域の鉱物組合せの変化をほぼ説明してはいるが，唯一反応式（11.1）で想定されているザクロ石出現反応を上手く説明できない．おそらくこの反応は，2 本の単変曲線 Cld（クロリトイド）＋ Bt（黒雲母）＝ Grt（ザクロ石）＋ Chl（緑泥石）および Grt ＋ Chl ＝ St（十字石）＋ Bt にはさまれた領域内で起こっていると推定される．パイロフィライト（pyrophyllite：$Al_2Si_4O_{10}(OH)_2$）．

ザクロ石と黒雲母が形成されることを示しているから，温度が上昇して反応が進行すると，これら 3 相の Mg/Fe^{2+} 値はいずれも増加すると同時に，ザクロ石と黒雲母は次第に高い Mg/Fe^{2+} 値の全岩化学組成でも安定となる（図 11.3 の反応ループ 11.1）．このことは，全岩化学組成の Mg/Fe^{2+} 値が低い岩石ほどザクロ石はより低温から出現することを意味しており，ザクロ石出現アイソグラッドが示す温度は，全岩化学組成の影響を受けることを示している．一方，反応（11.2）や（11.3）は図 11.3 において太い横線で示されるように不連続反応であり，これらでそれぞれ定義される十字石出現アイソグラッドや Al_2SiO_5 鉱物出現アイソグラッドは，一定の変成温度を示すことになる．なお，ザクロ石出現アイソグラッド周辺の低温部において，全岩化学組成がこれまで対象とし

11.2 岩石成因論的グリッド

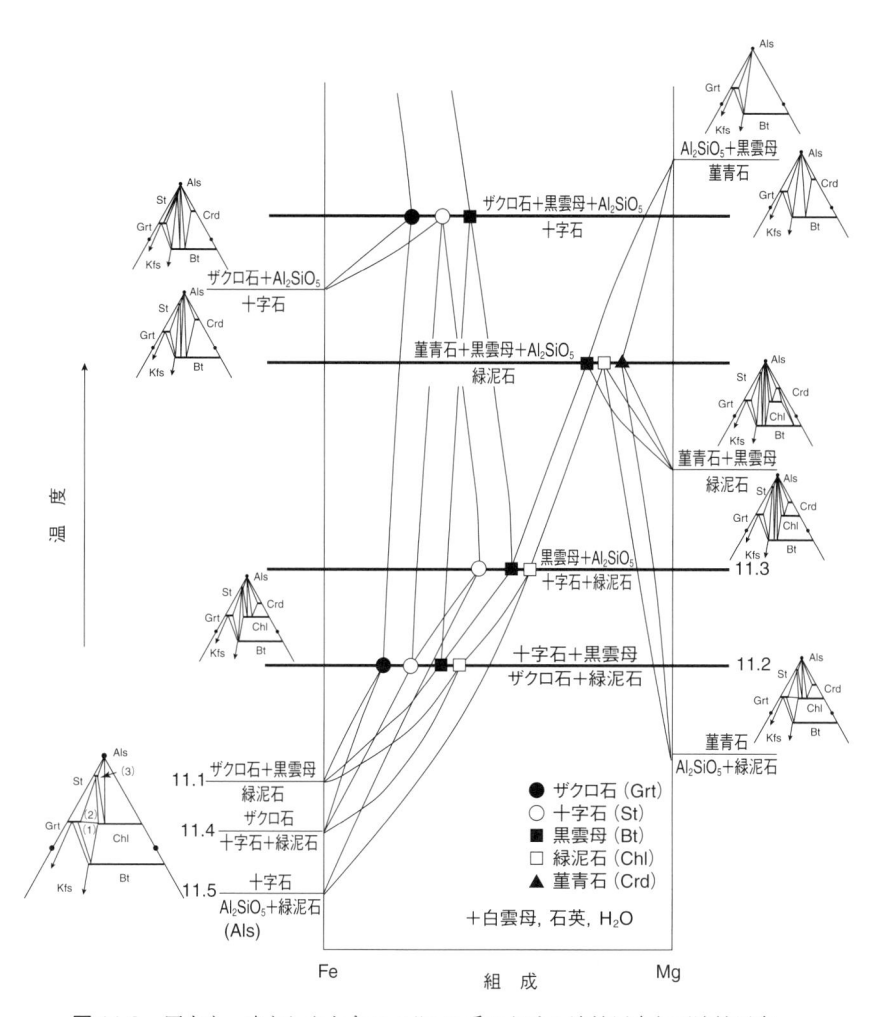

図 11.3 圧力を一定としたときの $A''FM$ 系における連続反応と不連続反応との関係を示す温度-組成図（Thompson (1976) をもとに描かれた廣井 (1997) を修正・編図）

すべての岩石は，石英，白雲母（またはカリ長石）および H_2O を含むと仮定する．太い横線で示した4つの不連続反応は，それぞれ一定の温度で進行する．このとき，鉱物組成は変化しない．一方，連続反応は，鉱物組成が変化しつつある温度範囲で進行する．本文中で述べたように，ある温度範囲で連続反応が複数定義されているのは，$A''FM$ 系において，Mg/Fe 値のみならず A'' の値によっても反応関係が異なることを示している．

てきたザクロ石−黒雲母−緑泥石の鉱物組合せが安定な範囲（図11.3の最も低温のA″FM図中の(1)）よりもA″FM系でA″成分に富んでいる（図11.3の(2)や(3)）と，次のようなモデル反応が起こり，ザクロ石出現アイソグラッドよりも低温側でザクロ石（図11.3の反応ループ11.4）や十字石（図11.3の反応ループ11.5）が産する．

$$緑泥石 + 十字石 + 石英 = ザクロ石 + H_2O \tag{11.4}$$

$$緑泥石 + Al_2SiO_5 鉱物 = 十字石 + 石英 + H_2O \tag{11.5}$$

このように，全岩化学組成が異なると，指標鉱物の出現温度が大きく変化することがある．したがって，指標鉱物の出現もしくは消滅をもとにしてアイソグラッドを論じるときには，それを説明する反応をまず定義する必要がある．

11.3 温度−圧力シュードセクション法

温度−圧力シュードセクション（P-T pseudosection）法は，与えられた全岩化学組成に対して，構成鉱物の固溶体組成とモード組成を考慮した質量収支（mass balance）の式と熱力学方程式を組み合わせて，系の自由エネルギーを最小化することにより，鉱物組合せの安定な温度−圧力範囲を推定する方法である．図11.4は，モデル系の泥質変成岩に対して描いた温度−圧力シュードセクションの一例である．この結果は，Barrovian地域で記載された緑泥石帯→黒雲母帯→ザクロ石帯→十字石帯→(藍晶石帯，珪線石帯)の鉱物組合せの変化を整合的に説明し，それは圧力 0.6〜0.8 GPa/温度 550〜650℃ の範囲で形成されたことを示す．岩石成因論的グリッドは，モデル系に対して起こる可能性のあるすべての反応式を示すのに対し[86]，本法は与えられた全岩化学組成について起こりうる反応のみを与える．

11.4 地質温度圧力計

固溶体鉱物の化学組成が，共存する鉱物と主に温度・圧力条件によって決ま

---

[86] 図11.2では，全岩化学組成が比較的高いFe/Mg値をもつ試料に関係した反応曲線のみを示している．

11.4 地質温度圧力計

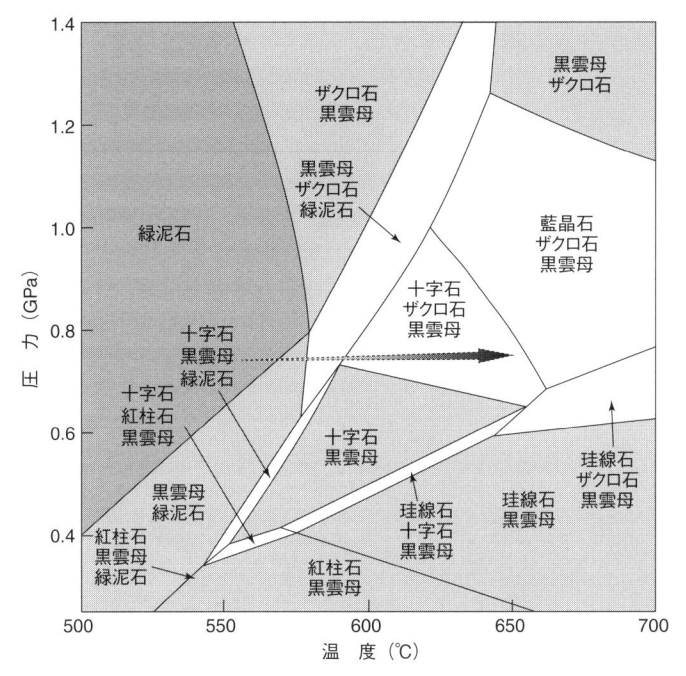

図 11.4 K_2O–FeO–MgO–Al_2O_3–SiO_2–H_2O 6 成分系（KFMASH 系ともよぶ）における平均的な泥質岩組成の P–T シュードセクション
(http://serc.carleton.edu/research_education/equilibria/thermocalc.html)
すべての鉱物組合せは，石英，白雲母および H_2O と共存している．

ることを利用して，多くの**地質温度圧力計**（geothermobarometry）が提案されている．それらは主に，(1) 固溶体の不混和間隙もしくは 2 相共存領域，(2) 鉱物増減反応，そして (3) 鉱物間の元素交換反応を利用するものに分けられる（たとえば，Carswell and Gibb, 1987; Spear, 1993; Krogh Ravna and Paquin, 2003）．そして，地質温度計と地質圧力計を組み合わせることによって，温度・圧力条件が見積もられている．

11.4.1 組成間隙を利用した温度計

方解石–ドロマイト系（たとえば，Goldsmith and Newton, 1969; Powell et al., 1984），斜長石–カリ長石系（たとえば，Elkins and Grove, 1990; Benisek et al., 2004）や斜方輝石–単斜輝石系（たとえば，Wood and Banno, 1973; Lindsley,

第 11 章 変成条件の定量的取扱い

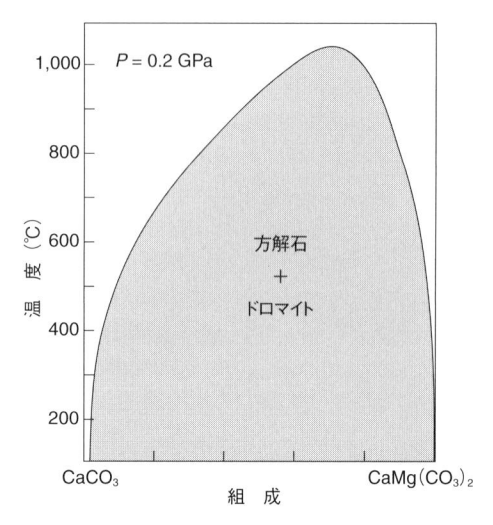

図 11.5 方解石–ドロマイト系の温度–組成図
(Anovitz and Essene, 1987)

1983) などがある．いずれも，圧力依存性は小さいため，地質温度計（geothermometry）として利用されている（図 11.5）．ただし，たとえば方解石–ドロマイト系において，シデライト成分が入るとドロマイト成分は方解石中に固溶し難くなる．天然の試料は多成分系であるから，他の成分の影響も考慮してソルバス地質温度計を適用する必要がある．

11.4.2 鉱物増減反応（net-transfer reaction）

連続反応（continuous reaction）ともいう．ヒスイ輝石 + 石英の鉱物組合せは，高圧の変成条件を特徴づけるものとして，多くの教科書で紹介されている．これは，圧力依存性の高い次の反応によって，ヒスイ輝石 + 石英の鉱物組合せが曹長石に代わって高圧側で安定化するからである．

$$NaAlSi_3O_8 = NaAlSi_2O_6 + SiO_2 \tag{11.6}$$
　　　曹長石　　　　ヒスイ輝石　　　石英

この反応自体は，$NaAlSi_2O_6$–SiO_2 の 2 成分系ではあるが，天然の Na 輝石は $NaAlSi_2O_6$–$NaFe^{3+}Si_2O_6$–$Ca(Mg, Fe^{2+})Si_2O_6$ 系で広い固溶体をもっている．

11.4 地質温度圧力計

したがって，天然の試料中には，Na 輝石 + 石英もしくは Na 輝石 + 石英 + 曹長石の鉱物組合せが広い温度-圧力範囲にわたって産する．そのような場合の 3 相の平衡条件は，次のように記述される（14.3.1 項参照）．

$$\Delta G_{T,P} = 0 = \Delta H_{T,P} - T\Delta S_{T,P} + P\Delta V_{T,P} + RT\ln\left(\frac{a_{\text{Jd}}^{\text{Na-Cpx}} \times a_{\text{Qz}}}{a_{\text{Ab}}^{\text{Pl}}}\right) \tag{11.7}$$

ここで，R は気体定数（gas constant：8.3144 J/K/mol），T は絶対温度，a_i^j は相 j における成分 i の活動度である．そして，通常の岩石ではこの反応が起こる温度・圧力条件において，斜長石はほぼ純粋な曹長石であり石英は固溶体をつくらないため，それらの活動度は 1 と見なせる．したがって，上の式は次のように単純化される．

$$\begin{aligned}\Delta G_{T,P} = 0 &= \Delta H_{T,P} - T\Delta S_{T,P} + P\Delta V_{T,P} + RT\ln a_{\text{Jd}}^{\text{Na-Cpx}}\\ &= \Delta H_{T,P} - T\Delta S_{T,P} + P\Delta V_{T,P} + RT\ln\left(X_{\text{Jd}}^{\text{Na-Cpx}}\gamma_{\text{Jd}}^{\text{Na-Cpx}}\right)\end{aligned} \tag{11.8}$$

なお，X_i^J は固溶体 j 中の端成分 i のモル分率，γ_i^j は**活動度係数**（activity coefficient）である（14.3.2 項参照），図 11.6 に，熱力学計算ソフト Thermocalc（Holland and Powell, 1998）を用いて計算した X_{Jd}-温度-圧力の関係を示す．同図から明らかなように曹長石および石英と共存する Na 輝石の化学組成は，強い圧力依存性をもっており，圧力が上昇するにつれて Na 輝石中のヒスイ輝石成分（X_{Jd}）は連続的に増加する．Enami et al.（1994）と Terabayashi et al.（1996）は，この地質圧力計（geobarometry）を地質温度計と組み合わせた研究を，それぞれ三波川変成帯と Franciscan 変成帯で行い，変成条件を論じている．

このほかにエクロジャイト相変成岩には，フェンジャイト + Na 輝石 + ザクロ石（Waters and Martin, 1993; Carswell et al., 1997）やこれに藍晶石と SiO_2 を加えた系（Krogh Ravna and Terry, 2004），また Na 輝石 + ザクロ石 + 藍晶石 + コース石の系（Nakamura and Banno, 1997）が，そしてグラニュライト相変成岩に対しては斜長石 + ザクロ石 + 単斜輝石 + 石英（Moecher et al., 1988），中～低圧の変成岩類では，斜長石 + ザクロ石 + Al_2SiO_5 鉱物 + 石英（Ghent, 1976; Koziol and Newton, 1988）や斜長石 + ザクロ石 + 黒雲母 + 白雲母（Ghent and Stout, 1981; Hoisch, 1990）の平衡が圧力計として広く利用さ

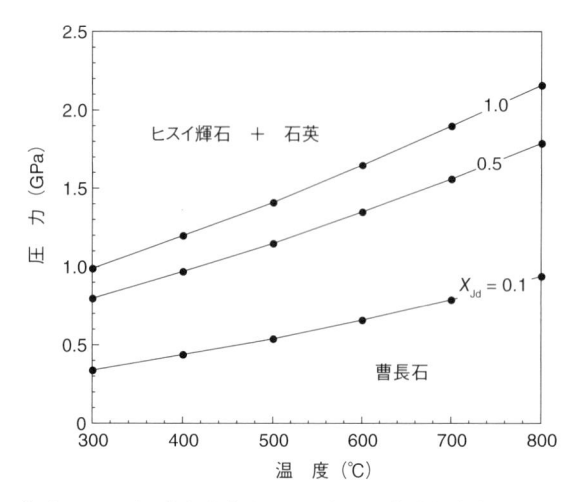

第 11 章　変成条件の定量的取扱い

図 11.6　曹長石および石英と共存する Na 輝石の化学組成を用いた地質圧力計

れている．また，ザクロ石を含むカンラン岩やグラニュライトに対しては，斜方輝石中への Al の固溶が地質圧力計として用いられる（図 2.13：Wood, 1974; Harley, 1984; Carswell, 1991）．

11.4.3　交換反応

複数の Fe^{2+}–Mg 固溶体鉱物が共存していると，たとえば式（11.9）に示すようにそれらの鉱物間で Fe^{2+} と Mg の**交換反応**（exchange reaction）が起こっている．そして，温度・圧力条件の変化に伴って，反応は右辺へ進行したり左辺へ進行したりして，ザクロ石と黒雲母の Fe^{2+}/Mg 値がそれぞれ変化する．ただし，反応が進行しても安定な鉱物の種類とモル数自体は変わらないから，一般には体積変化（ΔV）は小さい．そのため，多くの交換反応は温度依存性が大きく，地質温度計として利用されている．

$$Mg_3Al_2Si_2O_{12} + KFe_3^{2+}AlSi_3O_{10}(OH)_2$$
　　Mg ザクロ石（Prp）　　Fe 黒雲母（Ann）

$$= Fe_3^{2+}Al_2Si_2O_{12} + KMg_3AlSi_3O_{10}(OH)_2 \quad (11.9)$$
　　　　Fe ザクロ石（Alm）　　Mg 黒雲母（Phl）

この反応式に対する平衡条件式は平衡定数 K を使って次のように記述される．

$$\Delta G_{T,P} = 0 = \Delta H_{T,P} - T\,\Delta S_{T,P} + P\,\Delta V_{T,P} + RT \ln K \tag{11.10}$$

そして，平衡定数 K を化学組成で書き直すと，次のようになる．

$$K = \frac{\left(X_{\text{Alm}}^{\text{Grt}}\right)^3 \left(X_{\text{Phl}}^{\text{Bt}}\right)^3}{\left(X_{\text{Prp}}^{\text{Grt}}\right)^3 \left(X_{\text{Ann}}^{\text{Bt}}\right)^3} \times \frac{\gamma_{\text{Alm}}^{\text{Grt}} \gamma_{\text{Phl}}^{\text{Bt}}}{\gamma_{\text{Prp}}^{\text{Grt}} \gamma_{\text{Ann}}^{\text{Bt}}} = \frac{\left[(Fe^{2+}/Mg)^{\text{Grt}}\right]^3}{\left[(Fe^{2+}/Mg)^{\text{Bt}}\right]^3} \times \frac{\gamma_{\text{Alm}}^{\text{Grt}} \gamma_{\text{Phl}}^{\text{Bt}}}{\gamma_{\text{Prp}}^{\text{Grt}} \gamma_{\text{Ann}}^{\text{Bt}}}$$

$$= (K_{\text{D}})^3 \times \frac{\gamma_{\text{Alm}}^{\text{Grt}} \gamma_{\text{Phl}}^{\text{Bt}}}{\gamma_{\text{Prp}}^{\text{Grt}} \gamma_{\text{Ann}}^{\text{Bt}}} \tag{11.11}$$

ここで，

$$X_i^{\text{Grt}} = \frac{i}{Alm + Prp + Sps + Grs}, \quad X_i^{\text{Bt}} = \frac{i}{Phl + Ann} \tag{11.12}$$

である．なお，実際に地質温度計では，K の代わりに次の**分配係数**（distribution coefficient，partition coefficient）K_{D} を変数として用いる．

$$K_{\text{D}} = \frac{(Fe^{2+}/Mg)^{\text{Grt}}}{(Fe^{2+}/Mg)^{\text{Bt}}} \tag{11.13}$$

式（11.7）の反応における分配係数 K_{D} の温度依存性は，Ferry and Spear（1978）によって決定され，その後の多くの研究によっていくつもの改定案が報告されている．そして，泥質変成岩の温度見積もりに広く利用されている．また，角閃岩相–グラニュライト相やエクロジャイト相の岩石など，ザクロ石と単斜輝石を含む試料に対しては，Råheim and Green（1974）や Ellis and Green（1979）によって目盛づけられ，その後も改訂を続けられたザクロ石–単斜輝石 Fe^{2+}–Mg 地質温度計が有効である．

交換反応は，変成度の変化を連続量としてとらえるためにも利用されている（Kurata and Banno, 1974; 東野, 1975）．図 11.7 は，四国中央部に分布する三波川帯の広域的な温度構造にほぼ直交するルートに沿うザクロ石–緑泥石間の Mg–Fe^{2+} 分配係数の変化を示しており，少なくともルートの北側では，変成度は南に向かってザクロ石帯→曹長石–黒雲母帯→灰曹長石（oligoclase）–黒雲母帯へ連続的に上昇しているように見える．

11.5 その他の変成条件推定法

11.5.1 炭質物の石墨化度

多くの泥質変成岩は，さまざまな程度に結晶化した炭質物を含んでいる．こ

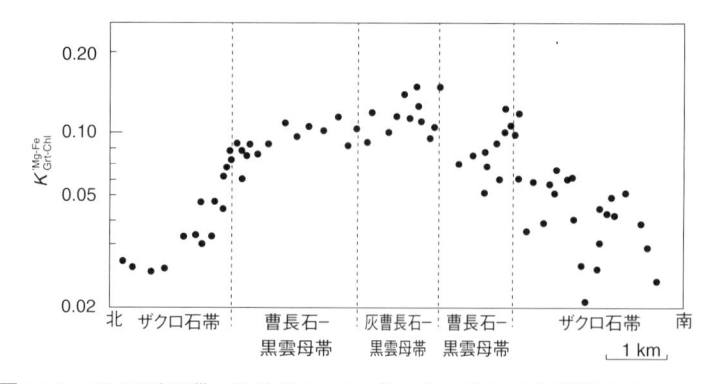

図 11.7 四国三波川帯・汗見川ルートに沿った，ザクロ石−緑泥石（Grt−Chl）間の Mg−Fe^{2+} 分配係数の変化（Banno and Sakai, 1989）
鉱物組合せから推定された変成度の変化と調和的に，変成度が上昇するにつれて分配係数は大きくなり 1 に近づく．

れらの炭質物は，原岩の堆積物に含まれている有機物を起源としており，変成度が上昇するにつれて結晶化度（crystallinity, degree of crystallization）が上昇し，やがて完全に結晶化した石墨となる．炭質物の結晶化度の程度を**石墨化度**（degree of graphitization）とよび，変成温度の指標となっている．とくに低温の岩石についてはビトリナイト反射率（vitrinite reflectance）を測定して結晶化度を求める方法が用いられている（平井, 1979; Tissot and Welte, 1984）．また，粉末 X 線回折データから石墨化度を定量化方法（たとえば Tagiri, 1981），ラマンスペクトル（Raman spectrum）データをもとにした石墨地質温度計も提案されている（Beyssac et al., 2002; Aoya et al., 2010）．

11.5.2 ラマン圧力計

変成作用の途中である鉱物が別の鉱物に包有され，その後に上昇・減圧すると，両相の物性の違いのために，残留圧力（residual pressure）・内部応力（internal stress）が生ずる．そして，この残留圧力は，主に包有されたときの圧力条件に依存する．Enami et al.（2007）は，変成岩のザクロ石中に完全に包有されている石英を用いて，そのラマンスペクトルのピーク・シフト（peak shift）から，変成作用時の圧力条件を推定する方法を提案した．この石英ラマン圧力計（quartz Raman barometry）は，ザクロ石と石英という比較的広範囲の条件で

安定な鉱物を対象にしていることや，ほとんど前処理が必要ないことなどの利点を有している．しかし，ピーク・シフトの程度は測定時の室温に大きく影響を受けることや，ザクロ石の組成によってはそのピークが石英のピーク・シフトに影響を及ぼすなど注意が必要な点も多い．Kagi $et\ al.$ (2009) や Yasuzuka $et\ al.$ (2009) は，苦鉄質鉱物を包有するダイヤモンドを用いて，マントル物質に適用可能なラマン地質温度-圧力計（Raman geothermobarometry）を提案している．

11.6 変成作用と流体組成

変成作用時の流体組成は，鉱物の安定関係に大きな影響を及ぼす．Ohmoto and Kerrick (1977) と Poulson and Ohmoto (1989) は，石墨，黄鉄鉱（pyrite：FeS_2）と磁硫鉄鉱（pyrrhotite：$Fe_{0.8-1.0}S$）と共存する C-O-H-S 系の流体組成を計算し，H_2O のモル分率は，温度，圧力および酸素フガシティーによって大きく変動することを示した（図 11.8a）．また，Ferry and Baumgartner (1987) によれば，石墨と共存する流体組成は，酸素と水素の量比によって CO_2 に富むものから H_2O に富むもの，そして CH_4 に富むものまで大きく変化する（図 11.8b）．これらの結果は，石墨を普通に含む泥質変成岩における脱水反応や融解反応が起こる温度・圧力条件は，流体組成の組成変化によって大きく影響される

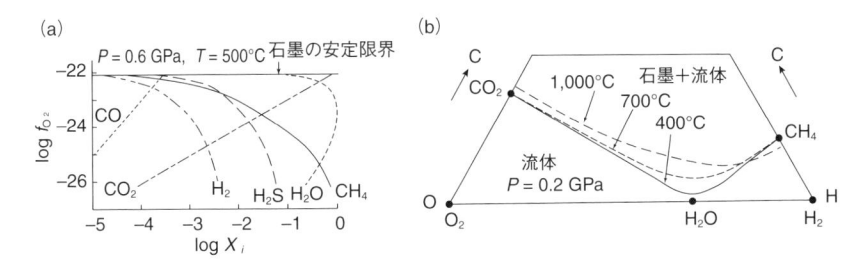

図 11.8 変成流体組成の計算例
(a) 石墨-黄鉄鉱-磁硫鉄鉱と共存する流体組成（横軸）と酸素フガシティー（縦軸）の関係 (Poulson and Ohmoto (1989) をもとに編図)．
(b) C-O-H 系における流体相の組成と石墨飽和曲線 (Ferry and Baumgartner (1987) をもとに廣井 (1997) が編図)．

こと，また石墨を含む泥質変成岩の酸素フガシティーは，およそ $\log f_{O_2} < -22$ ときわめて低いことを示している．

Goto et al.（2002）は，四国中央部三波川変成帯において，泥質変成岩1876試料の鉱物組合せを詳細に検討し，方解石が露頭から採取した試料の約40%にしか含まれないのに対して，ボーリング試料では95%に含まれていることを明らかにした．そして，方解石はもとの三波川変成岩中に本来普遍的に産したが，地表もしくは地表付近でその多くが地下水との反応で消滅した可能性が高いことを指摘し，三波川変成作用時の組成共生関係は，方解石を含む系で論じる必要があることを強調した．榎並・東野（1988）は，同じ地域で最高変成度部にかぎりドロマイト＋石英の共生が産するが，それよりも低変成度部に産する炭酸塩鉱物は方解石であることを示し，最高変成度部の変成流体の X_{CO_2} 値は低変成度部に比べて高かったことを指摘した．また，Goto et al.（2007）は，三波川昇温変成作用時の流体組成の X_{CO_2} は，低変成度部の0.0001〜0.0005から最高変成度部の0.06〜0.2まで，次第に上昇することを示した．このように，ひとつの変成帯内でも，流体組成は系統的に変化することがある．

このように変成流体の組成が系統的に変化する原因として，2つの考え方がある．ひとつは，変成流体に関して開いた系（開放系）であり，その組成は系外から制御されているとするものである（完全移動性成分）．もうひとつは，岩石が変成流体についても閉じた系（閉鎖系：closed system）であり，H_2O や CO_2 も他の成分と同様に固定性成分と見なすものである．両者によって，脱ガス反応の進み方は異なる．図11.9に示した反応の場合，方解石＋石英＋珪灰石＋流体の組合せは，開放系ではある一定の温度（点A）でのみ安定であるのに対し，閉鎖系では X_{CO_2} が増加しつつ，点Aより高温のある温度範囲でも安定に存在できる．このように，変成流体の組成が鉱物反応によって制御されることを**緩衝作用**（buffer action）という．

図10.5でも示したように，酸素フガシティーも，鉱物の組成共生関係に大きな影響を及ぼす．図11.10は酸素フガシティーを緩衝（buffer）する主要な反応と，高酸素フガシティー下で安定化するケイ酸塩鉱物の関係を示している．一般に酸素フガシティーの上昇は，全岩化学組成の Fe_2O_3/FeO 値の増加をもたらし，赤鉄鉱や Fe_2O_3 を多く含む緑れん石を安定化させる．さらに酸化的になると MnO の一部が Mn_2O_3 となり，緑れん石に代わって Mn_2O_3 を主要成分と

11.6 変成作用と流体組成

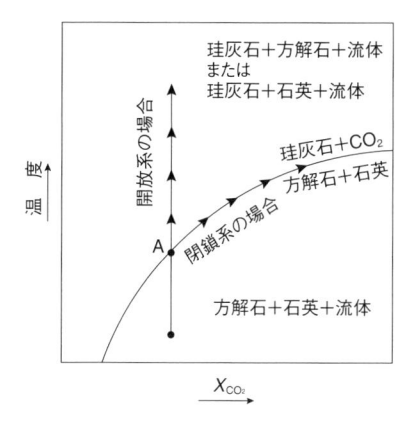

図 11.9 CO_2 に対して閉鎖期と開放系を仮定した場合の脱二酸化炭素反応の進行の比較（廣井（1997）に加筆）

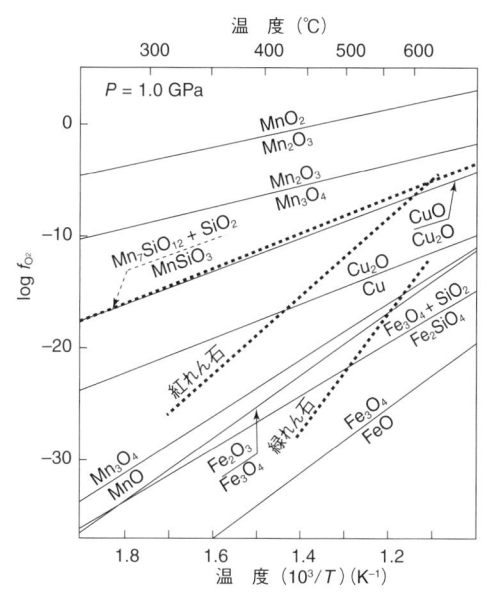

図 11.10 圧力 1.0 GPa におけるマンガンに富む珪質変成岩に関係した酸化・還元反応の f_{O_2}-温度図（Mottana（1986）に編集・加筆）

各相の反応の係数と実線で示した主な酸素緩衝反応の O_2 は省略．Mn_7SiO_{12}（ブラウン鉱），$MnSiO_3$（ばら輝石：rhodonite もしくはパイロクスマンガン石：pyroxmangite）．

して含む紅れん石が安定となる．このように酸素フガシティーが高くなると，岩石中の Fe はほとんどすべてが Fe_2O_3 になる．そのため，Fe–Mg 鉱物はほとんど Mg 端成分に近い組成となる．さらに酸化的になりブラウン鉱（braunite：$Mn^{2+}Mn_6^{3+}(SiO_4)O_8$）＋石英が安定となるような条件になると，通常は黄銅鉱（chalcopyrite：$CuFeS_2$）や硫砒鉄鉱（arsenopyrite：FeAsS）などの硫化鉱物として産する Cu や As も酸化して，ケイ酸塩鉱物に固溶するようになる（Enami, 1986; Hiroi et al., 1992）．

11.7 岩石の部分融解

　変成度が上昇すると変成岩は部分融解を始める．角閃岩相高温部やグラニュライト相の地域には，しばしばミグマタイト状の岩石が産し，かつて地下深部で部分融解していたと見なされる場合も多い．これは，一般には H_2O に富む流体の存在によって，ソリダス温度が低下したためと解釈されている．しかし，流体相の関与しない場合でも含水ケイ酸塩鉱物が反応に関与して比較的低温で融解反応が進み，それによって H_2O に不飽和なメルトが形成されることの重要性が指摘されている．この反応を**脱水融解反応**（vapor-absent dehydration melting reaction）という．図 11.11 は，3 成分モデル系における部分融解反応曲線の温度–圧力図上での位置関係を模式的に示している．ソリダスとサブソリダスの不連続脱水反応曲線との交点が不変点（図中の大きな黒丸）であり，そこからメルトを生成する他の不連続反応曲線が射出する．この図において，メルトを生成する反応のうち，［A］や［C］は系を構成する固相（ここでは，A＋B もしくは B＋C）と流体が反応して，それと同じ組成のメルトが生成し，**調和融解・一致融解**（congruent melting）とよばれる．これに対し，反応［B］や［H_2O］はメルトとともに他の固相を生成し，**非調和融解・不一致融解**（incongruent melting）とよばれる．ソリダスは調和融解反応であり，それよりも高温では非調和融解反応が進行する．こうして形成されたミグマタイトは，一般に粗粒・塊状であり，さまざまなスケールで不均質で，全体として片麻岩と花こう岩の中間的な見かけや性質を示す．ミグマタイトは，珪長質鉱物に富む優白質のリューコゾーム（leucosome）と苦鉄質鉱物に富み優黒質のメラノゾーム（melanosome）からなる．そして両者は後に新しく形成された部分であると解釈して，あわせてネオ

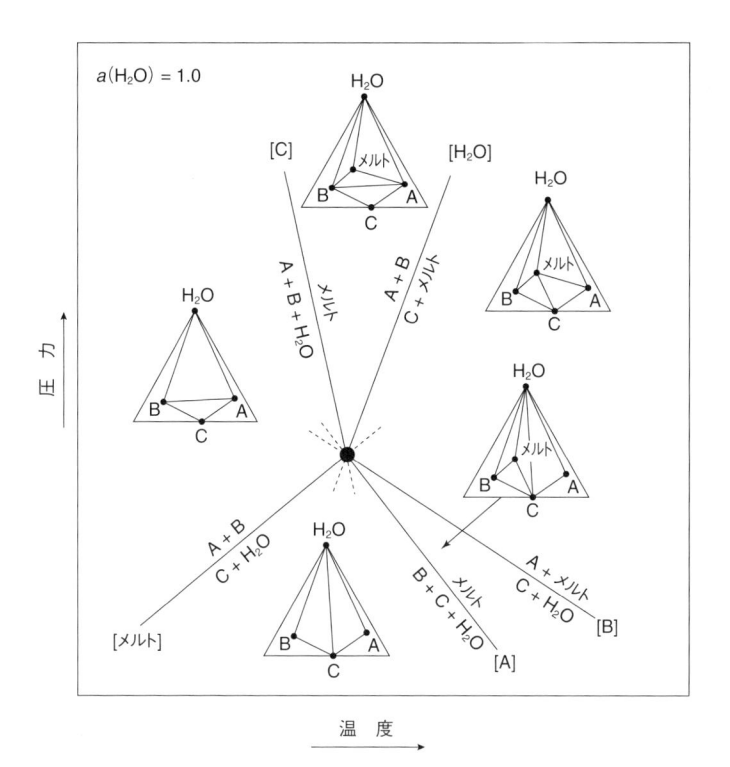

図 11.11 H_2O 飽和条件下で起こる H_2O が関与しない融解反応［H_2O］のトポロジーを示すモデル，シュライネマーカースの束（Spear, 1993）

ゾーム（neosome）とよぶ．一方，変成岩の組織や構造を示している部分（ネオゾーム以外の部分）をパレオゾーム（paleosome）またはメソゾーム（mesosome）とよぶ．

第 11 章　変成条件の定量的取扱い

ぶらり途中下車 9　分析精度・検出限界

　私が学生のころに比べると，分析装置は格段に進歩した．たとえば，現在稼働しているEPMAの多くは，やや極端ないい方をすれば，装置のスイッチをONにして分析点を入力するだけで，補正計算をして化学組成や化学組成式まで出してくれる．装置が働いてくれている間に，論文を読んだり書いたり，コーヒーを飲む時間だってある．それはたいへんよいことだが，その代わり，指示をすると素直に有効数字何桁まででも計算結果を出力してしまう．あまりにも簡単にデータが出てしまうので，その質を吟味することをややもすると忘れがちになっているような気がする．一方で，

表 11.1　EPMA 分析の分析精度と検出限界の例

測定元素	SiO$_2$	TiO$_2$					
分光結晶	TAP	PET			LiFH		
ミラー指数	(100)	(002)			(200)		
面間隔 d (nm)	1.2879	0.4371			0.20134		
標準試料							
測定時間 (s)	20	20			20		
測定値	265,765	136,539			57,718		
BG 補正値	265,380	136,008			57,588		
BG *	385	531			130		
未知試料							
測定時間 (s)	20	20	60	120	20	60	120
測定値	266,180	286	859	1,718	80	240	480
BG 補正値	265,812	36	108	216	16	48	96
標準偏差	516	17	29	41	9	15	22
BG	369	250	751	1,502	64	192	384
BG 標準偏差	19	16	27	39	8	14	20
分析値							
組　成 (wt%)	100.16	0.030	0.030	0.030	0.031	0.031	0.031
標準偏差 *	0.219	0.014	0.008	0.006	0.018	0.010	0.007
検出限界 *	0.007	0.013	0.008	0.005	0.016	0.009	0.006
組　成 (ppm)		179	179	179	188	188	188
標準偏差 *		84	49	34	105	61	43
検出限界 *		79	45	32	94	54	38

［略号］TAP：酸性フタル酸タリウム (thallium acid phthalate)，PET：ペンタエリトリトール (pentaerythritol)，LIFH：高感度 LiF，BG：バックグラウンド．
* いずれも 1σレベル．

11.7 岩石の部分融解

ジルコンとルチル間の固溶（Watson *et al.*, 2006）や石英中に固溶したTiO$_2$（Wark and Watson, 2006; Kawasaki and Osanai, 2008）を使った地質温度などが提唱されるなど，10〜10^3 ppm単位の正確な分析が必要な場合も以前に比べると格段に増えている．そこで，極地研究所より提供していただいた超高温グラニュライトを用いて，石英中のTi分析を例に分析精度や検出限界を確認してみた．

分析条件は，通常の測定時と同じ，加速電圧15 kV，試料電流12 nA，ピークおよびバックグラウンド測定時間はともに20秒とした．そしてこのデータをもとにして60秒および120秒測定の場合も計算した．結果を表11.1に示す．それらが示す主な特徴は，以下のようである．

- 現在使用しているEPMAでは，2種類の分光結晶PETとLiFHでTiを測定することができる．バックグラウンドのカウント数自体はLiFHのほうが少なく，一見こちらのほうが検出限界は低そうだが，それは思い違い．単に感度の問題．
- 通常の測定条件では，SiO$_2$は小数点1桁目に，TiO$_2$は有効数字1桁目に誤差をもってしまう．
- 石英中のTiO$_2$を測定するには，100秒以上測定したほうがよいであろう．ただ，そのように長時間にわたって測定をすると試料の損傷が心配なので，ビーム径を広げるなり，分析位置を少しずつずらした短時間測定をしてそれを積算するなどの対応が必要．

皆さんの研究室にある装置でも，今回の結果とそれほど変わらない値が得られるであろう．自分がどの精度の分析値を必要としているのか，またそのためには測定条件をどうしたらよいかを，時々は振り返って考えてみてはどうでしょう．なお，分析値を評価する際には，精度（percision）と確度（accuracy）を区別する必要がある．両者の違いは，Winter（2010）によってわかりやすく説明されている．

第12章 温度−圧力経路

12.1 温度−圧力経路とテクトニクス

　変成作用時の**温度−圧力経路**（P-T path）とテクトニクスの関係は，数値計算モデルと実際の試料を熱力学的に解析することの両面から議論されている．England and Richardson（1977）は，削剥による減圧を重視し，それと地温勾配の回復をあわせたモデルを考え，沈み込み帯の変成岩などは，温度を横軸に圧力を縦軸に取った温度−圧力図上で，**時計回りの温度−圧力経路**（clockwise P-T path）を経験するであろうことを示した．また，England and Thompson（1984）は，大陸どうしの衝突によって地殻が厚化する場合をシミュレーションして，地殻を構成する変成岩の温度−圧力経路が時計回りのループを描くことを示した．そして，Thompson and Ridley（1987）は，このモデルを拡張して，相対的に高圧低温の条件で形成された変成岩が急激な上昇によって熱的回復をほとんど経験しない場合（図 12.1 の経路 A）はそのまま高圧変成岩として地表に露出し，ゆっくり上昇すると昇温減圧を経験してその程度によって中圧型や低圧型変成岩になるとした（図 12.1 の経路 B）．このモデルは，大陸衝突帯にさまざまな圧力型の変成岩が産することを示しており，13.1 節で述べる超高圧変成岩が後に角閃岩相程度の条件下でさまざまな程度に再結晶している例が多いこと（丸山ほか, 2004），超高温変成岩に 2 GPa を超えるような高圧変成作用の痕跡が保存されている場合があること（Osanai et al., 2008）や 800〜900℃ で再結晶しているグラニュライト中にダイヤモンドやコース石が産すること（Ruiz

12.1 温度–圧力経路とテクトニクス

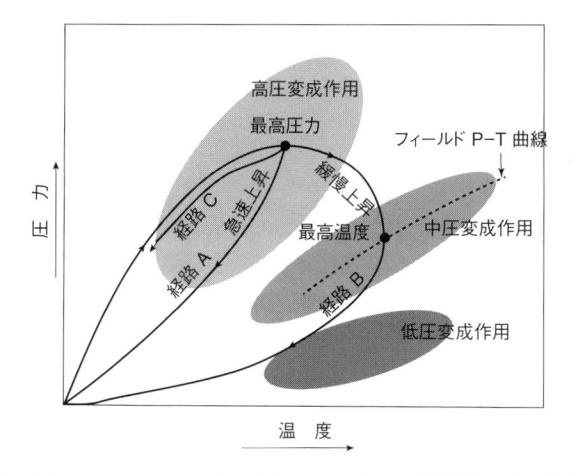

図 12.1 Thompson and Ridley（1987）によって提案された変成相系列と個々の変成岩の温度–圧力経路の関係
Ernst（1988）によって提案されたヘアピン型温度–圧力経路（経路 C）を加筆．

Cruz and Sanz de Galdeano, 2012）などを説明する．また，スリランカのグラニュライト相地域では，場所によって上昇時の温度–圧力経路が異なるとするHiroi et al.（1994）の報告とも調和的である．しかし，"対になった変成帯"の代表例であるたとえば領家帯と三波川帯の関係は，原岩，変成年代や温度–圧力履歴のいずれの観点からも，Thompson and Ridley（1987）の熱的緩和モデルでは説明できない．島弧–海溝–海嶺系を見たとき，変成相系列の違いが変成作用の進行したテクトニクス場の違いに関係していることは本質的なことであろう．Ernst（1988）は，高圧変成岩の降温期再結晶に着目して，衝突型造山帯（collisional orogenic belt）に伴うものは低圧条件下での再結晶が著しく時計回りの温度–圧力履歴を示すのに対し，Franciscan 変成帯のような非衝突型造山帯（noncollisional orogenic belt）で形成されたものは，低圧条件下での再結晶がほとんど記録されておらず，昇温期と降温期の温度–圧力経路がほぼ同じであるヘアピン・カーブ型の履歴を示すとした（図 12.1 の経路 C）．そして，このような違いが起こった原因として，非衝突型変成帯の高圧変成岩類は，プレートの沈み込みと冷却が継続している沈み込み帯に沿って，衝突型造山帯の変成岩類に比べると比較的ゆっくり上昇したとするモデルを提案した．最近，多くの高温変成岩

第 12 章 温度−圧力経路

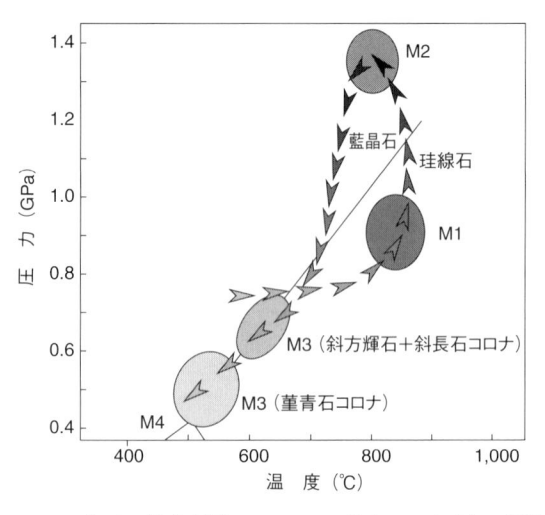

図 12.2 スコットランド北東部，Lewisian グラニュライトの反時計回り温度−圧力経路の例（Baba, 1998）

地域で，反時計回りの温度−圧力経路（anticlockwise or counter-clockwise P-T path）が報告され（図 12.2），多くの場合それは玄武岩質マグマの地殻への貫入もしくは底付け（underplating）に関係するとされている（たとえば，Bohlen, 1987; Bohlen and Mezger, 1989）．また，南極の太古代ナピア岩体の高温−超高温変成岩は，変成作用がピークに達した後に，長時間にわたる等圧冷却（isobaric cooling）を経験したと考えられている（本吉，1998）．変成作用の温度−圧力経路には，等圧冷却のほかに等圧加熱（isobaric heating），等温加圧（isothermal compression）や等温減圧（isothermal decompression）などの過程が想定される場合がある．これらを含めた温度−圧力経路とテクトニクスの変遷の関係については，Spear（1993）に詳しいので参照されたい．

12.2 温度−圧力経路の解析

　造岩鉱物が示す組織をもとに，各鉱物の成長時期の前後関係を求める「時相解析」は古くから行われてきた．しかし，これらの時相解析は単に鉱物や鉱物組合せの形成時期の前後関係を議論しているにすぎず，それらが一連の変成

作用によるものであるか（多時相変成作用：plurifacial metamorphism），あるいはまったく時期を異にする複数の変成作用の結果であるのか（複変成作用：polymetamorphism）は，多くの場合客観的に議論はできなかった．そしてたとえば，低圧型変成岩の分布域に藍晶石が産すると，それは複変成作用の証拠であるといったような議論がなされることもあった．一方，相平衡論を主とする研究では，当初は単純に岩石全体が変成作用ピーク時の平衡状態をほぼ保持していることを仮定することから始まった．しかし，EPMA が地球科学分野に導入され，変成鉱物が想像していた以上に組成的に不均質であることが明らかとなると同時に，組織と化学組成が対応づけられるようになると，時相解析と相平衡論解析が互いに補完しあう研究が行われるようになった．

　実際の試料を用いて，温度–圧力経路を論じた初期の研究として，Thompson et al.（1977）がある．彼らは，バーモント州に産する Gassetts schist 中のザクロ石の累帯構造と包有物をもとに，昇温変成作用時に起こった反応関係を論じた．この研究は，微小領域の定量分析という EPMA の特徴を最大限に利用した一例としても，後の研究に大きな影響を与えた．また，Hiroi（1983）は，飛騨帯東縁に分布する宇奈月（Unazuki）変成岩類において，構成鉱物の組成共生関係やザクロ石の組成累帯構造などの特徴から，フィールド・温度–圧力曲線と各鉱物帯の岩石に記録されている温度–圧力経路は一致せず，高変成度の岩石ほど高圧の温度–圧力経路を経て，フィールド・温度–圧力曲線を代表する最高温度に達した可能性を定性的ながら指摘した．温度–圧力経路を定量的に論じた初期の研究としては，Holland and Richardson（1979）がある．彼らは，オーストリア・Tauern Window の塩基性変成岩中に産する角閃石の累帯構造（中心部は Na 角閃石→周縁部は NaCa 角閃石）を熱力学的に解析し，上昇・減圧しつつ加熱される温度–圧力経路を描き出した（図 12.3）．これ以降，変成作用の温度–圧力経路の解析は，さまざまな方法で試みられている．以下において，それらの例を紹介する．

12.2.1 包有物を利用した方法

　この方法は，Thompson et al.（1977）の研究を発展させたものであり，その代表的な例として St-Onge（1987）がある．この研究では，カナダ盾状地・Wopmay Orogen に産する Al_2SiO_5 鉱物を含む角閃岩相泥質変成岩中の斜長石

第 12 章 温度-圧力経路

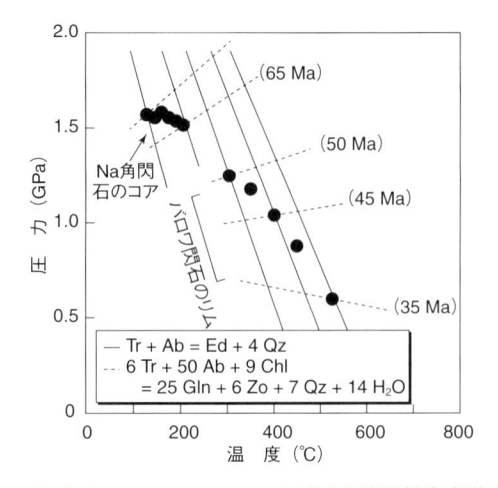

図 12.3 オーストリア・Tauern Window に産する塩基性変成岩中の累帯構造を示す角閃石（コア：Na 角閃石 → リム：NaCa 角閃石）を用いて見積もられた温度-圧力履歴（Holland and Richardson, 1979）

括弧内の数字は最外縁部が形成されたと思われるアルプス変成作用の年代（35 Ma）と，仮定された地殻表面の削剥速度をもとに推定された累帯構造各部の形成年代．［略号］Ab：曹長石，Chl：緑泥石，Ed：エデン閃石，Gln：藍閃石，Qz：石英，Tr：トレモラ閃石，Zo：ゾイサイト．

や黒雲母を包有するザクロ石に注目し，ザクロ石が成長している間の温度・圧力条件の変化を見積もった．これが可能になったのは，ザクロ石のコア部からリム部にかけて包有されている斜長石の組成変化が，基質（matrix）[87] に存在する累帯構造を示す斜長石のコアからリムにかけての組成変化と対応できたことによる（図 12.4）．このため，斜長石とザクロ石は同時成長しており，包有物として産する斜長石は包有されたときの組成を保持していることが保証された．そこで，St-Onge は，近接してザクロ石に包有される斜長石と黒雲母の組成と周囲のザクロ石の組成を同時期の平衡を代表するセットとした．そして，これにザクロ石-黒雲母地質温度計と次の連続反応を使った GASP 地質圧力計（Newton and Haselton, 1981）を適用し，時計回りの温度-圧力履歴を報告した（図 12.5）．

---

[87] 他の鉱物に包有されておらず，独立した結晶として産する鉱物またはそれらの集合体からなる部分．

12.2 温度−圧力経路の解析

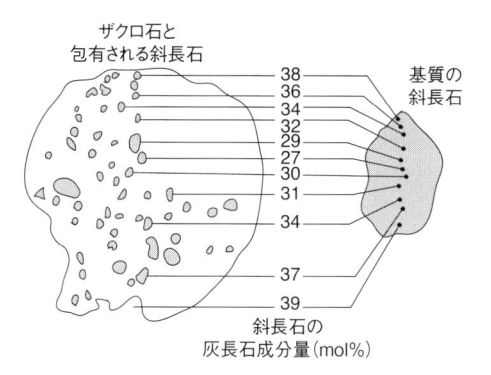

図 12.4 カナダ盾状地・Wopmay Orogen に産する泥質変成岩中のザクロ石に包有された斜長石と基質に産し累帯構造を示す斜長石の組成の対応関係 (St-Onge, 1987)

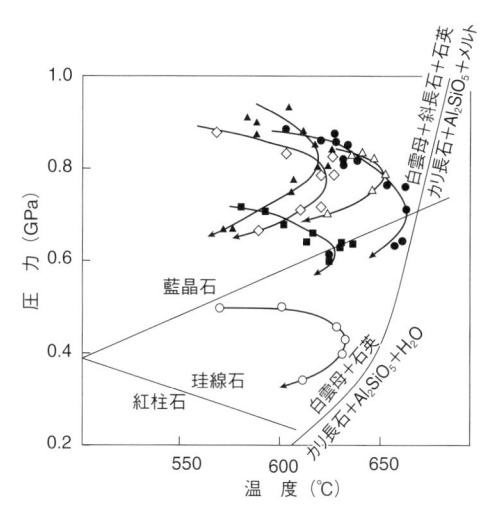

図 12.5 カナダ盾状地・Wopmay Orogen に産する泥質変成岩中のザクロ石とそれに包有されている斜長石と黒雲母に対して, ザクロ石−黒雲母地質温度計とザクロ石−Al_2SiO_5−石英−斜長石地質圧力計を適用して求めた温度−圧力経路 (St-Onge, 1987)

第 12 章 温度–圧力経路

$$3\,CaAl_2Si_2O_8 = Ca_3Al_2Si_3O_{12} + 2\,Al_2SiO_5 + SiO_2 \tag{12.1}$$

灰長石成分　　　グロッシュラー成分　　Al_2SiO_5 鉱物　石英

　これは連続反応であり，これらの鉱物すべてが反応に参加しないかぎり，固溶体組成は変化しない．したがって，いったん斜長石がザクロ石に包有され，基質の Al_2SiO_5 鉱物や石英を含む系から隔離された後に，局所的な再平衡が起こり組成が改変される可能性は一般に考慮する必要はない[88]．一方，Mg と Fe^{2+} の組成変化は，交換反応であるから，苦鉄質鉱物の接触部において局所的に起こることが可能である（図 12.6）．そのため，たとえザクロ石の累帯構造が全体にわたって改変されなかったとしても，黒雲母がザクロ石に包有された後に両鉱物の Fe^{2+}/Mg 値が局所的に変化し，包有されたときの温度条件を与えない場合がある．

　母結晶の成長と包有物の関係を巧みに利用して温度–圧力経路を再現した研究が，カザフスタン・Kokchetav Massif の超高圧変成岩に対して行われている（Katayama *et al.*, 2000）．彼らは，ジルコンに包有されている SiO_2 相には石英とコース石，C 相には石墨とダイヤモンド，そして NaAl ケイ酸塩鉱物とし

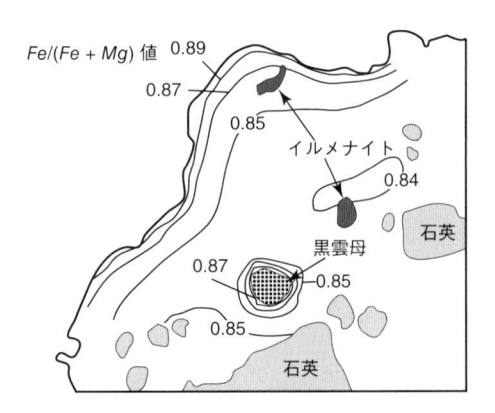

図 12.6　ニュー・ハンプシャー州・Fall Mountain に産する泥質変成岩中のザクロ石の組成累帯構造（Spear *et al.*（1990）を簡略化）

---

[88] ただし，ザクロ石のグロッシュラー成分の累帯構造が拡散によって改変された場合は，斜長石との間で局所的再平衡が起こらない場合でも，両者は組成的に非平衡となり，温度・圧力条件の見積もりには使用できない（図 12.9 参照）．

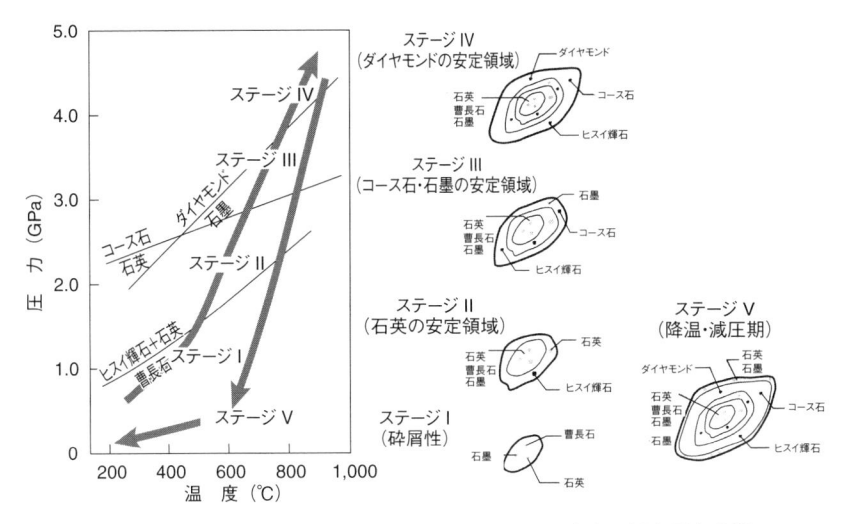

図 12.7 北部カザフスタン・Kokchetav Massif に産する超高圧変成岩の温度–圧力履歴（Katayama *et al.*, 2000）

ては曹長石とヒスイ輝石があることを，ラマン分光分析によって明らかにした．そして，これらを包有するジルコンが，一連の沈み込みから上昇までのさまざまな時期に成長していると仮定して，石英の安定領域からダイヤモンドの安定領域を経てふたたび石英の安定領域に戻るまでの温度–圧力経路を描いた（図12.7）．この方法は，温度条件についての制約は与えないものの，使用する地質温度圧力計に依存する圧力見積りの不確かさを含まないという利点をもっている．片山（2004）は，ダイヤモンドを含むジルコンの年代として 537±9 Ma を，上昇して地殻下部に達したときに形成されたとするジルコンの最外縁部に対して 507±8 Ma を与えている．これに基づけば，Kokchetav Massif の超高圧変成岩の上昇速度は，平均すると 0.5～0.6 cm/年程度となる．

12.2.2 ギブズ法

一定の鉱物組合せのもとで成長した固溶体鉱物の累帯構造から，連続した温度–圧力履歴を解析する方法として，**ギブズ法**（Gibbs method）がある．Spear *et al.*（1982）によって提案されたこの方法は，その後ザクロ石や角閃石を含む系の解析で大きな成果を収めている（Spear and Selverstone, 1983; Okamoto and

第12章 温度-圧力経路

Toriumi, 2001; Inui and Toriumi, 2002). この方法は, 多成分系について, 線形独立なすべての反応の平衡条件を連立して解くことを基本としている. そして, 温度-圧力の推定に用いる組成変数を最低限の数 (最小の熱力学的自由度) にすることと, その数よりも多くの組成変数をもつ固溶体を考慮することで, 温度-圧力の推定を可能としている. その詳細は, 池田 (1995) や 岡本 (2004) に詳しいので, これらを参照されたい.

図12.8は, Selverstone *et al.* (1984) による, オーストリア・南西 Tauern Window に産するホルンブレンド-藍晶石-十字石片岩の解析例である. この試料は, このほかにザクロ石, 黒雲母, 緑泥石, 斜長石および石英を含んでおり, H_2O を完全移動性成分とすると, SiO_2–Al_2O_3–FeO–MgO–MnO–CaO–Na_2O–K_2O–H_2O の9成分系において, 自由度は2となる. この条件の下で, 固溶体組成が変成作用の進行とともに変化したとする. この場合, たとえばザクロ石の2つの端成分組成のように互いに独立な変数の変化量を, 温度-圧力の変化量に変換する

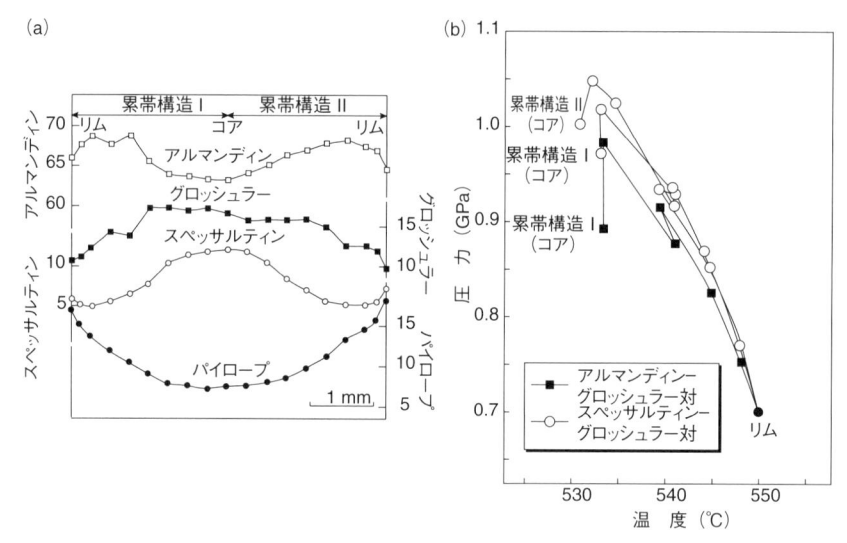

図12.8 オーストリア・Tauern Window に産する泥質変成岩中のザクロ石の組成累帯構造 (a) とそれをギブズ法で解析して推定した温度-圧力経路 (b)

温度・圧力条件を決定したリムの組成を基準として, そこからの組成差を温度・圧力条件の変化量に変換している (Selverstone *et al.*, 1984).

ことができる．同図は，アルマンディン-グロッシュラー対とスペッサルティン-グロッシュラー対を用いて推定された温度-圧力経路を示している．

ところで，ギブズ法を利用する場合，解析の対象とした温度-圧力範囲において，鉱物組合せが一定であることが前提となる．この点は，たとえばザクロ石などの包有物を詳しく調べるなどして，ある程度は検討可能ではあるが，完全には自己検証できない．また，解析対象とする鉱物の成長は連続的であり，累帯構造が後に拡散などによって改変されていないことも前提となる．しかし，とくに高温変成岩試料においては，拡散が比較的遅いとされるザクロ石でも成長累帯構造が元素によっては保存されていないことが多い（たとえば，廣井，2004）．Spear（1993）は，ザクロ石の成長累帯構造が改変された場合に，見かけの温度-圧力経路がどのように変化しうるのかを検討している（図 12.9）．また，一見単純な組成累帯構造を示すザクロ石を，EBSD（電子線後方散乱：electron backscatter diffraction）装置で解析すると，多結晶の集合体である場合が報告

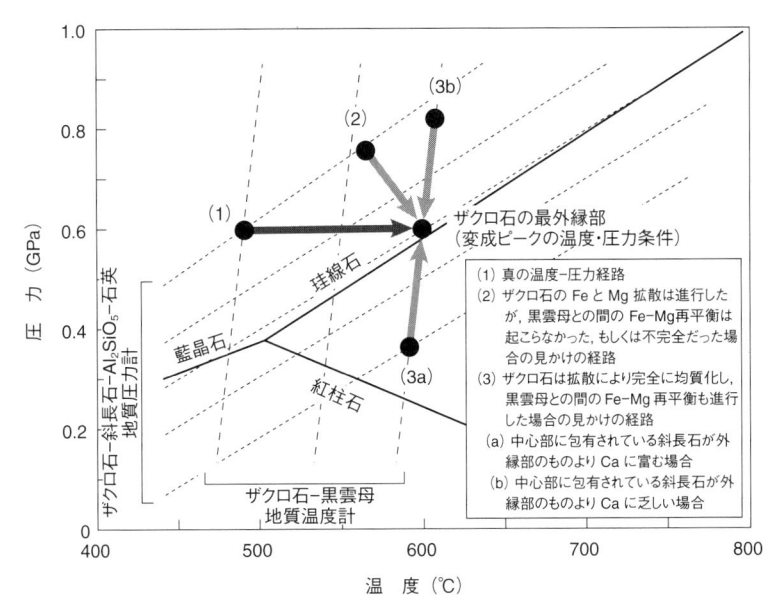

図 12.9 ザクロ石の成長累帯構造が後に改変された場合のみかけの温度-圧力経路（Spear（1993）をもとに編図）

第 12 章 温度−圧力経路

されている (Whitney and Seaton, 2010). これらの点に気をつけたうえで，ギブズ法を活用すれば，温度−圧力経路を解析する有用な方法となるであろう．

12.2.3 シュードセクション法の利用

シュードセクション法 (pseudosection analysis) は，11.3 節でも述べたように，ある岩石試料の全岩化学組成に対して，構成鉱物の固溶体組成とモード組成を考慮した質量収支の式と熱力学方程式を組み合わせて，系の自由エネルギー

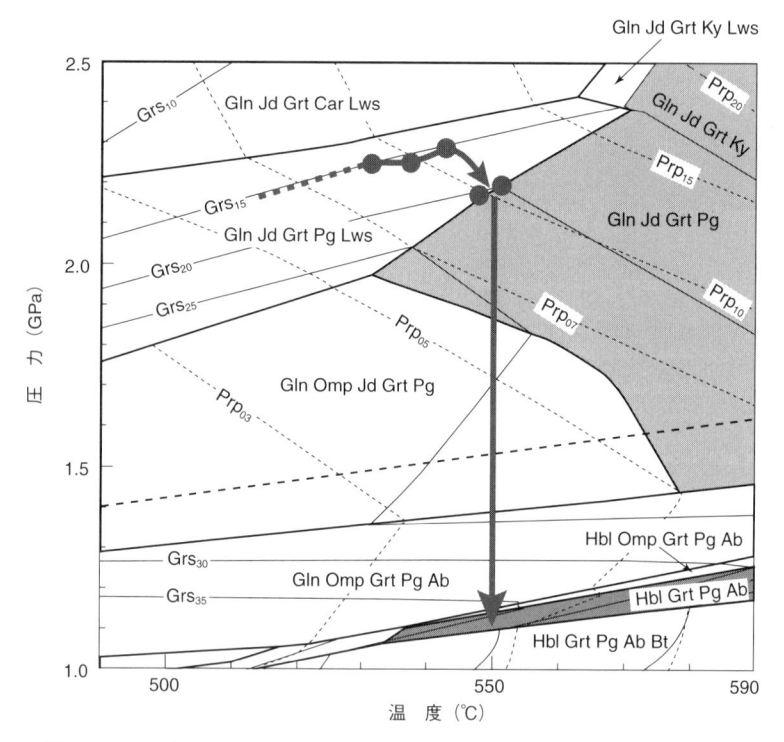

図 12.10 温度−圧力シュードセクション法によって求めた中国北東部・南天山造山帯に産する珪長質変成岩の温度−圧力経路 (Wei *et al.* (2009) を簡略化して編図)

[略号] Ab：曹長石，Bt：黒雲母，Car：カルフォライト，Gln：藍閃石，Grs：グロッシュラー成分，Grt：ザクロ石，Hbl：ホルンブレンド，Jd：ヒスイ輝石，Ky：藍晶石，Lws：ローソン石，Omp：オンファス輝石，Pg：パラゴナイト，Prp：パイロープ成分．Grs および Prp の添字は，ザクロ石中のそれぞれの成分のモル％を示す．

を最小化することにより，鉱物組合せの安定な温度-圧力範囲を推定する方法である．これによって，ある鉱物組合せが安定な温度・圧力条件の範囲を推定できるばかりではなく，各固溶体鉱物について等濃度線を引くことができる（図12.10）．そのため，得られたシュードセクションと実際の試料における鉱物の組成累帯構造データとを関連づけることにより，その鉱物が成長している間の温度-圧力経路を連続量として議論する論文も多い．しかし，鉱物が累帯構造を示すことは，その鉱物が成長するためにそれまでに反応に関与した成分は，系から除外されたことを意味する．したがって，それぞれの鉱物組成が安定であったときに鉱物相平衡に関与していた系の全体組成は，シュードセクションの計算に用いた全岩化学組成とは異なっていたことになる．すなわち，厳密にいえば，ジュードセクション法と累帯構造をリンクさせた温度・圧力条件の議論は成立しないので，同法を用いる際には注意が必要である（Stüwe, 1997）．

　Zuluaga *et al.*（2005）は，角閃岩相の泥質変成岩をモデル・ケースとして，ザクロ石の成長・分別により，鉱物の組成共生に関係する系の組成が変化するとき，シュードセクションのトポロジーがどのように変わり，推定される温度-圧力経路がどの程度変化するかを検討した．そして，圧力が 0.6 GPa の場合，ザクロ石を 2% 分別するとザクロ石の安定領域の下限は 70～80℃ 高温側に移るが，それ以外の鉱物の安定関係はほとんど変化せず，結果として彼らが用いた試料の場合は，変成作用がピークに達したときの温度・圧力条件の見積もりは，ほとんど変化しないことを示した．

第13章 超高圧変成作用・超高温変成作用

　1965年に発刊された名著，都城秋穂著,『変成岩と変成帯』を見ると，扱っている温度・圧力範囲は，およそ1,000℃・1.5 GPaまでとなっている．当時，まだプレートテクトニクスの全体像は確立されておらず，高圧変成作用を特徴づけるものは，ヒスイ輝石+石英の共生であり，対象とする試料もせいぜい深さ40～50 km程度に由来するものであった．また，最も高温の変成相として，サニディナイト相が想定され，その指標鉱物のひとつとしてムライト（mullite：$Al_6Si_2O_{13}$）が挙げられている．しかし，ムライトの安定領域はSiO_2の活動度にも依存するが約900℃以上であり（Cameron, 1976; Markl, 2005），サニディナイト相は基本的にマグマに取り囲まれた岩石など特殊な条件（パイロ変成作用：pyrometamorphism）を表すものであると考えられていた．そして，広域変成作用の温度としては，部分融解が起こる700～800℃程度までが想定されていた．1993年のSpear著,"Metamorphic Phase Equilibria and Pressure-Temperature-Time Paths"では，**超高温変成作用**（ultra-high temperature metamorphism）については詳しい紹介があるものの，なぜか**超高圧変成作用**（ultra-high pressure metamorphism）についての記述はない．これは，1983年に超高圧変成岩の存在が報告されて10年を経過した当時でも，超高圧変成作用はきわめてまれな例であると考えられていたことによるのかもしれない．

13.1 超高圧変成岩

　Chopin (1984) と Smith (1984) によって，それぞれ西アルプス・Dora Maira のパイロープ–石英岩とノルウェー・West Gneiss Region のエクロジャイトから石英の高圧相であるコース石が相次いで報告された[89]．そして，地殻物質が少なくとも深さ 80〜100 km まで潜り込んで超高圧変成岩となり，そしてふたたび地表まで上昇しうることが明らかになり，多方面の研究者に衝撃を与えた．それ以前の 1980 年ころまでは，いわゆるプレートの沈み込みによって形成される変成岩の圧力は最高で 1.5〜2.0 GPa 程度と見積もられ，この従来の見解は，"密度の小さな地殻物質はマントル深度まで潜り込まないであろう" とするプレートテクトニクスの前提条件の 1 つを支持していた．しかし，コース石を含む変成岩の発見はこの前提を覆すことになった．その後，中国の大別–蘇魯（Dabie-Sulu）地域をはじめとして世界各地から超高圧変成岩が報告されるようになり，1990 年には現在のカザフスタンからマイクロ・ダイヤモンド[90]を含む変成岩が発見された（Sobolev and Shatsky, 1990）．その結果，少なくとも超高圧変成岩の一部は，100〜120 km 以深（圧力 > 3.0〜4.0 GPa）で形成されたことが明らかとなった．そして，最近では圧力 6.0〜7.0 GPa（深さ 200 km 程度）の形成条件も報告されている（片山，2004）．超高圧変成岩の大半は，大陸どうしが衝突してできた造山帯に産する．そして，現在進行形の造山帯であるヒマラヤ地域からも発見されており（たとえば，O'Brien *et al.*, 2001），少なくとも原生代後期以降の大陸衝突型造山運動では，超高圧変成岩の形成と上昇は，普遍的な現象であろうと理解されるようになった（図 13.1）．

　超高圧変成作用の痕跡は，多くの場合塩基性の岩石中に保存されていることが多く，それらはコース石–エクロジャイト（coesite-eclogite）とよばれている．コース石–エクロジャイトは，多くの場合花こう岩などを原岩とする珪長質片麻岩（正片麻岩：orthogneiss）または泥質片麻岩（準片麻岩：paragneiss）中に大小の岩塊として産する．しかし，これらの片麻岩類からはエクロジャイト相条

---

[89] 口頭での報告は，1983 年のペンローズ国際討論会において行われた（中島，1984）．
[90] マイクロ・ダイヤモンドやそれより微細なナノ・ダイヤモンドは，大陸衝突帯の超高圧変成岩のほかに，海洋島や島弧火山岩中のマントル捕獲岩（Wirth and Rocholl, 2003; Mizukami *et al.*, 2008）からも報告されている．

第 13 章　超高圧変成作用・超高温変成作用

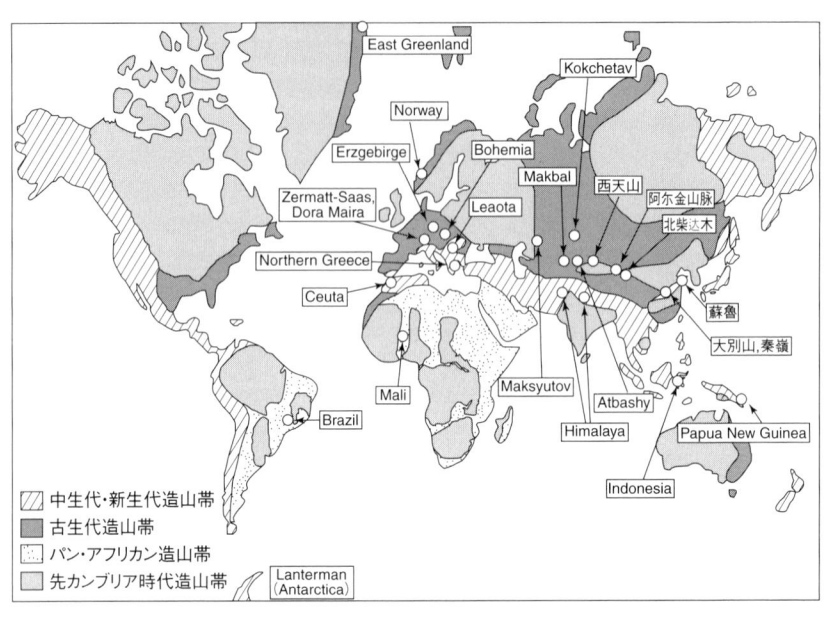

図 13.1　超高圧変成岩の分布（Liou *et al.*（2002），Carswell and Compagnoni（2003），Baldwin *et al.*（2008）および Ruiz Cruz and Sanz de Galdeano（2012）をもとに編図）

件下で再結晶した証拠がほとんど確認できない．そのため，片麻岩類も広範囲に超高圧変成作用を被っているか否かについて，超高圧変成岩が発見された当初から議論がなされたが，現在では多くの場合エクロジャイトとともにコース石の安定領域にまで達していたと考えられている（たとえば，Ye *et al.*, 2000）．このことは，大陸地殻がマントル深度まで沈み込み，そこではマントルの化学組成を改変するなど大規模な地殻–マントルの相互作用が起こっているであろうことを示している．また，高圧実験から推定された花こう岩，玄武岩そしてカンラン岩組成の岩石の密度は，100〜250 km の深度において，エクロジャイト（玄武岩組成）＞マントル物質（カンラン岩組成）＞花こう岩組成の岩石となる（Irifune, 1994）．したがって，超高圧変成帯の主要な構成岩石である片麻岩類は，コース石–エクロジャイトを含む超高圧変成岩類全体が，下部地殻まで上昇する際の駆動力として機能するであろうと考えられている．

なお，超高圧変成岩中には，これまではキンバリー岩など特殊な岩石からの

み報告されていたさまざまな高圧鉱物が産する．そして，超高圧条件下では，鉱物に特殊な置換が起こり，その化学組成や安定関係が大きく変化することも報告されている．これらについては，Liou et al. (1998)，Mysen et al. (1998)や榎並・坂野（2002）などを参照されたい．

13.2 超高温変成岩

　グラニュライト相は，広域変成作用の最も高温条件を示す変成相である．しかし，ほぼ固相-固相反応で形成されたグラニュライトの変成温度が，実際にどれくらいにまで達しているのかについては，必ずしも明確ではなかった．それは，花こう岩や堆積岩組成の岩石のソリダスやリキダスは，化学組成や圧力条件のほかに H_2O のフガシティーによっても大きく変わり，無水条件であれば1,000℃に達しても融解は起こらないし，仮に脱水融解反応によって部分融解を

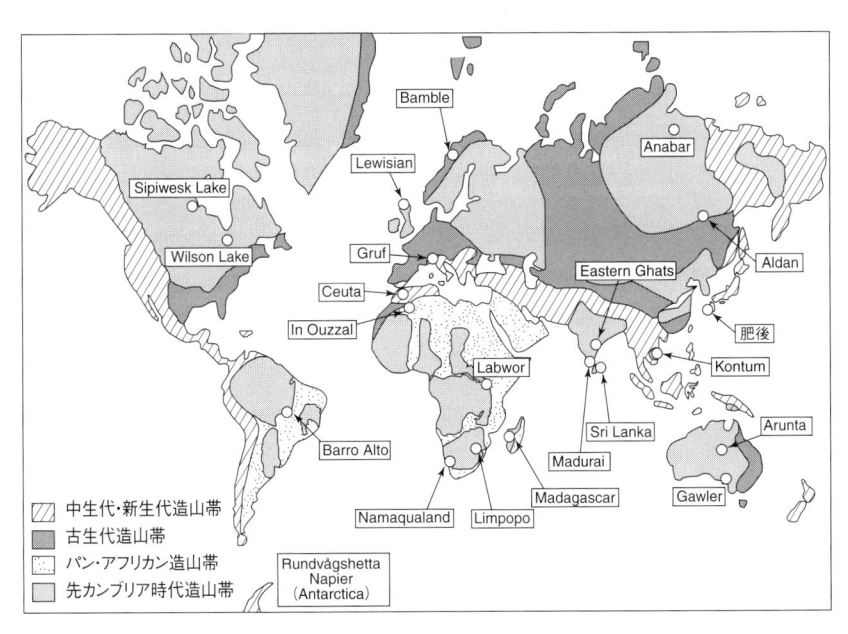

図 13.2　超高温変成岩の分布（小山内・吉村（2002）および Ruiz Cruz and Sanz de Galdeano（2012）をもとに編図）

第13章 超高圧変成作用・超高温変成作用

しても，形成されたメルトが系から抜ければ，融け残った部分は固相-固相反応で形成されたと認識されるからである．また，高温になると，地質温度計としてよく利用される Fe^{2+}-Mg 交換反応などは必ずしも変成ピークの条件を凍結しているわけではなく，それよりも低温で拡散が停止した温度を示す可能性が高い．そのため，グラニュライト相の温度条件は，多くの場合，750～850℃ 程度であろうと考えられていた（たとえば，Bohlen, 1987）．しかし，南極をはじめとする世界各地のグラニュライトの鉱物組合せの記載・解析が進み，それらの情報が合成実験研究と結びついたとき，1,000℃ を超えるような高温条件で形成されたグラニュライトが次々と報告され，それらは超高温変成岩とよばれるようになった（図13.2）．超高圧変成岩の場合とは異なり，超高温変成岩には単純な相

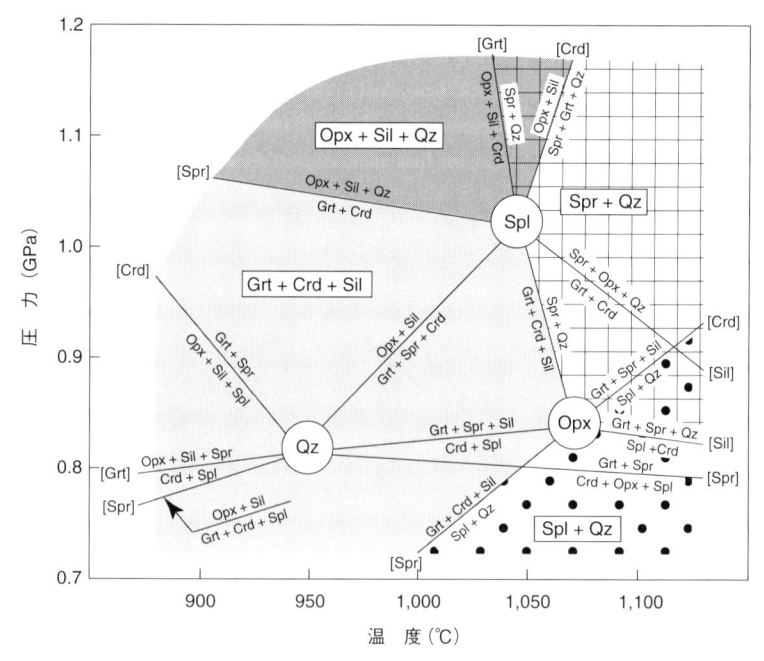

図 13.3 超温温変成岩の変成反応を示す FeO-MgO-Al_2O_3-SiO_2 系（FMAS系）の岩石成因論的グリッド（Harley, 1998）
超高温変成作用を特徴づける，サフィリン（Spr）＋石英（Qz），スピネル（Spl）＋石英，斜方輝石（Opx）＋珪線石（Sil）＋石英とザクロ石（Grt）＋董青石（Crd）＋珪線石の安定領域を示している．

13.2 超高温変成岩

変化による温度の指標が存在しないため,超高温変成作用を特定の指標鉱物の出現で定義したり,その温度・圧力条件を一義的に議論することは困難である.しかし,一般的には,変成温度が 900〜1,000℃,あるいはそれ以上に達する場合を超高温変成作用とよぶようである(Harley, 1989; 本吉, 1998; 小山内・吉村, 2002).超高温変成条件を特徴づけるものとして,サフィリン(sapphirine:$(Mg, Fe, Al)_8(Al, Si)_6O_{20}$)+ 石英,スピネル + 石英,斜方輝石 + 珪線石 + 石英やザクロ石 + 菫青石 + 珪線石 + などの鉱物組合せ(図 13.3)のほかに,大隅石(osumilite:$(K, Na)(Mg, Fe^{2+})_2(Al, Fe^{3+})_3(Si, Al)_{12}O_{30}\cdot H_2O$),転移ピジョン輝石(inverted pigeonite)[91],フッ素に富む黒雲母やメソパーサイト[92] の

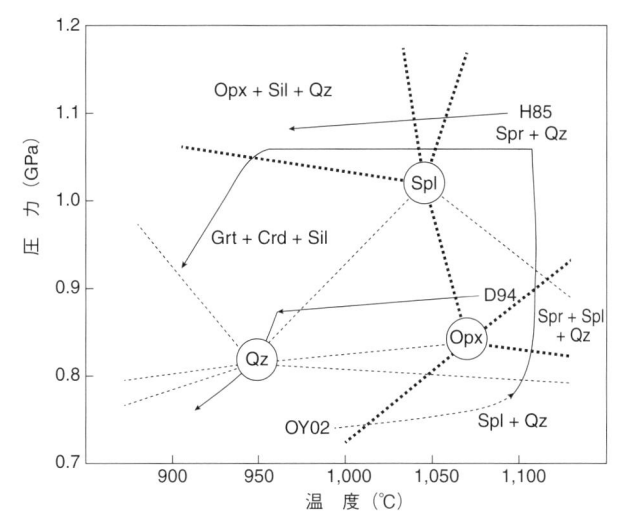

図 13.4 超高温変成岩に見られる等圧冷却や反時計回りの温度−圧力経路の例
(H85:Harley (1985); D94:Dasgupta et al. (1994); OY02:小山内・吉村 (2002))

[略号] Crd,菫青石,Grt:ザクロ石,Opx:斜方輝石,Qz:石英,Sil:珪線石,Spl:スピネル,Spr:サフィリン.

---

[91] (001) 面に平行なオージャイトのラメラをもつ斜方輝石.高温で形成された Ca に乏しい単斜輝石(ピジョン輝石)が,温度の低下に伴ってより Ca に乏しい斜方輝石に転移してできる際に,斜方輝石に入りきらなかった Ca 輝石成分が離溶してできる(口絵 1d 参照).
[92] 2.2.1 項参照.

産出などが挙げられている．

　超高温変成岩は，南極のナピア岩体（始生代：Archean）をはじめとして，その多くは先カンブリア時代（Precambrian）に形成された．また，減圧冷却の温度–圧力経路を示す地域のほかに，反時計回りの温度–圧力経路の例も数多く報告されている（図13.4）．これらの点は，1例を除いて顕生代（Phanerozoic）に形成され，等温減圧に近い温度–圧力経路を示す超高圧変成岩とは，明瞭な対照をなしている．

13.2 超高温変成岩

ぶらり途中下車10　すべてのわざには時がある

　1986年夏，日本学術振興会の招聘研究員（短期）として名古屋大学に来られた北京大学のZQさんとの出会いが，後に大別-蘇魯超高圧変成帯とよばれる地域の研究を，私が始めるきっかけであった．ZQさんは，山東半島の蘇魯地域に産する種々の岩石をきれいに磨いてお土産として持ってこられた．私は，それがどんな鉱物からできているかを知りたくて，薄片をつくってしまった．今思うと，ZQさんにはせっかくのお土産を切断してしまい不愉快な思いをされたかもしれないが，ともかく共同研究が始まった．そして，藍晶石を含むエクロジャイト（その形成圧力の下限は，温度700℃では1.7 GPa）や，後にChopin *et al.*（2003）によってアルプスの超高圧変成岩中から新鉱物magnesiosauroliteとして記載されることになるMgOに富む十字石を含む変成岩を見いだし，蘇魯地域にはかなり高圧で形成された岩石が産するらしいと漠然と考えた（Enami and Zang, 1988）．しかし，その時点では，これらの岩石が，コース石が安定な超高圧変成条件下で形成されたとは思いもよらなかった．その後，1989年1月にコース石の仮像らしきものを見つけたが，1年間の予定でStanford大学へ特別研究員として出発する直前であったために，帰国後にまた記載を再開すればよいだろうと，いささか甘い判断をしてそのまま渡米した．そして，1カ月ほど経ったころ，同じ研究室にいたWXさんが蘇魯地域の延長である大別山地域からコース石を発見していることを知った．それを聞いて，私は急遽日本から薄片を送ってもらい，2週間で原稿を書いて投稿した．時を同じくしてStanford大学だけではなく，京都・金沢両大学と中国科学院のグループを含めた計4グループによっても同様の仕事が進められていたことを知ったのは，それからまもなくのことであった（Okay *et al.*, 1989；Wang *et al.*, 1989；Yang and Smith, 1989；Hirajima *et al.*, 1990）．結局，私たちの論文（Enami and Zang, 1990）のオリジナリティーは認められたものの，コース石が産する可能性を最初に指摘したものでもなく，コース石の産出そのものを確認したものでもない，三番手の発表に甘んじることになってしまった．また，後になってお酒の席ではあったが，恩師から「なぜ，あの時MgOに富む十字石の研究をもう少し進めて，新鉱物として申請しなかったのか」との言葉をいただいた．きっと，その当時の私を歯がゆい思いで見ておられたのだと思う．どんなテーマでも，研究の競争相手は常にいて，原稿はどんなに早く用意しても早すぎることはないことを思い知らされて20年以上が経過した．

第14章 付　録

14.1 鉱物化学組成の取扱い

　化学分析をした際，通常鉱物の組成は酸化物の wt% で得られる．しかし，ある固溶体鉱物で元素 A を一定のモル数含んでいる鉱物であっても，残りの元素の質量数によって wt% は変化するため，鉱物の化学組成を比較する際には扱いにくい．たとえば，カンラン石（$(Mg, Fe)_2SiO_4$）の場合，$(Mg + Fe)/Si$ モル値は常に 2 であっても，フォルステライト（Mg_2SiO_4）とファイアライト（Fe_2SiO_4）の SiO_2 wt% は，それぞれ 42.71 および 29.48 であり，大きく異なる．このため，鉱物の主成分化学組成を比較する際には，**化学組成式**（chemical formula）を用いるほうが便利である．

　岩石学で扱う鉱物の多くは，ケイ酸塩鉱物や炭酸塩鉱物などのように酸化物からなっている．したがって，それらの組成式は酸素の数を基準にして求められる．ここでは，輝石を例に組成式の計算してみよう．Mg–Fe 輝石の組成式は，$(Mg, Fe)SiO_3$ のように，O = 3 で与えられる場合もあるが，Ca 輝石（$Ca(Mg, Fe)SiO_6$）や Na 輝石（$Na(Al, Fe^{3+})SiO_6$）を扱うこともあるので，一般には O = 6 として組成式を計算する．オンファス輝石のモデル組成をもとに計算した結果を表 14.1 に示す．いずれの場合も，陰イオンである酸素が陽イオンと電荷のバランスをとって，鉱物の電気的中性が保たれていることをもとにしている．以下では，3 つの場合を例として挙げる．

14.1 鉱物化学組成の取扱い

表 14.1 組成式の計算例

	wt%	分子量	コラム 1 酸化物のモル数	コラム 2 酸素のモル数	コラム 3 陽イオン数 O=6
<ケース 1>					
SiO_2	55.72	60.09	0.927	1.855	2.000
Al_2O_3	11.82	101.96	0.116	0.348	0.500
Fe_2O_3					
FeO	6.66	71.85	0.093	0.093	0.200
MgO	5.61	40.31	0.139	0.139	0.300
CaO	13.00	56.08	0.232	0.232	0.500
Na_2O	7.18	61.98	0.116	0.116	0.500
計	100.00			2.782	4.000
規格化係数				2.157	
<ケース 2>					
SiO_2	54.99	60.09	0.915	1.830	2.017
Al_2O_3	9.33	101.96	0.092	0.275	0.403
Fe_2O_3					
FeO	9.86	71.85	0.137	0.137	0.302
MgO	5.53	40.31	0.137	0.137	0.302
CaO	12.83	56.08	0.229	0.229	0.504
Na_2O	7.09	61.98	0.114	0.114	0.504
計	99.63			2.723	4.033
規格化係数				2.204	
<ケース 3>					
SiO_2	54.99	60.09	0.915	1.830	2.000
Al_2O_3	9.33	101.96	0.092	0.275	0.400
Fe_2O_3	3.65	159.69	0.023	0.069	0.100
FeO	6.58	71.85	0.092	0.092	0.200
MgO	5.53	40.31	0.137	0.137	0.300
CaO	12.83	56.08	0.229	0.229	0.500
Na_2O	7.09	61.98	0.114	0.114	0.500
計	100.00			2.745	4.000
規格化係数				2.185	

<ケース 1>

全鉄が FeO である場合．計算の手順は以下のようである．

ステップ 1: 各酸化物のモル数を計算（コラム 1）

第14章 付　録

ステップ2： 各酸化物に対応する酸素のモル数を計算．SiO_2 のように4価であれば，酸化物1 molに対して2個の酸素が配しているから，酸化物のモル数×2，同様に3価であれば酸化物のモル数×3，2価もしくは1価であれば酸化物のモル数である．そして，これらの総和からO = 6に規格化するための係数（規格化係数 = 6/酸素の総和）を求める（コラム2）．

ステップ3： ステップ2で求めた係数を使って，酸化物のモル数×規格化係数×nで各陽イオン数を求める．なお，Si : O = 1 : 2であるからn = 1/2となるように，4価，3価，2価および1価の陽イオンの場合，nはそれぞれ 1/2, 2/3, 1 および 2 である（コラム3）．

もし，分析が理想的に行われていれば，ここで求めた陽イオンの総数は，ほぼ4となる．分析が正しく行われていなかったり，主要な元素が分析されていなかったりすると，陽イオンの総数が4から有意に外れた値になる．したがって，分析が正確に行われたかどうかをチェックするためにも，組成式を求めることは重要である．

＜ケース2＞

実際には一部のFeがFe_2O_3であるにもかかわらず，すべてFeOであると誤って組成式を計算した場合．結果的に規格化係数を大きく見積もるので，求めた各陽イオン数は実際の値より大きくなり，それらの総数も4を超える．

＜ケース3＞

ケース2で用いたデータの全鉄を，陽イオンの総和が4になるように，Fe_2O_3とFeOに配分した場合．Fe_2O_3とFeO量の見積もりは，輝石ばかりではなく角閃石などに対しても行う必要がある場合が多い．Fe_2O_3とFeOの配分の基準とその汎用的な計算方法については，Droop (1987) などに詳しい．また，緑れん石鉱物のように全鉄をFe_2O_3とみなすことができる鉱物に対して，全鉄がFeOとして与えられている場合は，その値にFe_2O_3とFeOの分子量比$FeO_{1.5}$/FeOをかけてFe_2O_3としてのwt%に変換した後に，ケース1と同じ手順で組成式を計算する．

なお，OH = (H_2O + O)/2であるから，(OH)を含んでいる鉱物の場合は，その数の半分の酸素は，H以外の陽イオンとの電荷の中和に使われている．したがっ

て，EPMA 分析のように H_2O の量が直接求められていない場合は，$O_{10}(OH)_2$ の雲母では O = 11，そして $O_{22}(OH)_2$ の角閃石では O = 23 とする．

14.2 CIPW ノルム

　火成岩の化学組成を，無水のマグマから低圧条件下で結晶化する代表的な鉱物種の量比で表したものを **CIPW ノルム**（CIPW norm）という（Cross et al., 1902）．この鉱物種は**ノルム鉱物**または**標準鉱物**（normative mineral）とよばれ，実際にその火成岩を構成している鉱物（modal mineral）と区別される．もともとは，火成岩の理想的な鉱物組成を求め，それをもとにして火成岩を分類する（命名する）ために提案された．その後，CIPW ノルム分類法そのものは用いられなくなったが，ノルム組成はマグマ系列の議論などに有用である．そして，最近になってノルム鉱物組成と IUGS（4.2.2 項）によって提唱されている全岩化学組成による岩石の分類（TAS classification：Le Maitre（1984）など）と対応させようとして，改訂版 CIPW ノルムが提案された（Verma et al., 2003）．

　ノルム鉱物は，Si や Al に富むサリック（salic）鉱物と Fe^{2+} や Mg に富むフェミック（femic）鉱物に大別される（表 14.2）．しかし実際には，サリック鉱物としてハライト（Na_2Cl_2）など Si も Al も含まない鉱物が入っており，またフェミック鉱物にリン灰石など Fe^{2+} も Mg も含まない鉱物が含まれる．したがって，これらの分類は珪長質鉱物および苦鉄質鉱物とは同義語ではなく，ノルム鉱物としての定義である．

　ノルム計算には以下の点が仮定されている．

- マグマは無水条件下で結晶化し，角閃石などの含水ケイ酸塩鉱物は含まれない．
- フェミック鉱物は Al_2O_3 を含まない．
- フェミック鉱物は互いに同じ Fe^{2+}/Mg 組成をもつ．
- いくつかのノルム鉱物は互いに共存できない（incompatible）．たとえば，ネフェリンやカンラン石は，石英と共存しない．

ノルム計算には，さまざまな化学組成の火成岩を想定し，それぞれについての対応が細かく決められている．しかし，ここでは都城・久城（1975）を参考にしつつ，以下のような条件を満足するような一般的な火成岩についてのノルム

第14章 付　録

表14.2　主なノルム鉱物

鉱物名	組成式	分子量*	記号	
サリック鉱物				
石英（quartz）	SiO_2	60.09	Q	
コランダム（corundum）	Al_2O_3	101.96	C	
正長石（orthoclase）**	$K_2O \cdot Al_2O_3 \cdot 6\,SiO_2$	556.64	or	F
曹長石（albite）	$Na_2O \cdot Al_2O_3 \cdot 6\,SiO_2$	524.42	ab	F
灰長石（anorthite）	$CaO \cdot Al_2O_3 \cdot 2\,SiO_2$	278.20	an	F
ネフェリン（nepheline）	$Na_2O \cdot Al_2O_3 \cdot 2\,SiO_2$	284.10	ne	L
フェミック鉱物				
ウラストナイト（wollastonite）	$CaO \cdot SiO_2$	116.17	wo	P
ディオプサイド（Diopside）	$CaO \cdot (Mg,Fe)O \cdot 2\,SiO_2$		Di	P
ディオプサイド（diopside）***	$CaO \cdot MgO \cdot 2\,SiO_2$	216.57	di	P
ヘデンバージャイト（hedenbergite）***	$CaO \cdot FeO \cdot 2\,SiO_2$	248.11	hd	P
ハイパーシン（Hypersthene）	$(Mg,Fe)O \cdot SiO_2$		Hy	P
エンスタタイト（enstatite）	$MgO \cdot SiO_2$	100.40	en	P
フェロシライト（ferrosilite）	$FeO \cdot SiO_2$	131.94	fs	P
カンラン石（Olivine）	$2\,(Mg,Fe)O \cdot SiO_2$		Ol	O
フォルステライト（forsterite）	$2\,MgO \cdot SiO_2$	140.71	fo	O
ファヤライト（fayalite）	$2\,FeO \cdot SiO_2$	203.79	fa	O
磁鉄鉱（magnetite）	$FeO \cdot Fe_2O_3$	231.54	mt	H
クロマイト（chromite）	$FeO \cdot Cr_2O_3$	223.84	cm	H
赤鉄鉱（hematite）	Fe_2O_3	159.69	hm	H
チタン鉄鉱（ilmenite）	$FeO \cdot TiO_2$	151.72	il	T
チタナイト（titanite）	$CaO \cdot TiO_2 \cdot SiO_2$	196.04	tn	T
ルチル（rutile）	TiO_2	79.87	ru	T
リン灰石（apatite）	$3\,(CaO \cdot P_2O_5)CaF_2$	3×336.21	ap	A

* Wieser and Coplen（2011）をもとに計算.
** これまでは，カリ長石とよんできたが，ここでは慣習に従って正長石とする.
*** 本来，ノルム・ディオプサイドの組成は，ウラストナイト，エンスタタイトとフェロシライトを端成分として，それらの和として表されるが，表14.3の計算例では，端成分としてのディオプサイドとヘデンバージャイトの和として表現する.

計算の例を述べる.
- 全岩化学組成は，通常分析される SiO_2, TiO_2, Al_2O_3, Cr_2O_3, Fe_2O_3, MnO, MgO, CaO, Na_2O, K_2O と P_2O_5 以外の成分はほとんど含まれない.
- FeO は TiO_2, Cr_2O_3 や Fe_2O_3 に比べて多量に含まれ，モル組成で FeO $>$ $TiO_2 + Cr_2O_3 + Fe_2O_3$ である. すなわち，チタン鉄鉱，クロム鉄鉱や磁鉄

鉱の副成分鉱物の量を計算しても FeO は残っている．
- K_2O は，正長石を計算した後にも残るほどは，特別に多くはない．
- Na_2O は，曹長石を計算した後にも残るほどは，特別に多くはない．
- Al_2O_3 は，灰長石を計算した後にも残るほどは，特別に多くはない（実際の岩石では，このステップで，Al_2O_3 が残る場合もまれではない）．
- CaO は，ディオプサイドを計算した後にも残るほどは，特別に多くはない．

ステップ1：分子比の計算

化学分析の結果は，通常酸化物の wt% で報告されている[93]．一方，ノルム鉱物の組成は，組成式（分子比）で表現される．そのため，ノルム計算をするためには与えられている酸化物の wt% を分子量で割って，分子比（molecular amount）を求める．以下では，特別に断らないかぎり，組成は分子比を用いて表す．また，また，最近の論文では，Fe_2O_3 と FeO が区別して分析されず，全鉄 = FeO もしくは Fe_2O_3 のいずれかとして報告されている場合が多い．FeO/Fe_2O_3 値は，磁鉄鉱や他のフェミック鉱物の計算値，そして最終的には火成岩が SiO_2 に飽和しているか否かの判定にも影響する．また，たとえ Fe_2O_3 と FeO が区別して分析されても，固結後の酸化などの影響を考慮すると，それは必ずしもマグマの Fe_2O_3/FeO 値を表してはいない可能性がある（Middlemost, 1989）．したがって，全岩化学組成 Fe_2O_3/FeO 値の扱いについては，さまざまな提案がなされている（Verma et al., 2003）．以下のノルム組成計算では，モル Fe_2O_3/FeO = 0.15（Brooks, 1976）と仮定している．なお，MnO の分子比は，FeO の分子比に加え，それを全 FeO とみなして計算を行う．

ステップ2：副成分鉱物の計算（以下の番号は，図 14.1 と表 14.3 のステップ番号に相当する．）

(1) ノルム鉱物としてのチタン鉄鉱の組成 [$FeO \cdot TiO_2$] に従い，TiO_2 と同量の FeO を使ってチタン鉄鉱（il）の量を求める．これ以降の計算で使用できる FeO は $FeO-TiO_2$ である（以下同様）．

(2) Cr_2O_3 と同量の FeO を使ってクロム鉄鉱（cm）の量を求める．

---

[93] 一般に，分析によって得られる組成の総和は 100wt% ではない．ノルム計算を開始する前に 100wt% に規格化する場合もある．しかし，ここでは実際の分析値を使用することにする．

第14章 付 録

表14.3 玄武岩のノルム計算例

酸化物	分子量	分析値*	分子比	(1) il	(2) cm	(3) mt	(4) ap	(5) or	(6) ab	(7) an
SiO_2	60.09	50.01	832.3		0.0/0			17.2/815.1**	236.2/578.8	250.6/328.3
TiO_2	79.87	1.00	12.5	12.5/0						
Al_2O_3	101.96	17.08	167.5					2.9/164.7	39.4/125.3	125.3/0
Cr_2O_3	151.99	0.00	0.0		0.0/0					
Fe_2O_3	159.69	1.67	10.5			10.5/0.0				
FeO	71.85	8.51	118.4	12.5/107.9	0.0/107.9	10.5/97.4				
MnO	70.94	0.14	2.0							
MgO	40.31	7.84	194.5							
CaO	56.08	11.01	196.3				4.5/191.9			125.3/66.6
Na_2O	61.98	2.44	39.4						39.4/0	
K_2O	94.20	0.27	2.9					2.9/0		
P_2O_5	141.95	0.19	1.3				1.3/0			
計		100.16								
鉱物の分子比				0.013	0.000	0.010	0.001	0.003	0.039	0.125
鉱物の分子量				151.72	223.84	231.54	493.31	556.70	524.48	278.22
ノルム組成（wt%）				1.90	0.00	2.42	0.45	1.60	20.65	34.86

酸化物	残余	(8) Di			(9) Hy		(9) Ol	
		di	hd		en	fs	fo	fa
SiO_2	328.3	88.7	44.4	133.2/195.1	109.9	55.0	164.9/30.2	20.1	10.1	30.2/0
TiO_2	0.0									
Al_2O_3	0.0									
Cr_2O_3	0.0									
Fe_2O_3	0.0									
FeO	97.4		22.2	22.2/75.2		55.0	55.0/20.2		20.2	20.2/0
MnO	0.0									
MgO	194.5	44.4		44.4/150.1	109.9		109.9/40.3	40.3		40.3/0
CaO	66.6	44.4	22.2	66.6/0						
Na_2O	0.0									
K_2O	0.0									
P_2O_5	0.0									
鉱物の分子比		0.044	0.022	0.066	0.110	0.055	0.165	0.020	0.010	0.030
鉱物の分子量		216.57	248.11		100.40	131.94		140.71	203.79	
ノルム組成（wt%）		9.61	5.51	15.12	11.03	7.26	18.29	2.83	2.06	4.89

* 大陸性洪水武岩（Wilson, 1989）．
** 分子比は1,000倍で表してある．or の SiO_2 を例にとると，ノルム or をつくる際に，17.2 mol の SiO_2 を使用するので，残余は 815.1 mol であることを示す．

14.2 CIPW ノルム

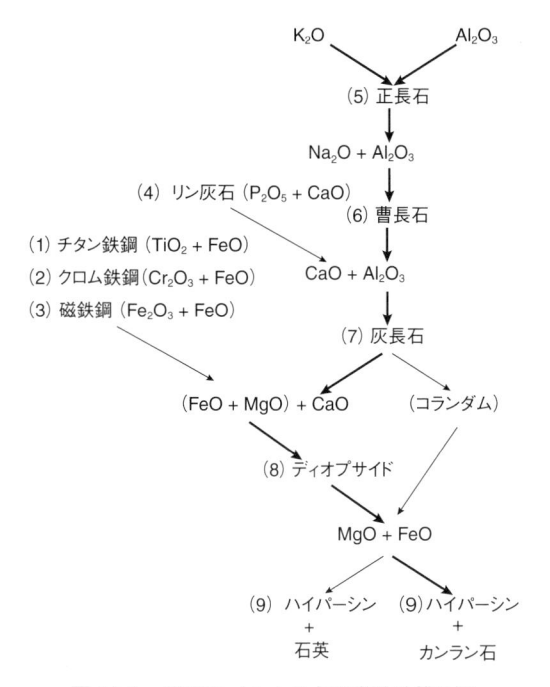

図 14.1　CIPW ノルムの主要成分計算の例

(3) Fe_2O_3 と同量の FeO を使って磁鉄鉱（mt）の量を求める．
(4) P_2O_5 の 10/3 倍の CaO を使ってリン灰石（ap）の量を求める．このとき，リン灰石をつくるだけのフッ素（F）は，岩石中に存在していると仮定する．

ステップ 3：主成分鉱物の計算

以下に主な主成分鉱物の計算順序について述べる．表 14.3 の計算手順は，図 14.1 の太い実線に相当する．

(5) 正長石の計算（or）
(6) 曹長石の計算（ab）
(7) 灰長石の計算（an）：計算に使用可能な CaO と Al_2O_3 の量を比較して，前者が多い場合は，Al_2O_3 は灰長石の計算にすべて使用され，残った CaO を使ってディオプサイドの計算を行う（本計算例の場合）．後者が多い場

第 14 章 付　録

合は，CaO は灰長石の計算にすべて使用され，残った Al_2O_3 はコランダム（C）とする．SiO_2 が極端に欠乏するためにネフェリンを計算する必要がある場合以外は，この段階で Al_2O_3 を含むノルム鉱物の計算は終了となる．

(8) ディオプサイドの計算（Di）[94]：CaO と等量の $(Fe^{2+}, Mg)O$ を使って，ディオプサイド（di + hd）を計算する．この場合，ディオプサイドの FeO/MgO 値は，この時点で利用可能な FeO と MgO の割合と等しい．

(9) ハイパーシーン（Hy）とカンラン石（Ol）の計算：この時点で利用可能な $(Mg, Fe^{2+})O$ と SiO_2 で計算すると

　　ハイパーシーン $= 2 \times SiO_2 - (Mg, Fe^{2+})O$

　　カンラン石 $= (Mg, Fe^{2+})O - SiO_2$

となる．ここで，$(Mg, Fe^{2+})O - SiO_2 < 0$ の場合は，SiO_2 が過剰でありハイパーシーン + 石英（Q）が計算される．そして，$(Mg, Fe^{2+})O - SiO_2 > 0$ の場合は，ハイパーシーンとカンラン石が計算される．本計算例は，後者の場合に相当する．また，$(Mg, Fe^{2+})O - SiO_2 = 0$ ならば，ハイパーシーンだけでカンラン石も石英も計算されない．なお，ハイパーシーンとカンラン石の MgO/FeO 値は上記で計算したディオプサイドの値や，この時点で利用可能な FeO と MgO の割合と等しい．ところで，試料によっては，$2 \times SiO_2 - (Mg, Fe^{2+})O < 0$ となることがある．これは，ハイパーシーンをすべてカンラン石にしても，なお SiO_2 が不足していることを意味する．この場合は，ステップ 3 の (6) で計算した曹長石の一部をネフェリン（ne）にかえて，カンラン石を計算する際に不足する SiO_2 を補う．このときの曹長石とネフェリンの分子比は，次のように求められる．

　　曹長石 $= (SiO_2 - 2 \times Na_2O)/4$

　　ネフェリン $= Na_2O -$ 曹長石

---

[94] 本来，ノルム・ディオプサイド（Di）の組成は，ウラスイト（wo），エンスタタイト（en）とフェロシライト（fs）を端成分として，それらの和として表されるが，ここでは，端成分としてのディオプサイド（di）とヘデンバージャイト（hd）の和として表現する．

ステップ 4：wt％の計算

これまで計算で求めたノルム鉱物の量は，分子比で与えられている．これをwt％に換算するときは，求めた分子比にそれぞれのノルム鉱物の分子量をかける．計算に誤りがなければ，求めたwt％は計算に使用した分析値と同じか近い値となっている．

ところで，最初に述べたようにSiO_2が不足している場合に計算されるカンラン石やネフェリンは石英と共存しないし，ディオプサイドとコランダムも共存できないことになっている．これらの条件は，場合によっては計算結果を検証する際に役立つ．それらのうちカンラン石やネフェリンと石英の例は，実際の岩石で認められる安定関係と同様であるが，ディオプサイドとコランダムは全岩化学組成によっては天然の岩石中で共存可能である（Sutherland *et al.*, 2003）．また，ノルム計算ではコランダムとSiO_2相（石英）が共存可能であるが，天然の試料ではAl_2SiO_5鉱物が広く安定相として存在するため，両者は特殊な形成条件（Harlov and Milke, 2002; Akaogi *et al.*, 2009）を除いて共存できない．このように，ノルム計算は，その結果が天然の岩石の鉱物組合せとできるかぎり矛盾しないようになっているが，必ずしも再現しているわけではないことに注意する必要がある．

14.3 岩石学と熱力学

火成岩や変成岩の成因を研究するとき，それが形成されたときの温度-圧力条件が重要な情報となる場合が多い．たとえば，変成岩の変成相，変成相系列や温度-圧力経路などは，岩石を1つの系と見なし，変成作用時に起こった化学反応をもとにして論じられる．以下では，岩石学の分野で化学反応を扱うために必要な基礎的な点を述べる．

14.3.1 化学平衡

熱力学計算に用いられる重要な状態量として，μ（化学ポテンシャル：chemical potential：J/mol），H（エンタルピー：enthalpy：J/mol），S（エントロピー：entropy：J/K/mol）やV（体積：volume：J/bar）[95]がある．このうち，相jに

---

[95] 1 J/bar = 10 cm^3．

おける成分 i の化学ポテンシャル μ_i^j は，ギブズの自由エネルギーを G とすると，次のように記述され，温度 (T) と圧力 (P) と相 j の化学組成の関数である．

$$\mu_i^j = \left(\frac{\partial G}{\partial n_i}\right)_{T,P,n_k} \qquad \text{ただし } k \neq i \tag{14.1}$$

そして，S と V は次のように定義される．

$$\left(\frac{\partial G}{\partial T}\right)_{p,n_k} = -S \tag{14.2}$$

$$\left(\frac{\partial G}{\partial P}\right)_{T,n_k} = V \tag{14.3}$$

ここで，次の反応を考え，その化学平衡を記述してみよう．

$$\beta \mathrm{B} + \chi \mathrm{C} = \delta \mathrm{D} + \varepsilon \mathrm{E} \tag{14.4}$$

なお，大文字のアルファベットは相の化学式を，ギリシャ文字は質量均衡をとるための係数である．この式の平衡条件を μ で表すと次のようになる．

$$\beta \mu_\mathrm{B} + \chi \mu_\mathrm{C} = \delta \mu_\mathrm{D} + \varepsilon \mu_\mathrm{E} \tag{14.5}$$

そして，任意の P および T おいて純粋な相 j を扱う場合は，

$$\left(\mu^j\right)_{T,P} = \left(G^j\right)_{T,P} \tag{14.6}$$

である．したがって，すべての相が純粋な化学組成の場合，その平衡条件は，次のようになる．

$$\Delta \mu_{T,P} = \Delta G_{T,P} = 0 = \Delta H_{T,P} - T\Delta S_{T,P} + P\Delta V_{T,P} \tag{14.7}$$

14.3.2 固溶体鉱物を含む反応

前項では，固溶体をつくらない純粋な相の反応について述べた．ところで，われわれが実際に扱う鉱物の多くは純粋な相ではなく固溶体鉱物であるので，その点を考慮する必要がある．固溶体を含む系の化学平衡を論ずる場合には，鉱物 j 中の反応に関与した成分 i の化学ポテンシャルは，活動度を使って次のように書くことができる．

$$\left(\mu_i^j\right)_{T,P} = (G_i)_{T,P} + RT \ln a_i^j \tag{14.8}$$

ここで，a_i^j は鉱物 j 中の成分 i の活動度である．したがって，実際の試料に適用する場合において，上記の化学組成 B，C，D および E が，それぞれ固溶体 b，c，d および e の端成分であるとすると，実際の平衡条件の式は次のように記述される．

$$\Delta\mu_{T,P} = 0 = \Delta H_{T,P} - T\,\Delta S_{T,P} + P\,\Delta V_{T,P} + RT \ln\left(\frac{(a_\mathrm{D}^\mathrm{d})^\delta (a_\mathrm{E}^\mathrm{e})^\varepsilon}{(a_\mathrm{B}^\mathrm{b})^\beta (a_\mathrm{C}^\mathrm{c})^\chi}\right) \tag{14.9}$$

ここで，$\left(\frac{(a_\mathrm{D}^\mathrm{d})^\delta (a_\mathrm{E}^\mathrm{e})^\varepsilon}{(a_\mathrm{B}^\mathrm{b})^\beta (a_\mathrm{C}^\mathrm{c})^\chi}\right)$ は，平衡定数とよばれ，通常 K で表す．

ところで，上記の式の変数のうち実際に試料から求められるのは，活動度ではなく固溶体の化学組成であり，両者は次の式で関係づけられる．

$$a_i^j = \left(X_i^j\right)^n \gamma_i^j \tag{14.10}$$

ここで，X_i^j は固溶体 j 中の端成分 i のモル分率，γ_i^j は活動度係数，n は 1 mol 中の等価な席の数である．たとえば，パイラルスパイト系のザクロ石では，2 価の元素が占める 8 配位席は 3 つあるため $n = 3$，すなわち端成分 i の活動度は次のように表される．

$$a_i^\mathrm{Grt} = \left(X_i^\mathrm{Grt}\right)^3 \gamma_i^\mathrm{Grt} \tag{14.11}$$

化学組成と活動度の関係についてはいくつか提案されており，それらは溶液モデル（solution model）もしくは混合モデル（mixing model）とよばれる（松井・坂野，1979）．そのうち，最も単純なモデルは，$\gamma_i^j = 1$ とする**理想溶液**（ideal solution）である．すなわち，任意の成分の活動度は，その成分のモル分率に等しく，式 (14.9) は，次のように単純化される．

$$\Delta\mu_{T,P} = 0 = \Delta H_{T,P} - T\,\Delta S_{T,P} + P\,\Delta V_{T,P} + RT \ln\left(\frac{(X_\mathrm{D}^\mathrm{d})^\delta (X_\mathrm{E}^\mathrm{e})^\varepsilon}{(X_\mathrm{B}^\mathrm{b})^\beta (X_\mathrm{C}^\mathrm{c})^\chi}\right) \tag{14.12}$$

理想溶液から外れた固溶体（$\gamma_i^j \neq 1$）に適用する最も単純なモデルは**正則溶液**（regular solution）であり，固溶体が 2 つの成分 m と n からできている場合，おのおのの成分の活動度係数は，マーギュレス（Margules）パラメーター（W）を用いて，次のように与えられる．

第 14 章 付　録

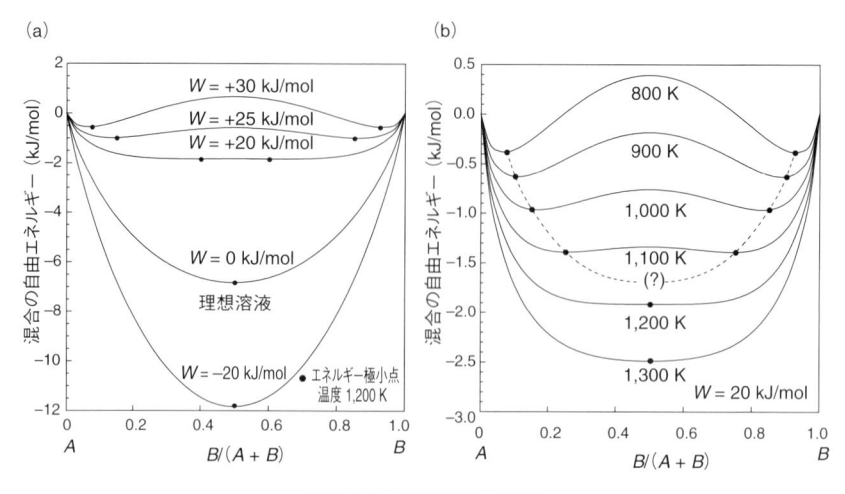

図 14.2 正則溶液の関係
（a）マーギュレスパラメーター（W）と自由エネルギー，（b）温度と自由エネルギー．
（b）の破線はソルバスを示す．

$$RT \ln \gamma_\mathrm{m} = W(X_\mathrm{n})^2 = W(1 - X_\mathrm{m})^2 \tag{14.13}$$

$$RT \ln \gamma_\mathrm{n} = W(X_\mathrm{m})^2 = W(1 - X_\mathrm{n})^2 \tag{14.14}$$

ある一定の温度–圧力条件の場合，W の値が小さいときは 2 つの成分は連続した固体体をつくる．しかし，W の値が正である限度よりも大きくなり理想溶液からのずれが大きくなると，両者の間に不混和領域が生じる（図 14.2a）．一方，W を正のある一定の値にして温度を変化させると，高温では連続固溶体ができるが，温度を低下させるとある温度から不混和領域が生じ，その幅はより低温になるほど広くなる（図 14.2b）．すなわち，ソルバスの存在はその系が理想溶液から大きく外れていることを示している．

なお，正則溶液モデルでは，式（14.13）および（14.14）からわかるように，2 つの成分について理想溶液からのずれの程度は対称的である．しかし，実際の鉱物では理想溶液からのずれの程度が非対称である場合や，ザクロ石のように少なくとも，アルマンディン，パイロープ，スペッサルティンとグロッシュラーの 4 成分固溶体として扱わなければならない場合や，端成分ではないがその濃度が混合のエントロピーに影響する場合など，多成分系として扱う必要が

ある場合が多い．たとえば，14.4 節に挙げる多くの鉱物・岩石の熱力学ソフトは，各固溶体について非対称な溶液モデルを用いている．

14.3.3 流体が関与する反応

前項までは，固相–固相反応について述べてきた．しかし，実際の変成作用では昇温変成作用時に脱水（脱 H_2O）反応が起こり，また炭酸塩鉱物を含む岩石では，これに加え脱 CO_2 反応（decarbonation reaction）が起こる．Greenwood (1967) は，H_2O や CO_2 が関与する反応を次のように分類した．なお，反応式の係数は省略し，比較のために固相–固相反応も加えた．

(1) 固相–固相反応：A = B
(2) 単純な脱 H_2O 反応：A = B + H_2O
(3) 単純な脱 CO_2 反応：A = B + CO_2
(4) 脱 $H_2O \cdot CO_2$ 反応：A = B + H_2O + CO_2
(5) 加 CO_2+脱 H_2O 反応：A + CO_2 = B + H_2O
(6) 加 H_2O+脱 CO_2 反応：A + H_2O = B + CO_2

ここで，H_2O と CO_2 の混合からなる流体を考え，それが受けている圧力（**流体圧**：fluid pressure）は**固相圧**（solid pressure）と同じであるとする．この場合，上記の反応 (2)〜(6) が起こる温度–圧力条件は，流体組成（H_2O と CO_2 の割合）に依存して変化する．したがって，そのような反応の平衡条件は，流体成分のフガシティー（f_{H_2O} や f_{CO_2}）を導入して記述される．たとえば反応 (5) の場合は，固相が固溶体でないとすると，次のようになる．

$$\Delta \mu_{T,P} = 0 = \Delta H_{T,P} - T\Delta S_{T,P} + P\Delta \left(V^{\text{solid}}\right)_{T,P} + RT\ln\left(\frac{f_{H_2O}}{f_{CO_2}}\right) \quad (14.15)$$

図 14.3 に，圧力を一定としたときの，流体組成と各反応の平衡温度の関係を模式的に示す．固相–固相反応 (1) は，式 (14.14) のフガシティーの項が 0 であるから，平衡温度は流体組成に依存せず一定となる．単純な脱 H_2O 反応 (2) の場合は，流体相中の H_2O の割合が低くなる（$X_{CO_2} = CO_2/(CO_2 + H_2O)$ 値が大きくなる）ほど，より低温で起こりやすくなる．単純な脱 CO_2 反応 (3) の場合は，逆に流体相中の H_2O の割合が高くなるほど，低温で起こりやすくなる．反応 (4) の場合は，流体相の X_{CO_2} 値が，ある中間の値で温度の極大をもつ．その X_{CO_2} 値は，H_2O と CO_2 の係数がそれぞれ m と n である場合は，

第 14 章 付　録

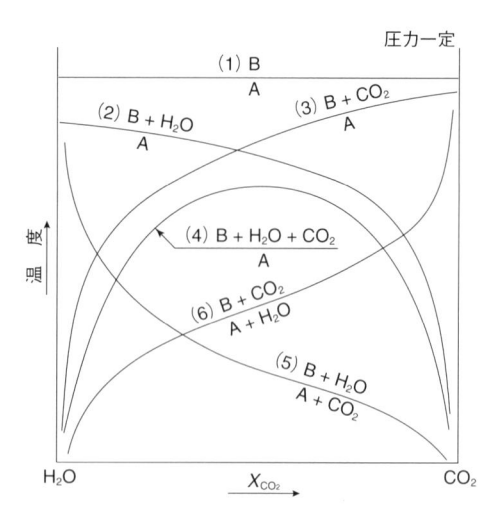

図 14.3　等圧条件下での，各種反応の H_2O–CO_2 流体組成と温度との関係（Greenwood, 1967）

$n/(m+n)$ となる．なお，図 14.3 では，係数はいずれも 1 であるとしているから，$X_{CO_2} = 0.5$ で温度の極大を示している．反応 (5) では，平衡温度は X_{CO_2} 値が低いほど高くなり，高いほど低くなる．この点は，反応 (2) の場合と同様であるが，X_{CO_2} が 0 もしくは 1 に近づくと H_2O の CO_2 の影響の相乗効果により，平衡温度はそれぞれ，より急激に上昇および下降する．反応 (6) では，平衡温度は，反応 (5) と逆の振舞いをする．

14.3.4 準安定状態

　岩石や鉱物の熱力学的解析は，通常平衡状態を仮定して行う．しかし，実際の岩石では，たとえば過冷却状態のメルトや常温常圧で存在するダイヤモンドのように本来安定でない状態で物質が存在する場合が多い．これを**準安定状態**（metastable condition）という．そもそも，準安定な状態が許されていないと，火成岩や変成岩は存在できない．

　準安定状態は，非平衡状態なので，いつかは真の安定状態に変化するが，それに要する時間が非常に長い．別のいい方をすると，準安定状態から安定状態に移る際に，乗り越えなければならないエネルギー障壁（energy barrier）があ

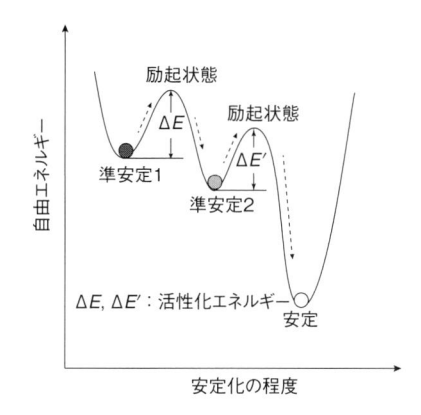

図14.4 相の安定・準安定状態と自由エネルギーの関係の模式図

り，そのために活性化エネルギーが必要である（図14.4）．そして，活性化エネルギーの値が大きいために，それを得る確率が低く（障壁を乗り越える確率が小さい），状態変化が起こりにくいものを準安定な相という．準安定状態は1つだけとは限らず，複数存在しうる．エネルギー障壁も，高い場合もあれば低い場合もありさまざまである．たとえば，多くの変成鉱物のように30億年以上が経過しても変化しない場合もあれば，火山ガラスが脱ガラス化（脱ハリ化）するように少なくとも地質学的時間内で起こるような場合もある．一方で，合成実験でメルトを急冷（quench）してもガラス状態にはならず，一部もしくは全部が結晶化することも起こる．この場合，新たに出来た結晶が真に安定であるとは限らず，ガラス状態とは異なる準安定状態である可能性もある．2.1節で述べた高温石英から低温石英への相転移は，エネルギー障壁が熱振動エネルギーと同程度に小さな例である．

　以上，本書を理解するために必要な点を簡単に述べた．岩石試料の熱力学的取扱い全般については，Spear（1993），Kretz（1994），川嵜（2006）やBucher and Grapes（2011）などを参照されたい．

第 14 章 付　　録

14.4 岩石学・鉱物学関係データベースとソフトウェア[96]

主なデータベース

- IMA で承認された鉱物のリスト　http://www.ima-mineralogy.org/Minlist.htm
- 鉱物情報データベース　http://rruff.info/ima/, http://www.mindat.org, http://webmineral.com, http://athena.unige.ch/athena/
- RRUFF：鉱物のラマンおよび XRD スペクトルと化学組成のデータベース http://rruff.info/index.php
- 結晶構造データベース　http://rruff.geo.arizona.edu/AMS/amcsd.php, http://ruby.colorado.edu/~smyth/min/minerals.html
- Database of Ionic Radii　http://abulafia.mt.ic.ac.uk/shannon/
- WebElements：周期表と元素データ　http://www.webelements.com

組成式の計算

- Mineral Formulae Recalculation：鉱物の組成式を計算するスプレッドシート http://serc.carleton.edu/research_education/equilibria/mineralformulaerecalculation.html
- Mineral Recalculation Software (Andy Tingle)：鉱物の組成式を計算するスプレッドシート http://www.open.ac.uk/earth-research/tindle/AGTWebPages/AGTSoft.html

CIPW ノルム計算

- CIPW Norm Calculator xls http://ebookbrowse.com/cipw-norm-calculator-xls-d213645268
- Spreadsheet for Norm Calculationshttp://www2.ups.edu/faculty/jtepper/MIN-PET/Norm%20Calculation.XLS

---

[96] 2013/02/15 現在．

14.4 岩石学・鉱物学関係データベースとソフトウェア

マグマの相平衡など

- MELTS（Ghiorso and Sack, 1995）：マグマの相平衡関係や元素分配関係を計算する熱力学計算プログラム　http://melts.ofm-research.org

地質温度圧力計など

- Program GTB（M. J. Kohn and F. S. Spear）：主要な地質温度圧力計の計算プログラム
  http://ees2.geo.rpi.edu/MetaPetaRen/Software/GTB_Prog/GTB.html
- THERMOBAROMETRY（G. T. Nichols）：泥質変成岩系の地質温度圧力計の計算プログラム　http://eps.mq.edu.au/geoff/geotherm/html/
- ツール（中村大輔）：ザクロ石-単斜輝石-藍晶石-SiO_2 地質圧力計（Nakamura and Banno, 1997）などの熱力学計算のスプレッドシート
  http://www.sky.sannet.ne.jp/minadai/ToolJ.htm
- Program Gibbs（F. S. Spear）：ギブズ法の計算プログラム
  http://ees2.geo.rpi.edu/MetaPetaRen/Software/GibbsWeb/GibbsDownload.html
- Perple_X（Connolly, 1990）：組成共生関係の熱力学計算プログラム
  http://www.perplex.ethz.ch
- THERIAK-DOMINO（de Capitani, 1994; de Capitani and Petrakakis, 2010）：組成共生関係の熱力学計算プログラム
  http://titan.minpet.unibas.ch/minpet/theriak/theruser.html
- THERMOCALC（Powell and Holland, 1988）：熱力学計算プログラムの総合サイト　http://www.metamorph.geo.uni-mainz.de/thermocalc/
- TWQ（Berman, 1991）：組成共生関係の熱力学計算プログラム
  http://geogratis.gc.ca/api/en/nrcan-rncan/ess-sst/259c8635-73bc-5fb2-8ced-6346bf9eb899.html

その他

- Program TetPlot（F. S. Spear）：4 成分系の組成共生図を作図するプログラム　http://ees2.geo.rpi.edu/MetaPetaRen/Software/TetPlot/ProgramTetPlot.html
- Tools and Accessories（Dave Waters）：地質温度圧力計や 3 成分系の投影図など

のスプレッドシート　http://www.earth.ox.ac.uk/~davewa/pt/th_tools.html
- CrystalSleuth：Raman や XRD スペクトルの処理ソフトウェア　http://rruff.info/about/about_software.php
- Mineralogical Society of America SOFTWARE：鉱物学や岩石学に有用なソフトウェアのリスト　http://www.minsocam.org/MSA/Software/
- Mineralogy and Petrology Links：鉱物学や岩石学に有用なソフトウェアのリスト　http://www.whitman.edu/geology/winter/MinPetLinks.htm

参考文献

赤井純治（1995）2 章 鉱物の結晶構造と性質 1．鉱物の結晶構造．『鉱物の科学』（地学団体研究会 編），新版地学教育講座 3．pp. 36-48, 東海大学出版会．

Akaogi, M., Haraguchi, M., Yaguchi, M. and Kojitani, H. (2009) High-pressure phase relations and thermodynamic properties of $CaAl_4Si_2O_{11}$ CAS phase. *Physics of the Earth and Planetary Interiors*, **173**: 1-6.

秋月瑞彦（1998）『鉱物学概論 形態と組織』．312p., 裳華房．

Allègre, C. J., Poirier, J.-P., Humler, E. and Hofmann, A. W. (1995) The chemical composition of the Earth. *Earth and Planetary Science Letters*, **134**: 515-526.

Anderson, D. L. (1973) The composition and origin of the Moon. *Earth and Planetary Science Letters*, **18**: 301-316.

Anderson, J. L. (1996) Status of thermobarometry in granitic batholiths. *Transactions of Royal Society of Edinburgh: Earth Sciences*, **87**: 125-138.

Anderson, J. L., Barth, A. P., Wooden, J. L. and Mazdab, F. (2008) Thermometers and Thermobarometers in Granitic Systems. *In*: "Minerals, Inclusions and Volcanic Processes", Putirka, K. D. and Tepley III, F. J. (eds.), Reviews in Mineralogy & Geochemistry, vol.69. pp. 121-142, Mineralogical Society of America and Geochemical Society, Chantilly, VA.

Anderson, J. L. and Smith, D. R. (1995) The effect of temperature and f_{O_2} on the Al-in hornblende barometer. *American Mineralogist*, **80**: 549-559.

Anovitz, L. M. and Essene, E. J. (1987) Phase equilibria in the system $CaCO_3$-$MgCO_3$-$FeCO_3$. *Journal of Petrology*, **28**: 389-414.

Anovitz, L. M. and Essene, E. J. (1990) Thermobarometry and pressure-temperature paths in the Grenville province of Ontario. *Journal of Petrology*, **31**: 197-241.

Aoya, M., Kouketsu, Y., Endo, S., Shimizu, H., Mizukami, T., Nakamura, D. and Wallis, S. (2010) Extending the applicability of the Raman carbonaceous-material geothermometer using data from contact metamorphic rocks. *Journal of Metamorphic Geology*, **28**: 895-914.

Apted, M. J. and Liou, J. G. (1983) Phase relations among greenschist, epidote amphibolite, and amphibolite in a basaltic system. *American Journal of Science*, **283A**: 328-354.

Armbruster, T., Bonazzi, P., Akasaka, M., Bermanec, V., Chopin, C., Gieré, R.,

参考文献

Heuss-Assbichler, S., Liebscher, A., Menchetti, S., Pan, Y. and Pasero, M. (2006) Recommended nomenclature of epidote-group minerals. *European Journal of Mineralogy*, **18**: 551-567.

Atherton, M. P. (1977) The Metamorphism of the Dalradian rocks of Scotland. *Scottish Journal of Geology*, **13**: 331-370.

Baba, S. (1998) Proterozoic anticlockwise P-T path of the Lewisian Complex of South Harris, Outer Hebrides, NW Scotland. *Journal of Metamorphic Geology*, **16**: 819-841.

Baldwin, S. L., Webb, L. E. and Monteleone, B. D. (2008) Late Miocene coesite-eclogite exhumed in the Woodlark Rift. *Geology*, **36**: 735-738.

坂野昇平 (1979) 多成分系と多相平衡. 『地球の物質科学Ⅲ―岩石・鉱物の地球化学―』 (松井義人・坂野昇平 編), 岩波講座 地球科学第4巻. pp. 147-164, 岩波書店.

坂野昇平 (1988) 討論会「青色片岩研究の歴史」"Histoty of Blueschist Metamorphism". 地質学雑誌, **94**: 233-234.

Banno, S., Enami, M., Hirajima, T., Ishiwatari, A. and Wang, Q. C. (2000) Decompression P-T path of coesite eclogite to granulite from Weihai, eastern China. *Lithos*, **52**: 97-108.

Banno, S. and Sakai, C. (1989) Geology and metamorphic evolution of the Sanbagawa metamorphic belt, Japan. *In*: "The Evolution of Metamorphic Belts", Daly, J. S., Cliff, R. A. and Yardley, B. W. D. (eds.), Geological Society Special Publications, vol. 43.: pp. 519-532, Blackwell Scientific Publications, Oxford.

坂野昇平・鳥海光弘・小畑正明・西山忠男 (2000) 『岩石形成のダイナミクス』, 304p. 東京大学出版会.

坂野昇平・王 革凡・平島崇男 (1988) Univariant と divariant の訳語について. 地質学雑誌, **94**: 309.

Bard, J. P. (1986) Microtextures of Igneous and Metamorphic Rocks. "Petrology and Structural Geology", 264p., D. Reidel Publishing, Dordrecht.

Benisek, A., Kroll, H. and Cemič, L. (2004) New developments in two-feldspar thermometry. *American Mineralogist*, **89**: 1496-1504.

Berman, R. G. (1991) Thermobarometry using multi-equilibrium calculations; a new technique, with petrological applications. *Canadian Mineralogist*, **29**: 833-855.

Beyssac, O., Goffe, B., Chopin, C. and Rouzaud, J. N. (2002) Raman spectra of carbonaceous material in metasediments; a new geothermometer. *Journal of Metamorphic Geology*, **20**: 858-871.

Bhadra, S. and Bhattacharya, A. (2007) The barometer tremolite+tschermakite +2 albite = 2 pargasite + 8 quartz; constraints from experimental data at unit silica activity, with application to garnet-free natural assemblages. *American Mineralogist*, **92**: 491-502.

Bindeman, I. N. and Davis, A. M. (2000) Trace element partitioning between plagioclase and melt: Investigation of dopant influence on partition behavior. *Geochimica et Cosmochimica Acta*, **64**: 2863-2878.

Blundy, J. D. and Wood, B. J. (1994) Prediction of crystal-melt partition coefficients from elastic moduli. *Narure*, **372**: 452-454.

Bodinier, J.-L. and Godard, M. (2003) Orogenic, ophiolitic, and abyssal peridotites. *In*: "The Mantle and Core", Carlson, R. W., Holland, H. D. and Turekian, K. K. (eds.), Treatise on Geochemistry, vol.2. pp. 103-107, Elsevier, New York.

Bohlen, S. R. (1987) Pressure-temperature-time paths and a tectonic model for the evolution of granulites. *Journal of Geology*, **95**: 617-632.

Bohlen, S. R. and Mezger, K. (1989) Origin of granulite terranes and the formation of the lowermost continental crust. *Science*, **244**: 326-329.

Bowen, N. L. (1913) The melting phenomena of the plagioclase feldspars. *American Journal of Science*, **35**: 557-599.

Bowen, N. L. (1928) "The Evolution of the Igneous Rocks". 332p., Princeton University Press, Princeton, NJ (都城・久城 (1975) より引用).

Bowen, N. L. and Anderson, O. (1914) The binary system MgO-SiO_2. *American Journal of Science*, **4th series, 37**: 487-500.

Bowen, N. L. and Tuttle, O. F. (1950) The system $NaAlSi_3O_8$-$KAlSi_3O_8$-H_2O. *Journal of Geology*, **58**: 489-511.

Brooks, C. K. (1976) The Fe_2O_3/FeO ratio of basalt analyses: An appeal for a standardized procedure. *Bulletin of the Geological Society of Denmark*, **25**: 117-120.

Brown, G. E. J. (1982) Olivines and silicate spinels. *In*: "Orthosilicates (Second edition)", Ribbe, P. H.(ed.), Reviews in Mineralogy, vol.5. pp. 275-381, Mineralogical Society of America, Chelsea, MI.

Bucher, K. and Grapes, R. (2011) "Petrogenesis of Metamorphic Rocks". 428p., Springer-Verlag, Berlin.

Buddington, A. and Lindsley, D. (1964) Iron-titanium oxide minerals and synthetic equivalents. *Journal of Petrology*, **5**: 310-357.

Cameron, W. E. (1976) Coexisting sillimanite and mullite. *Geological Magazine*, **113**: 497-514.

Carmichael, D. M. (1978) Metamorphic bathozones and bathograds; a measure of the depth of post-metamorphic uplift and erosion on the regional scale. *American Journal of Science*, **278**: 769-797.

参考文献

Carswell, D. A. (1991) The garnet-orthopyroxene Al barometer: problematic application to natural garnet lherzolite assemblages. *Mineralogical Magazine*, **55**: 19-31.

Carswell, D. A. and Compagnoni, R. (2003) Ultrahigh Pressure Metamorphism. "European Mineralogical Union Notes in Mineralogy", vol.5. 508p., Eötös University Press, Budapest.

Carswell, D. A. and Gibb, F. G. F. (1987) Evaluation of mineral thermometers and barometers applicable to garnet lherzolite assemblages. *Contributions to Mineralogy and Petrology*, **95**: 499-511.

Carswell, D. A., O'Brien, P. J., Wilson, R. N. and Zhai, M. (1997) Thermobarometry of phengite-bearing eclogites in the Dabie Mountains of central China. *Journal of Metamorphic Geology*, **15**: 239-252.

Castillo, P. R. (2012) Adakite petrogenesis. *Lithos*, **134**: 304-316.

Chao, E. C. T., Fahey, J. J., Littler, J. and Milton, D. J. (1962) Stishovite, SiO_2, a very high pressure new mineral from Meteor Crater, Arizona. *Journal of Geophysical Research*, **67**: 419-421.

Chao, E. C. T., Shoemaker, E. M. and Madsen, B. M. (1960) First natural occurrence of coesite. *Science*, **132**: 220-222.

Chappell, B. W. and White, A. J. R. (1974) Two contrasting granite types. *Pacific Geology*, **8**: 173-174.

Chatterjee, N. D. and Johannes, W. (1974) Thermal stability and standard thermodynamic properties of synthetic 2M1-muscovite, $KAl_2[AlSi_3O_{10}(OH)_2]$. *Contributions to Mineralogy and Petrology*, **48**: 89-114.

Chatterjee, N. D., Johannes, W. and Leistner, H. (1984) The system CaO-Al_2O_3-SiO_2-H_2O: new phase equilibria data, some calculated phase relations and their petrological application. *Contributions to Mineralogy and Petrology*, **88**: 1-13.

Chayes, F. (1979) Electronic computation and book-keeping in igneous petrology. *Episodes*, **1**: 16-19.

Chen, C.-H. and Presnall, D. C. (1975) The system Mg_2SiO_4-SiO_2 at pressures up to 25 kilobars. *American Mineralogist*, **60**: 398-406.

Cho, M., Liou, J. G. and Maruyama, S. (1986) Transition from the zeolite to prehnite-pumpellyite facies in the Karmutsen Metabasites, Vancouver Island, British Columbia. *Journal of Petrology*, **27**: 467-494.

Chopin, C. (1984) Coesite and pure pyrope in high-grade blueschists of the Western Alps: a first record and some consequences. *Contributions to Mineralogy and Petrology*, **86**: 107-118.

Chopin, C., Goffe, B., Ungaretti, L. and Oberti, R. (2003) Magnesiostaurolite and zincostaurolite; mineral description with a petrogenetic and crystal-chemical update. *European Journal of Mineralogy*, **15**: 167-176.

Chung, S. L., Liu, D., Ji, J., Chu, M. F., Lee, H. Y., Wen, D. J., Lo, C. H., Lee, T. Y., Qian, Q. and Zhang, Q. (2003) Adakites from continental collision zones; melting of thickened lower crust beneath southern Tibet. *Geology*, **31**: 1021-1024.

Coleman, R. G. and Wang, X. (1995) Overview of the geology and tectonics of UHPM. *In*: "Ultrahigh Pressure Metamorphism", Coleman, R. G. and Wang, X. (eds.), Cambridge Topics in Petrology. pp. 1-32, Cambridge University Press, Cambridge.

Collins, W. J., Beams, S. D., White, A. J. R. and Chappell, B. W. (1982) Nature and origin of A-type granites with particular reference to southeastern Australia. *Contributions to Mineralogy and Petrology*, **80**: 189-200.

Connolly, J. A. D. (1990) Multivariable phase diagrams : an algorithm based upon generalized thermodynamics. *American Journal of Science*, **290**: 666-718.

Coombs, D. S. (1961) Some recent work on the lower grades of metamorphism. *Australian Journal of Science*, **24**: 203-215.

Coombs, D. S., Ellis, A. J., Fyfe, W. S. and Taylor, A. M. (1959) The zeolite facies, with comments on the interpretation of hydrothermal syntheses. *Geochimica et Cosmochimica Acta*, **17**: 53-107.

Cox, K. G., Bell, J. D. and Pankhurst, R. J. (1979) "The interpretation of igneous rocks". 450p., Allen and Unwin, London.

Cross, W., Iddings, J. P., Pirsson, L. V. and Washington, H. S. (1902) A quantitative chemico-mineralogical classification and nomenclature of igneous rocks. *Journal of Geology*, **10**: 555-690.

Dasgupta, S., Sanyal, S., Sengupta, P. and Fukuoka, M. (1994) Petrology of granulites from Anakapalle; evidence for Proterozoic decompression in the Eastern Ghats, India. *Journal of Petrology*, **35**: 433-459.

de Capitani, C. (1994) Gleichgewichts-Phasendiagramme: Theorie und Software. *Berichte der Deutschen Mineralogischen Gesellschaft*, **6**: 48.

de Capitani, C. and Petrakakis, K. (2010) The computation of equilibrium assemblage diagrams with Theriak/Domino software. *American Mineralogist*, **98**: 1006-1016.

De Yoreo, J. J., Lux, D. R., Decker, E. R. and Osberg, P. H. (1989) The Acadian thermal history of western Maine. *Journal of Metamorphic Geology*, **7**: 169-190.

Defant, M. J. and Drummond, M. S. (1990) Derivation of some modern arc magmas by melting of young subducted lithosphere. *Nature*, **347**: 6662-6665.

Delany, J. M. and Helgeson, H. C. (1978) Calculation of the thermodynamic consequences of dehydration in subducting ocean crust to 100 kb and > 800 ℃. *American Journal of Science*, **278**: 638-686.

Doi, N., Kato, O., Ikeuchi, K., Komatsu, R., Miyazaki, S. I., Akaku, K. and Uchida, T. (1998) Genesis of the plutonic-hydrothermal system around Quaternary granite in the Kakkonda geothermal system, Japan. *Geothermics*, **27**: 663-690.

Dove, P. M., De Yoreo, J. J. and Weiner, S. (2003) "Biomineralization". Reviews in Mineralogy & Geochemistry, vol.53. 381p., Mineralogical Society of America, Washington, D.C.

Droop, G. T. R. (1987) A general equation for estimating Fe^{3+} concentrations in ferromagnesian silicates and oxides from microprobe analyses, using stoichiometric criteria. *Mineralogical Magazine*, **51**: 431-435.

Ebadi, A. and Johannes, W. (1991) Beginning of melting and composition of first melts in the system Qz-Ab-Or-H_2O-CO_2. *Contributions to Mineralogy and Petrology*, **106**: 286-295.

Eggler, D. H. (1978) Effect of CO_2 upon partial melting of peridotite in system Na_2O-CaO-Al_2O_3-MgO-SiO_2-CO_2 to 35 kb, with an analysis of melting in a peridotite-H_2O-CO_2 system. *American Journal of Science*, **278**: 305-343.

El Goresy, A., Dera, P., Sharp, T. G., Prewitt, C. T., Chen, M., Dubrovinsky, L., Wopenka, B., Boctor, N. Z. and Hemley, R. J. (2008) Seifertite, a dense orthorhombic polymorph of silica from the Martian meteorites Shergotty and Zagami. *European Journal of Mineralogy*, **20**: 523-528.

El Goresy, A., Gillet, P., Chen, M., Künstler, F., Graup, G. and Stähle, V. (2001) In situ discovery of shock-induced graphite-diamond phase transition in gneisses from the Ries Crater, Germany. *American Mineralogist*, **86**: 611-621.

Elders, W. A. and Sass, J. H. (1988) The Salton Sea drilling project. *Journal of Geophysical Research*, **93**: 12953-12968.

Elkins, L. T. and Grove, T. L. (1990) Ternary feldspar experiments and thermodynamic models. *American Mineralogist*, **75**: 544-559.

Ellis, D. J. and Green, D. H. (1979) An experimental study of the effect of Ca upon garnet-clinopyroxene Fe-Mg exchange equilibria. *Contributions to Mineralogy and Petrology*, **71**: 13-22.

Enami, M. (1977) Sector zoning of zoisite from a metagabbro at Fujiwara, Sanbagawa metamorphic terrain in central Shikoku. *Journal of Geological Society of Japan*, **83**: 693-697.

Enami, M. (1986) Ardennite in a quartz schist from the Asemi-gawa area in the Sanbagawa metamorphic terrain, central Shikoku, Japan. *Mineralogical Journal*, **13**:

151-160.

Enami, M. and Banno, S. (1980) Zoisite-clinozoisite relations in low- to medium-grade high-pressure metamorphic rocks and their implications. *Mineralogical Magazine*, **43**: 1005-1013.

榎並正樹・坂野昇平 (2002) 超高圧変成岩──地球深部との往復書簡 (2)──. 地質ニュース, 571 号: 6-16.

榎並正樹・東野外志男 (1988) 四国中央部別子地域の三波川変成岩中に産するドロマイト. 岩鉱, **83**: 338-349.

Enami, M., Nishiyama, T. and Mouri, T. (2007) Laser Raman microspectrometry of metamorphic quartz: A simple method for comparison of metamorphic pressures. *American Mineralogist*, **92**: 1303-1315.

Enami, M., Wallis, S. R. and Banno, Y. (1994) Paragenesis of sodic pyroxene-bearing quartz schists: implications for the P-T history of the Sanbagawa belt. *Contributions to Mineralogy and Petrology*, **116**: 182-198.

Enami, M. and Zang, Q. (1988) Magnesian staurolite in garnet-corundum rocks and eclogite from the Donghai district, Jiangsu province, east China. *American Mineralogist*, **73**: 48-56.

Enami, M. and Zang, Q. (1990) Quartz pseudomorphs after coesite in eclogites from Shandong province, east China. *American Mineralogist*, **75**: 381-386.

England, P. C. and Richardson, S. W. (1977) The influence of erosion upon the mineral facies of rocks from different metamorphic environments. *Journal of Geological Society of London*, **134**: 201-213.

England, P. C. and Thompson, A. B. (1984) Pressure-temperature-time paths of regional metamorphism I. Heat transfer during the evolution of regions of thickened continental crust. *Journal of Petrology*, **25**: 894-928.

Ernst, W. G. (1988) Tectonic history of subduction zones inferred from retrograde blueschist P-T paths. *Geology*, **16**: 1081-1084.

Eskola, P. (1915) On the relation between the chemical and mineralogical composition in the metamorphic rocks of the Orijärvi region. *Bulletin de la Commission Geologique de Finlande*, **44**: 109-145 (都城 (1965) より引用).

Eskola, P. (1920) The mineral facies of rocks. *Norsk Geologisk Tidsskrift*, **6**: 43-194 (都城 (1965) より引用).

Eskola, P. (1939) Die metamorphen Gesteine. *In*: "Die Entstehung der Gesteine : ein Lehrbuch der Petrogenese", Tom, F. W., Barth, C. W. C. and Eskola, P. (eds.). pp. 263-407, Julius Springer, Berlin.

Eugster, H. P., Waldbaum, D. R., Thompson, J. B., Bence, A. E. and Albee, A. L.

参考文献

(1972) The two-phase region and excess mixing properties of paragonite-muscovite crystalline solutions. *Journal of Petrology*, **13**: 147-179.

Evans, B. W. (1990) Phase relations of epidote-blueschists. *Lithos*, **25**: 3-23.

Fasshauer, D. W., Chatterjee, N. D. and Marler, B. (1997) Synthesis, structure, thermodynamic properties, and stability relations of K-cymrite, $K[AlSi_3O_8] \cdot H_2O$. *Physics and Chemistry of Minerals*, **24**: 455-462.

Fenner, C. N. (1929) The crystallization of basalts. *American Journal of Science*, **18**: 225-253.

Ferry, J. M. and Baumgartner, L. (1987) Thermodynamic models of molecular fluids at the elevated pressures and temperatures of crustal metamorphism. *In*: "Thermodynamic modeling of geological materials: Minerals, fluids and melts", Carmichael, L. S. E. and Eugster, H. P. (eds.), Reviews in Mineralogy, vol.17. pp. 323-365, Mineralogical Society of America, Washington, D.C.

Ferry, J. M. and Spear, F. S. (1978) Experimental calibration of the partitioning of Fe and Mg between biotite and garnet. *Contributions to Mineralogy and Petrology*, **66**: 113-117.

Francis, C. A. and Ribbe, P. H. (1980) The forsterite-tephroite series: I. Crystal-structure refinements. *American Mineralogist*, **65**: 1263-1269.

Franz, G., Hinrichsen, T. and Wannemacher, E. (1977) Determination of miscibility gap on solid-solution series paragonite-margarite by means of infrared spectroscopy. *Contributions to Mineralogy and Petrology*, **59**: 307-316.

Fuhrman, M. L. and Lindsley, D. H. (1988) Ternary-feldspar modeling and thermometry. *American Mineralogist*, **73**: 201-215.

藤井直之 (1988) 2 地球の熱と温度, 『図説地球科学』(杉村 新・中村保夫・井田喜明 編). pp. 8-19, 岩波書店.

Fulmer, E. C., Nebel, O. and Van Westrenen, W. (2010) High-precision high field strength element partitioning between garnet, amphibole and alkaline melt from Kakanui, New Zealand. *Geochimica et Cosmochimica Acta*, **74**: 2711-2759.

古川善紹・上田誠也 (1986) 地殻内発熱を考慮した場合の東北日本島弧地殻の温度構造. 火山, **31**: 15-28.

Garcia-Ruiz, J. M., Villasuso, R., Ayora, C., Canals, A. and Otalora, F. (2007) Formation of natural gypsum megacrystals in Naica, Mexico. *Geology*, **35**: 327-330.

Gasparik, T. (1984) Two-pyroxene thermobarometry with new experimental data in the system $CaO-MgO-Al_2O_3-SiO_2$. *Contributions to Mineralogy and Petrology*, **87**: 87-97.

Ghent, E. D. (1976) Plagioclase-garnet-Al_2SiO_5-quartz: a potential geobarometergeothermometer. *American Mineralogist*, **61**: 710-714.

Ghent, E. D. and Stout, M. Z. (1981) Geobarometry and geothermometry of plagioclase-biotite-garnet-muscovite assemblages. *Contributions to Mineralogy and Petrology*, **76**: 92-97.

Ghiorso, M. S. and Sack, R. O. (1995) Chemical Mass Transfer in Magmatic Processes. IV. A Revised and Internally Consistent Thermodynamic Model for the Interpolation and Extrapolation of Liquid-Solid Equilibria in Magmatic Systems at Elevated Temperatures and Pressures. *Contributions to Mineralogy and Petrology*, **119**: 197-212.

Goldsmith, J. R. and Newton, R. C. (1969) P-T-X relations in the system $CaCO_3$-$MgCO_3$ at high temperatures and pressures. *American Journal of Science*, **267-A**: 160-190.

Goto, A., Banno, S., Higashino, T. and Sakai, C. (2002) Occurrence of calcite in Sanbagawa pelitic schists: implications for the formation of garnet, rutile, oligoclase, biotite and hornblende. *Journal of Metamorphic Geology*, **20**: 255-262.

Goto, A., Kunugiza, K. and Omori, S. (2007) Evolving fluid composition during prograde metamorphism in subduction zones; a new approach using carbonate-bearing assemblages in the pelitic system. *Gondwana Research*, **11**: 166-179.

後藤 潔・荒井章司 (1986) 伊豆半島, 南崎火山のネフェリン・ベイサナイトについて. 地質学雑誌, **92**: 307-310.

Green, D. H. and Ringwood, A. E. (1967) An experimental investigation of the gabbro-eclogite transformation and its petrological applications. *Geochimica et Cosmochimica Acta*, **31**: 767-833.

Greenwood, H. J. (1967) Wollastonite: Stability in H_2O-CO_2 mixtures and occurrence in a contact-metamorphic aureole near Salmo, British Columbia, Canada. *American Mineralogist*, **52**: 1669-1680.

Hacker, B. R. and Liou, J. G. (1998) "When Continents Collide: Geodynamics and Geochemistry of Ultrahigh-pressure Rocks". Petrology and Structural Geology, vol.10. 321p., Kluwer Academic Publishers, Dordrecht.

Hammarstrom, J. M. and Zen, E.-a. (1986) Aluminium in hornblende: An empirical igneous geobarometer. *American Mineralogist*, **71**: 1297-1313.

原山 智 (1990) 上高地地域の地質, 地域地質研究報告 (5万分の1地質図幅). 175p., 地質調査所.

Harayama, S. (1992) Youngest exposed granitoid pluton on Earth: Cooling and rapid uplift of the Pliocene-Quaternary Takidani Granodiorite in the Japan Alps, central Japan. *Geology*, **20**: 657-660.

参考文献

原山 智（2006）13.8 飛騨山脈の第四紀花崗岩 世界一若い露出花崗岩と隆起テクトニクス，『日本地方地質誌 4 中部地方』（新妻信明ほか 編）．pp. 330-331，朝倉書店．

原山 智・高橋正明・宿輪隆太・板谷徹丸・八木公史（2010）黒部川沿いの高温泉と第四紀黒部川花崗岩．地質学雑誌，**116 補遺**: 63-81.

Harley, S. L.（1984）Comparison of the garnet-orthopyroxene geobarometer with recent experimental studies, and applications to natural assemblages. *Journal of Petrology*, **25**: 697-712.

Harley, S. L.（1985）Garnet-orthopyroxene bearing granulites from Enderby Land, Antarctica: metamorphic pressure temperature-time evolution of the Archaean Napier Complex. *Journal of Petrology*, **26**: 819-856.

Harley, S. L.（1989）The origins of granulites—a metamorphic perspective. *Geological Magazine*, **126**: 215-247.

Harley, S. L.（1998）On the occurrence and characterization of ultrahigh-temperature crustal metamorphism. *In*: "What drives metamorphism and metamorphic relations?", Treloar, P. J. and O'Brien, P. J.（eds.）, Geological Society Special Publications, vol.138. pp. 81-107, Geological Society of London, London.

Harlov, D. E. and Milke, R.（2002）Stability of corundum plus quartz relative to kyanite and sillimanite at high temperature and pressure. *American Mineralogist*, **87**: 424-432.

Harumoto, A.（1952）Melilite-nepheline basalt, its olivine-nodules, and other inclusions from Nagahama, Japan. *Memoirs of College of Science, University of Kyoto*, **B20**: 69-88.

長谷川 昭・中島淳一・北 左枝子・辻 優介・新居恭平・岡田知己・松澤 暢・趙 大鵬（2008）地震波で見た東北日本沈み込み帯の水の循環—スラブから島弧地殻への水の供給—．地学雑誌，**117**: 59-75.

橋本光男（1966）ぶどう石パンペリー石変グレイワッケ相．地質学雑誌，**72**: 253-265.

Hawthorne, F. C., Oberti, R., Harlow, G. E., Maresch, W. V., Martin, R. F., Schumacher, J. C. and Welch, M. D.（2012）Nomenclature of the amphibole supergroup. *American Mineralogist*, **97**: 2031-2048.

Hawthorne, F. C., Oberti, R., Ungaretti, L. and Grice, J. D.（1996）A new hypercalcic amphibole with Ca at the A site; fluor-cannilloite from Pargas, Finland. *American Mineralogist*, **81**: 995-1002.

Hawthorne, F. C., Oberti, R., Ventura, G. D. and Mottana, A.（2007）"Amphiboles: Crystal Chemistry, Occurrence, and Health Issues". Reviews in Mineralogy & Geochemistry, vol.67. 545p., Mineralogical Society and Geochemical Society, Chantilly, VA.

Hazen, R. M.（1976）Effects of temperature and pressure on crystal-structure of forsterite. *American Mineralogist*, **61**: 1280-1293.

Heaney, P. J.（1994）Structure and chemistry of the low-pressure silica polymorphs. *In*: "Silica: Physical Behavior, Geochemistry and Materials Applications", Heaney, P. J., Prewitt, C. T. and Gibbs, G. V.（eds.）, Reviews in Mineralogy, vol.29. pp. 1-40, Mineralogical Society of America, Washington, D.C.

Helms, T. S. and Labotka, T. C.（1991）Petrogenesis of Early Proterozoic pelitic schists of the southern Black Hills, South Dakota: Constraints on regional low-pressure metamorphism. *Geological Society of America Bulletin*, **103**: 1324-1334.

Hemley, R. J., Prewitt, C. T. and Kingma, K. J.（1994）High-pressure behavior of silica. *In*: "Silica: Physical Behavior, Geochemistry and Materials Applications", Heaney, P. J., Prewitt, C. T. and Gibbs, G. V.（eds.）, Reviews in Mineralogy, vol.29. pp. 41-81, Mineralogical Society of America, Washington, D.C.

Herzberg, C., Asimow, P. D., Arndt, N., Niu, Y., Lesher, C. M., Fitton, J. G., Cheadle, M. J. and Saunders, A. D.（2007）Temperatures in ambient mantle and plumes: Constraints from basalts, picrites, and komatiites. *Geochemistry, Geophysics, Geosystems*, **8**: Q02006, doi:02010.01029/02006GC001390.

東野外志男（1975）四国中央部白髪山地方三波川変成帯の変成分帯．地質学雑誌，**86**: 54-67.

平井明夫（1979）ビトリナイト反射率．石油技術協会誌，**44**: 190-195.

Hirajima, T., Ishiwatari, A., Cong, B., Zhang, R., Banno, S. and Nozaka, T.（1990）Coesite from Mengzhong eclogite at Donghai country, northeastern Jiangsu province, China. *Mineralogical Magazine*, **54**: 579-583.

Hirano, N., Takahashi, E., Yamamoto, J., Abe, N., Ingle, S. P., Kaneoka, I., Hirata, T., Kimura, J.-I., Ishii, T., Ogawa, Y., Machida, S. and Suyehiro, K.（2006）Volcanism in response to plate flexure. *Science*, **313**: 1426-1428.

平野直人・阿部なつ江・町田嗣樹・山本順司（2010）プチスポット火山から期待される海洋リソスフェアの包括的理解と地質学の新展開―超モホール計画の提案―．地質学雑誌，**116**: 1-12.

Hiroi, Y.（1983）Progressive metamorphism of the Unazuki pelitic schists in the Hida Terrane, central Japan. *Contributions to Mineralogy and Petrology*, **82**: 334-350.

廣井美邦（1997）変成作用と変成岩,『地殻の進化』, 岩波講座 地球惑星科学 第9巻．pp. 141-185, 岩波書店.

廣井美邦（2004）ざくろ石のインクルージョンおよび組成累帯構造に基づく阿武隈変成岩の温度–圧力経路．地学雑誌，**113**: 703-714.

Hiroi, Y., Harada-Kondo, H. and Ogo, Y.（1992）Cuprian manganoan phlogopite in highly oxidized Mineoka siliceous schists from Kamogawa, Boso Peninsula, central Japan. *American Mineralogist*, **77**: 1099-1106.

Hiroi, Y., Ogo, Y. and Namba, K. (1994) Evidence for prograde metamorphic evolution of Sri Lankan pelitic granulites, and implications for the development of continental crust. *Precambrian Research*, **66**: 245-263.

Hirose, K. (1997) Melting experiments on lherzolite KLB-1 under hydrous conditions and generation of high-magnesian andesitic melts. *Geology*, **25**, 42-44.

Höck, V. (1974) Coexisting phengite, paragonite and margarite in metasediments of the Mittlere Hohe Tauern, Austria. *Contributions to Mineralogy and Petrology*, **43**: 261-273.

Hoisch, T. D. (1990) Empirical calibration of six geobarometers for the mineral assemblage quartz + muscovite + biotite + plagioclase + garnet. *Contributions to Mineralogy and Petrology*, **104**: 225-234.

Holdaway, Y. (1972) Thermal stability of Al-Fe epidote as a function of f_{O_2} and Fe content. *Contributions to Mineralogy and Petrology*, **37**: 307-340.

Holland, T. J. B. and Blundy, J. (1994) Non-ideal interactions in calcic amphiboles and their bearing on amphibole-plagioclase thermometry. *Contributions to Mineralogy and Petrology*, **116**: 433-447.

Holland, T. J. B. and Powell, R. (1998) An internally consistent thermodynamic data set for phases of petrological interest. *Journal of Metamorphic Geology*, **16**: 309-343.

Holland, T. J. B. and Richardson, S. W. (1979) Amphibole zonation in metabasites as a guide to the evolution of metamorphic conditions. *Contributions to Mineralogy and Petrology*, **70**: 143-148.

Hollister, L. S. (1969a) Contact metamorphism in Kwoiek area of British Columbia: an end member of metamorphic process. *Geological Society of America Bulletin*, **80**: 2465-2493.

Hollister, L. S. (1969b) Metastable paragenetic sequence of andalusite, kyanite, and sillimanite, Kwoiek Area British Columbia. *American Journal of Science*, **267**: 352-370.

Hollister, L. S., Grissom, G. C., Peters, E. K., Stowell, H. H. and Sisson, V. B. (1987) Confirmation of the empirical correlation of Al in hornblende with pressure of solidification of calc-alkaline plutons. *American Mineralogist*, **72**: 231-239.

Honda, S. (1985) Thermal structure beneath Tohoku, northeast Japan — a case-study for understanding the detailed thermal structure of the subduction zone. *Tectonophysics*, **112**: 69-102.

Hudon, P., Jung, I.-H. and Baker, D.（2005）Experimental investigation and optimization of thermodynamic properties and phase diagrams in the systems CaO-SiO$_2$, MgO-SiO$_2$, CaMgSi$_2$O$_6$-SiO$_2$ and CaMgSi$_2$O$_6$-Mg$_2$SiO$_4$ to 1.0 GPa. *Journal of Petrology*, **46**: 1859-1880.

飯山敏道（1989）『鉱床学概論』．196p．東京大学出版会．

池田 剛（1995）Gibbs method を用いた変成岩の温度圧力経路の推定．岩鉱，**90**: 1-12.

Ikeda, T., Shimobayashi, N., Wallis, S. R. and Tsuchiyama, A.（2002）Crystallographic orientation, chemical composition and three-dimensional geometry of sigmoidal garnet: evidence for rotation. *Journal of Structural Geology*, **24**: 1633-1646.

Inui, M. and Toriumi, M.（2002）Prograde pressure-temperature paths in the pelitic schists of the Sambagawa metamorphic belt, SW Japan. *Journal of Metamorphic Geology*, **20**: 563-580.

Irifune, T.（1994）Phase transformations in pyrolite and subducted crust compositions down to a depth of 800 km in the lower mantle. *Mineralogical Magazine*, **58A**: 444-445.

Ishihara, S.（1977）The magnetite-series and ilmenite-series granitic rocks. *Mining Geology*, **27**, 293-305.

磯崎行雄・丸山茂徳・青木一勝・中間隆晃・宮下 敦・大藤 茂（2010）日本列島の地体構造区分再訪―太平洋型（都城型）造山帯構成単元および境界の分類・定義―．地学雑誌, **119**: 999-1053.

板谷徹丸（1980）Fe-Ti 酸化鉱物の地質温度計と酸素分圧計の数式化について―正則溶液モデルの場合―．岩石鉱物鉱床学会誌, **75**: 69-76.

Ito, H., Yamada, R., Tamura, A., Arai, S., Horie, K. and Hokada, T.（2013）Earth's youngest exposed granite and its tectonic implications: the 10-0.8 Ma Kurobegawa Granite. *Scientific Reports*, **3**: doi: 10.1038/srep01306.

Ito, T.（1950）"X-ray Studies on Polymorphism", 231p., Maruzen shuppan, Tokyo.

Iwamori, H.（1998）Transportation of H$_2$O and melting in subduction zones. *Earth and Planetary Science Letters*, **160**: 65-80.

Iwamori, H., McKenzie, D. and Takahashi, E.（1995）Melt generation by isentropic mantle upwelling. *Earth and Planetary Science Letters*, **134**: 253-266.

Johannes, W.（1984）Beginning of melting in the granite system Qz-Or-Ab-An-H$_2$O. *Contributions to Mineralogy and Petrology*, **86**: 264-273.

Johannes, W. and Holtz, F.（1996）Petrogenesis and Experimental Petrology of Granitic Rocks. "Minerals and Rocks", 348p., Springer-Verlag, Berlin-Heidelberg.

Johnson, K. T. M., Dick, H. J. B. and Shimizu, N.（1990）Melting in the oceanic upper mantle: an ion microprobe study of diopsides in abyssal peridotites. *Journal of*

参考文献

Geophysical Research, **95**: 2661-2678.

Kagi, H., Odake, S., Fukura, S. and Zedgenizov, D. A. (2009) Raman spectroscopic estimation of depth of diamond origin: technical developments and the application. *Russian Geology and Geophysics*, **50**: 1183-1187.

金川久一（2011）『地球のテクトニクスⅡ 構造地質学』．（大谷栄治・長谷川 昭・花輪公雄 編）現代地球科学入門シリーズ 第 10 巻．253p., 共立出版．

狩野謙一・村田明弘（1998）『構造地質学』．298p., 朝倉書店．

片山郁夫（2004）超高圧変成作用のジルコンインクルージョン法による温度圧力時間経路．地学雑誌, **113**: 678-687.

Katayama, I., Zayachkovsky, A. A. and Maruyama, S. (2000) Prograde pressure-temperature records from inclusions in zircons from ultrahigh-pressure-high-pressure rocks of the Kokchetav Massif, northern Kazakhstan. *Island Arc*, **9**: 417-427.

Katsui, Y. (1961) Petrochemistry of the Quaternary volcanic rocks of Hokkaido and surrounding areas. *Jornal of Faculty of Science, Hokkaido University, Series IV*, **11**, 1-58.

河野義礼（1939）本邦における翡翠の新産出及び其化学性質．岩石鉱物鉱床学, **22**: 219-225.

川嵜智祐（2006）『岩石熱力学—成因解析の基礎』．266p., 共立出版．

Kawasaki, T. and Osanai, Y. (2008) Empirical thermometer of TiO_2 in quartz for ultrahigh-temperature granulites of East Antarctica. *Geological Society of London, Special Publications*, **308**: 419-430.

Kennedy, W. Q. (1933) Trends of differentiation in basaltic magmas. *American Journal of Science*, **25**: 239-256.

Kerrick, D. M. (1990) "The Al_2SiO_5 polymorphs". Reviews in Mineralogy, vol.22. 406p., Mineralogical Society of America, Washington, D.C.

Kerrick, D. M. (1991) Overview of contact metamorphism. *In*: "Contact Metamorphism", Kerrick, D. M. (ed.), Reviews in Mineralogy, vol.26. pp. 1-12, Mineralogical Society of America, Chelsea, MI.

Kihara, K. (1990) An X-ray study of the temperature dependence of the quartz structure. *European Journal of Mineralogy*, **2**: 63-77.

木村 眞（2011）特集「惑星物質から見る衝突現象研究の新展開」隕石に見られる衝突現象：概説．日本惑星科学会誌, **20**: 132-138.

Korzhinskii, D. S. (1936) Mobility and inertness of components in metasomatism. *Bulletin of Academy of Science of USSR, Series of Geology*, **1**: 35-60（in Russian）（都城（1965）より引用）．

Korzhinskii, D. S. (1959) "Physicochemical basis of the analysis of the paragenesis of minerals". 142p., Consultants Bureau, New York.

Kouketsu, Y. and Enami, M. (2011) Calculated stabilities of sodic phases in the Sambagawa metapelites and their implications. *Journal of Metamorphic Geology*, **29**: 301-316.

Koziol, A. M. and Newton, R. C. (1988) Redetermination of the anorthite breakdown reaction and improvement of the plagioclase-garnet-Al_2SiO_5-quartz geobarometer. *American Mineralogist*, **73**: 216-223.

Kozlovsky, Y. A. E. (1987) "The Superdeep Well of the Kola Peninsula". 558p., Springer, Berlin.

Kretz, R. (1994) "Metamorphic Crystallization". 507p., John Wiley and Sons, New York.

Krogh Ravna, E. J. and Paquin, J. (2003) Thermobarometric methodologies applicable to eclogites and garnet ultrabasites. *In*: "Ultrahigh Pressure Metamorphism", Carswell., D. A. and Compagnoni, R. (eds.), EMU Notes in Mineralogy, vol.5. pp. 229-259, Eötös University Press, Budapest.

Krogh Ravna, E. J. and Terry, M. P. (2004) Geothermobarometry of UHP and HP eclogites and schists; an evaluation of equilibria among garnet-clinopyroxene-kyanite-phengite-coesite/quartz. *Journal of Metamorphic Geology*, **22**: 579-592.

Kuno, H. (1950) Petrology of Hakone volcano and the adjacent areas, Japan. *Geological Society of America Bulletin*, **61**: 957-1020.

Kuno, H. (1952) Cenozic volcanic activity in Japan and surrounding areast. *Transactions of New York Academy of Sciences*, **14**, 225-231.

Kuno, H. (1959) Origin of Cenozoic petrographic provinces of Japan and surrounding areas. *Bulletin of Volcanology*, **20**: 37-76.

Kuno, H. (1966) Lateral variation of basalt magma type across continental margins and island arcs. *Bulletin of Volcanology*, **29**: 195-222.

椚座圭太郎・後藤 篤 (2010) 日本列島の誕生場―古太平洋の沈み込み開始を示す飛騨外縁帯の 520 Ma の熱水活動. 地学雑誌, **119**: 279-293.

Kurata, H. and Banno, S. (1974) Low-grade progressive metamorphism of pelitic schists of the Sazare area, Sanbagawa metamorphic terrain in central Shikoku, Japan. *Journal of Petrology*, **15**: 361-382.

栗谷 豪 (2007) 水とマグマ. 地学雑誌, **116**: 133-153.

黒田吉益・諏訪兼位 (1983)『偏光顕微鏡と岩石鉱物 (第 2 版)』. 343p., 共立出版.

Kushiro, I. (1968) Compositions of magmas formed by partial zone melting of the Earth's upper mantle. *Journal of Geophysical Research*, **73**: 619-634.

Kushiro, I. (1969) The system forsterite-diopside-silica with and without water at high pressures. *American Journal of Science*, **267-A**: 269-294.

Kushiro, I. and Kuno, H. (1963) Origin of primary basalt magmas and classification of basaltic rocks. *Journal of Petrology*, **4**: 75-89.

Kushiro, I., Syono, Y. and Akimoto, S. (1968) Melting of a peridotite nodule at high pressures and high water pressures. *Journal of Geophysical Research*, **73**: 6023-6029.

Kuwayama, Y., Hirose, K., Sata, N. and Ohish, i. Y. (2005) The pyrite-type high-pressure form of silica. *Science*, **30/9**: 923-925.

Lange, R. A. and Carmichael, I. S. E. (1990) Thermodynamic properties of silicate liquids with emphasis on density, thermal expansion and compressibility. *In*: "Modern Methods of Igneous Petrology: Understanding Magmatic Processes", Nicholls, J. and Russell, J. K. (eds.), Reviews in Mineralogy, vol.24. pp. 25-64, Mineralogical Society of America, Washington, D.C.

Larson, R. L. (1997) Superplumes and ridge interactions between Ontong Java and Manihiki plateaus and the Nova-Canton trough. *Geology*, **25**: 779-782.

Le Bas, M. J. and Streckeisen, A. L. (1991) The IUGS systematics of igneous rocks. *Journal of Geological Society, London*, **148**: 825-833.

Le Maitre, R. W. (1984) A proposal by the IUGS Subcommission on the systematics of igneous rocks for a chemical classification of volcanic rocks based on the total alkali silica (TAS) diagram. *Australian Journal of Earth Sciences*, **31**: 243-255.

Leake, B. E., Woolley, A. R., Arps, C. E. S., Birch, W. D., Gilbert, M. C., Grice, J. D., Hawthorne, F. C., Kato, A., Kisch, H. J., Krivovichev, V. G., Linthout, K., Laird, J., Mandarino, J. A., Maresch, W. V., Nickel, E. H., Rock, N. M. S., Schumacher, J. C., Smith, D.C., Stephenson, N. C. N., Ungaretti, L., Whittaker, E. J. W. and Guo, Y. (1997) Nomenclature of amphiboles: report of the subcommittee on amphiboles of the International Mineralogical Association, Commission on New Minerals and Mineral Names. *Canadian Mineralogist*, **35**: 219-246.

Leake, B. E., Woolley, A. R., Birch, W. D., Burke, E. A. J., Ferraris, G., Grice, J. D., Hawthorne, F. C., Risch, H. J., Krivovichev, V. G., Schumacher, J. C., Stephenson, N. C. N. and Whittaker, E. J. W. (2003) Nomenclature of amphiboles; additions and revisions to the International Mineralogical Association's 1997 recommendations. *Canadian Mineralogist*, **41**: 1355-1362.

Liebscher, A. and Franz, G. (2004) "Epidotes". Reviews in Mineralogy & Geochemistry, vol.56. 628p., Mineralogical Society of America and Geochemistry Society, Washington, D.C.

Lindsley, D. H. (1983) Pyroxene thermometry. *American Mineralogist*, **68**: 477-493.

Lindsley, D. H. (1991) Experimental studies of oxide minerals. *In*: "Oxide Minerals: Petrologic and Magnetic Significance", Lindsley, D. H. (ed.), Reviews in Mineralogy, vol.25. pp. 69-106, Mineralogical Society of America, Washington, D.C.

Liou, J. G. (1973) Synthesis and stability relations of epidote $Ca_2Al_2FeSi_3O_{12}(OH)$. *Journal of Petrology*, **14**: 381-413.

Liou, J. G., Kuniyoshi, S. and Ito, K. (1974) Experimental studies of the phase relations between greenschist and amphibolite in a basaltic system. *American Journal of Science*, **274**: 613-632.

Liou, J. G., Maruyama, S., Tsujimori, T., Zhang, R. Y. and Katayama, I. (2004) Global UHP metamorphism and continental subduction/collision: The Himalayan model. *International Geology Review*, **46**: 1-27.

Liou, J. G., Zhang, R. Y., Ernst, W. G., Rumble, D., III and Maruyama, S. (1998) High-pressure minerals from deeply subducted metamorphic rocks. *In*: "Ultrahigh-Pressure Mineralogy: Physics and Chemistry of the Earth's Deep Interior", Hemley Russell, J. (ed.), Reviews in Mineralogy, vol.37. pp. 33-96, Mineralogical Society of America, Washington, D.C.

Liou, J. G., Zhang, R. Y., Katayama, I. and Maruyama, S. (2002) Global distribution and petrotectonic characterizations of UHPM terranes. *In*: "The Diamond-bearing Kokchetav Massif, Kazakhstan: Petrochemistry and Tectonic Evolution of an Unique Ultrahigh-Pressure Metamorphic Terrane", Parkinson, C. D., Katayama, I., Liou, J. G. and Maruyama, S. (eds.). pp. 15-36, Universal Academy Press, Tokyo.

Loiselle, M. C. and Wones, D. R. (1979) Characteristics and origin of anorogenic granites. *Geological Society of America Abstracts with Programs*, **11**: 468.

Luth, W. C., Jahns, R. H. and Tuttle, O. F. (1964) The granite system at pressures of 4 to 10 kilobars. *Journal of Geophysical Research*, **69**: 759-773.

Mäder, U. K. and Berman, R. G. (1992) Amphibole thermobarometry, a thermodynamic approach. *Current Research, Part E, Geological Survey of Canada Paper*, **92-1E**: 393-400.

牧野州明 (1995) 4 章 造岩鉱物のでき方と性質 1. (6) 石英.『鉱物の科学』(地学団体研究会 編).新版地学教育講座 3, pp. 108-110, 東海大学出版会.

Markl, G. (2005) Mullite-corundum-spinel-cordierite-plagioclase xenoliths in the Skaergaard Marginal Border Group: multi-stage interaction between metasediments and basaltic magma. *Contributions to Mineralogy and Petrology*, **149**: 196-215.

Martin, H. (1999) Adakitic magmas: modern analogues of Archaean granitoids. *Lithos*,

46: 411-429.

丸山茂徳・真砂英樹・片山郁夫・岩瀬康幸・鳥海光弘（2004）広域変成作用論の革新的変貌．地学雑誌，**113**: 727-768.

Mason, B. (1966) "Principles of Geochemistry (3rd edition)". 329p., John Wiley, New York.

Mason, B. and Berry, L. G. (1968) "Elements of Mineralogy". A Series of Books in Geology, 550p., Toppan Company, Tokyo.

Mason, B. and Moore, C. B. (1982) "Principles of Geochemistry (4th edition)". 344 p., John Wiley & Sons, New York.

松井義人・坂野昇平（1979）第2章 固溶体の熱力学的性質．『地球の物質科学Ⅲ―岩石・鉱物の地球化学―』（松井義人・坂野昇平 編）．岩波講座 地球科学 第4巻．pp. 63-126, 岩波書店．

松井義人・一国雅巳（訳）（1970）『メイスン 一般地球化学』．402p., 岩波書店．

McKenzie, D. and Bickle, M. J. (1988) The volume and composition of melt generated by extension of the lithosphere. *Journal of Petrology*, **29**: 625-679.

Meagher, E. P. (1982) Silicate garnet. *In*: "Orthosilicates", Ribbe, P. H. (ed.), Reviews in Mineralogy, vol.5. pp. 25-66, Mineralogical Society of America, Chelsea, MI.

Middlemost, E. A. K. (1989) Iron oxidation ratios, norms and the classification of volcanic rocks. *Chemical Geology*, **77**: 19-26.

Millhollen, G. L., Irving, A. J. and Wyllie, P. J. (1974) Melting interval of peridotite with 5.7 per cent water to 30 kilobars. *Journal of Geology*, **82**: 575-587.

Miyashiro, A. (1957) The chemistry, optics and genesis of the alkali-amphiboles. *Journal of Faculty of Science, University of Tokyo, Section II*, **11**: 57-83.

Miyashiro, A. (1961) Evolution of metamorphic belts. *Journal of Petrology*, **2**: 277-331.

都城秋穂（1961）岩石の変成作用．『地球の構成』（坪井忠二 編）．pp. 243-268, 岩波書店．

都城秋穂（1965）『変成岩と変成帯』．458p., 岩波書店．

Miyashiro, A. (1974) Volcanic rock series in island arcs and active continental margins. *American Journal of Science*, **274**: 321-355.

Miyashiro, A. (1986) Hot regions and the origin of marginal basins in the western Pacific. *Tectonophysics*, **122**: 195-216.

都城秋穂（1994）『変成作用』．256p., 岩波書店．

都城秋穂・久城育夫（1972）『岩石学Ⅰ 偏光顕微鏡と造岩鉱物』．219p., 共立全書，共立出版．

都城秋穂・久城育夫（1975）『岩石学Ⅱ 岩石の性質と分類』．171p., 共立全書，共立出版．

宮崎一博（2003）20 万分の 1 シームレス地質図の変成岩統一凡例（試案）．地質調査所研究報告，**54**: 295-302.

Mizukami, T., Wallis, S., Enami, M. and Kagi, H.（2008）Forearc diamond from Japan. *Geology*, **36**: 219-222.

Moecher, D. P., Essene, E. J. and Anovitz, L. M.（1988）Calculation and application of clinopyroxene-garnet-plagioclase-quartz geobarometers. *Contributions to Mineralogy and Petrology*, **100**: 92-106.

Montel, J.-M. and Vielzeuf, D.（1997）Partial melting of metagreywackes, Part II. Compositions of minerals and melts. *Contributions to Mineralogy and Petrology*, **128**: 176-196.

Morgan, W. J.（1972）Deep mantle convection plumes and plate motions. *American Association of Petroleum Geologists Bulletin*, **56**: 203-213.

Mori, H. and Wallis, S. R.（2010）Large-scale folding in the Asemi-gawa region of the Sanbagawa Belt, southwest Japan. *Island Arc*, **19**: 357-370.

森本信男（1989）『造岩鉱物学』．239p., 東京大学出版会．

Morimoto, M., Fabries, J., Ferguson, A. K., Ginzburg, I.V., Ross, M., Seifert, F. A., Zussman, J., Aoki, K. and Gottardi, G.（1988）Nomenclature of pyroxenes. *Mineralogical Magazine*, **52**: 535-550.

森本信男・砂川一郎・都城秋穂（1975）『鉱物学』．640p., 岩波書店．

本吉洋一（1998）東南極ナピア岩体の超高温変成作用：総説．地質学雑誌，**104**: 794-807.

Mottana, A.（1986）Blueschist-facies metamorphism of manganiferous schists: a review of the alpine occurrences. *In*: "Blueschists and Eclogites", Evans, B. E. and Brown, E. H.（eds.）, Geological Society of America Memoir, vol.164. pp. 267-299, Geological Society of America, Boulder.

Mottana, A., Sassi, F. P., Thompson, J. B. J. and Guggenheim, S.（2002）"Micas: Crystal Chemistry & Metamorphic Petrology". Reviews in Mineralogy & Geochemistry, vol.46. 499p., Mineralogical Society of America, Washington, D.C.

Mysen, B. and Boettcher, A. L.（1975a）Melting of a hydrous mantle: I. Phase relations of natural peridotite at high pressures and temperatures with controlled activities of water, carbon dioxide, and hydrogen. *Journal of Petrology*, **16**: 520-548.

Mysen, B. and Boettcher, A. L.（1975b）Melting of a hydrous mantle: II. Geochemistry of crystals and liquids formed by anatexis of mantle peridotite at high pressures and high temperatures as a function of controlled activities of water, hydrogen, and carbon dioxide. *Journal of Petrology*, **16**: 549-593.

Mysen, B. O., Ulmer, O., Konzett, J. and Schmidt, M. W.（1998）The upper mantle near convergent plate boundaries. *In*: "Ultrahigh Pressure Mineralogy: Physics and Chemistry of the Earth's Deep Interior", Hemley, R. J.（ed.）, Reviews in Mineralogy, vol.37. pp. 97-138, Mineralogical Society of America, Washington, D.C.

Nagasawa, H.（1966）Trace element partition coefficient in ionic crystals. *Science*, **152**: 767-769.

中田節也・高橋正樹（1979）西南日本外帯・瀬戸内区における中新世の中性—珪長質マグマの化学組成広域変化．地質学雑誌, **85**: 571-582.

Nakajima, T.（1982）Phase relations of pumpellyite-actinolite facies metabasites in the Sanbagawa metamorphic belt in central Shikoku, Japan. *Lithos*, **15**: 267-280.

中島 隆（1984）広域変成帯からコーサイト発見—1983年ペンローズ国際討論会から．地質ニュース, 362号, 18-20.

Nakajima, T., Banno, S. and Suzuki, T.（1977）Reactions leading to the disappearance of pumpellyite in low-grade metamorphic rocks of the Sanbagawa metamorphic belt in central Shikoku, Japan. *Journal of Petrology*, **18**: 263-284.

中島 隆・高木秀雄・石井和彦・竹下 徹（2004）『変成・変形作用』（日本地質学会フィールドジオロジー刊行委員会 編）, Field Geology 7．194p., 共立出版.

Nakamura, D. and Banno, S.（1997）Thermodynamic modelling of sodic pyroxene solid-solution and its application in a garnet-omphacite-kyanite-coesite geothermobarometer for UHP metamorphic rocks. *Contributions to Mineralogy and Petrology*, **130**: 93-102.

中村一明（1988）5 火山, 『図説地球科学』（杉村 新・中村保夫・井田喜明 編）. pp. 38-47, 岩波書店.

中村保夫・松井義人（1988）2 地球の熱と温度, 『図説地球科学』（杉村 新・中村保夫・井田喜明 編）. pp. 8-19, 岩波書店.

Newton, R. C.（1989）Metamorphic fluids in the deep crust. *Annual Review of Earth and Planetary Science*, **17**: 385-412.

Newton, R. C. and Haselton, H. T.（1981）Thermodynamics of the garnet-plagioclase-Al_2SiO_5-quartz geobarometer. *In*: "Thermodynamics of Minerals and Melts", Newton, R. C., Navrotsky, A. and Wood, B. J.（eds.）. pp. 131-147, Springer-Verlag, New York.

Nickel, E. H.（1992）Nomenclature for mineral solid-solutions. *American Mineralogist*, **77**: 660-662.

日本地質学会地質基準委員会 編著（2003）『地質学調査の基本 地質基準』. 220p., 共立出版.

Niida, K. and Green, D. H.（1999）Stability and chemical composition of pargasitic amphiboles in MORB pyrolite under upper mantle conditions. *Contributions to*

Mineralogy and Petrology, **135**: 18-40.

西村貞浩・中野聰志・富田克敏・牧野州明（1990）田上・信楽花崗岩中のアルカリ長石の三斜度．地質学雑誌，**96**: 133-142.

Nishimura, Y. (1998) Geotectonic subdivision and areal extent of the Sangun belt, Inner Zone of Southwest Japan. *Journal of Metamorphic Geology*, **16**: 129-140.

西山忠男（1978）西彼杵変成岩類中のヒスイ輝石岩．地質学雑誌，**84**: 155-156.

Nitsch, K. H. (1971) Stabilittsbeziehungen von Prehnit- und Pumpellyit-haltigen Paragenesen. *Contributions to Mineralogy and Petrology*, **30**: 240-260.

野口高明・木村 眞・中村智樹・北島登美雄・土山 明・安部正真・藤村彰夫・向井利典・岡田達明・上野宗孝・矢田 達・石橋之宏・白井 慶・岡崎隆司（2012）顕微ラマン分光分析によるイトカワ塵試料の構成鉱物同定の試み．分析化学，**61**: 299-310.

Norton, D. and Knight, J. (1977) Transport phenomena in hydrothermal systems: cooling plutons. *American Journal of Science*, **277**: 913-936.

野津憲治・清水 洋 編（2003），『マントル・地殻の地球化学』，地球化学講座 3．308p.，培風館．

O'Brien, P. J., Zotov, N., Law, R., Khan, M. A. and Jan, M. Q. (2001) Coesite in Himalayan eclogite and implications for models of India-Asia collision. *Geology*, **29**: 435-438.

Obata, M. (1976) Solubility of Al_2O_3 in orthopyroxenes in spinel and plagioclase peridotites and spinel pyroxenite. *American Mineralogist*, **61**: 804-816.

Oh, C. W. and Liou, J. G. (1998) A petrogenetic grid for eclogite and related facies under high-pressure metamorphism. *Island Arc*, **7**: 36-51.

Ohmoto, H. and Kerrick, D. M. (1977) Devolatilization equilibria in graphitic systems. *American Journal of Science*, **277**: 1013-1044.

大谷栄治（2005）地球内部の岩石鉱物．地学雑誌，**114**: 338-349.

岡本 敦（2004）角閃石のギブス法解析．地学雑誌，**113**: 587-599.

Okamoto, A. and Toriumi, M. (2001) Application of differential thermodynamics (Gibbs' method) to amphibole zonings in the metabasic system. *Contributions to Mineralogy and Petrology*, **141**: 268-286.

Okamoto, K. and Maruyama, S. (1999) The high-pressure synthesis of lawsonite in the MORB+H_2O system. *American Mineralogist*, **84**: 362-373.

Okay, A. I., Xu, S. and Sengör, A. M. C. (1989) Coesite from the Dabie Shan eclogites, central China. *European Journal of Mineralogy*, **1**: 595-598.

Onuma, N., Higuchi, H., Wakita, H. and Nagasawa, H. (1968) Trace element partition between two pyroxenes and the host lava. *Earth and Planetary Science Letters*, **5**: 47-51.

参考文献

Osanai, Y., Nakano, N., Owada, M., Tran, N. N., Miyamoto, T., Nguyen, T. M., Nguyen, V. N. and Tran, V. T.(2008)Collision zone metamorphism in Vietnam and adjacent south-eastern Asia; proposition for Trans Vietnam orogenic belt. *Journal of Mineralogical and Petrological Sciences*, **103**: 226-241.

小山内康人・吉村康隆（2002）地殻内変成作用の高温限界：超高温変成作用．地質ニュース, 573 号, 10-26.

Osborn, E. F. (1962) Reaction series for subalkaline igneous rocks based on different oxygen pressure conditions. *American Mineralogist*, **47**: 211-226.

Parsons, I.（1978）Feldspars and cooling plutons. *Mineralogical Magazine*, **42**: 1-17.

Patiño Douce, A. E. and Johnston, A. D.(1991)Phase equilibria and melt productivity in the pelitic system: implications for the origin of peraluminous granitoids and aluminous granulites. *Contributions to Mineralogy and Petrology*, **107**: 202-218.

Peacock, S. M.（1990）Numerical simulation of metamorphic pressure-temperature-time paths and fluid production in subducting slabs. *Tectonics*, **9**: 1197-1211.

Pearce, J. A. and Cann, J. R.（1971）Ophiolite origin investigated by discriminant analysis using Ti, Zr and Y. *Earth and Planetary Science Letters*, **12**: 339-349.

Perfit, M. R., Gust, D. A., Bence, A. E., Arculus, R. J. and Taylor, S. R.（1980）Chemical characteristics of island-arc basalts: Implications for mantle sources. *Chemical Geology*, **30**: 227-256.

Poulson, S. R. and Ohmoto, H.（1989）Devolatilization equilibria in graphite-pyrite-pyrrhotite bearing pelites with application to magma-pelite interaction. *Contributions to Mineralogy and Petrology*, **101**: 418-425.

Powell, R., Condliffe, D. M. and Condliffe, E.（1984）Calcite-dolomite geothermometry in the system $CaCO_3$-$MgCO_3$-$FeCO_3$: an experimental study. *Journal of Metamorphic Geology*, **2**: 33-41.

Powell, R. and Holland, T. J. B.（1988）An internally consistent dataset with uncertainties and correlations: 3. Applications to geobarometry, worked examples and a computer program. *Journal of Metamorphic Geology*, **6**: 173-204.

Prewitt, C. T.（1980）"Pyroxenes". Reviews in Mineralogy, vol.7. 525p., Mineralogical Society of America, Chelsea, MI.

Råheim, A. and Green, D. H.（1974）Experimental determination of the temperature and pressure dependence of the Fe-Mg partition coefficients for coexisting garnet and clinopyroxene. *Contributions to Mineralogy and Petrology*, **48**: 179-203.

Reeder, R. J.（1983）"Carbonates: Mineralogy and Chemistry". Reviews in Mineralogy, vol.11. 394p., Mineralogical Society of America, Chelsea, MI.

Renne, P. R. and Basu, A. R.（1991）Rapid eruption of the Siberian Traps flood basalts at the Permo-Triassic boundary. *Science*, **253**: 176-179.

Ribbe, P. H. (1982) Staurolite. *In*: "Orthosilicates (2nd edition)", Ribbe, P. H. (ed.), Reviews in Mineralogy, vol.5. pp. 171-188, Mineralogical Society of America, Chelsea, MI.

Ribbe, P. H. (1983a) "Feldspar Mineralogy (2nd edition)". Reviews in Mineralogy, vol.2. 362p., Mineralogical Society of America, Chelsea, MI.

Ribbe, P. H. (1983b) Aluminium-silicon order in feldspars: domain textures and diffraction patterns. *In*: "Feldspar Mineralogy", Ribbe, P. H. (ed.), Reviews in Mineralogy, vol.2. pp. 21-55, Mineralogical Society of America, Chelsea, MI.

Richardson, W. A. and Sneesby, G. (1922) The frequency-distribution of igneous rocks. I. Frequency-distribution of the major oxides in analyses of igneous rocks. *Mineralogical Magazine*, **14**: 303-313.

Rieder, M., Cavazzini, G., D'Yakonov, Y. S., Frank-Kamenetskii, V. A., Gottardi, G., Guggenheim, S., Koval, P. V., Muller, G., Neiva, A. M. R., Radoslovich, E. W., Robert, J. L., Sassi, F. P., Takeda, H., Weiss, Z. and Wones, D. R. (1998) Nomenclature of the micas. *Canadian Mineralogist*, **36**: 905-912.

Ross, N. L., Jin-Fu, S., Hazen, R. M. and Gasparik, T. (1990) High-pressure crystal chemistry of stishovite. *American Mineralogist*, **75**: 739-747.

Ruiz Cruz, M. D. and Sanz de Galdeano, C. (2012) Diamond and coesite in ultrahigh-pressure-ultrahigh-temperature granulites from Ceuta, Northern Rif, northwest Africa. *Mineralogical Magazine*, **76**: 683-705.

Rutter, M. J. and Wyllie, P. J. (1988) Melting of vapour-absent tonalite at 10 kbar to simulate dehydration-melting in the deep crust. *Nature*, **331**: 159-160.

Sakuyama, M. (1979) Evidence of magma mixing: Petrological study of Shirouma-oike calc-alkaline andesite volcano, Japan. *Journal of Volcanology and Geothermal Research*, **5**: 179-208.

Sakuyama, M. (1981) Petrological study of the Myoko and Kurohime volcanoes, Japan — Crystallization sequence and evidence for magma mixing. *Journal of Petrology*, **22**: 553-583.

Sakuyama, M. (1983) Petrology of arc volcanic rocks and their origin by mantle diapirs. *Journal of Volcanology and Geothermal Research*, **18**: 297-320.

柵山雅則・佐藤博明（1989）安山岩『日本の火成岩』（久城育夫・荒牧重雄・青木謙一郎編）．pp. 55-86, 岩波書店．

Sato, H. and Banno, S. (1983) NiO-Fo relation of magnesian olivine phenocryst in high-magnesian andesite and associated basalt-andesite-sanukite from Northeast Shikoku, Japan. *Bulletin of Volcanological Society of Japan*, **28**: 141-156.

参考文献

Saunders, A. D., England, R. W., Relchow, M. K. and White, R. V.（2005）A mantle plume origin for the Siberian traps: uplift and extension in the West Siberian Basin, Russia. *Lithos*, **79**: 407-424.

Schairer, J. F. and Yoder, H. S. J.（1961）Crystallization in the system nepheline-forsterite-silica at one atmosphere pressure. *Carnegie Institution of Washington Yearbook*, **60**: 141-144.

Schertl, H.-P. and Schreyer, W.（2008）Geochemistry of coesite-bearing "pyrope quartzite" and related rocks from the Dora-Maira Massif, Western Alps. *European Journal of Mineralogy*, **20**: 791-809.

Schmidt, M. W. and Poli, S.（1998）Experimentally based water budget for dehydrating slabs and consequences for arc magma generation. *Earth and Planetary Science Letters*, **163**: 361-379.

Schmidt, M. W. and Poli, S.（2004）Magmatic epidote. *In*: "Epidotes", Liebscher, A. and Franz, G.（eds.）, Reviews in Mineralogy & Geochemistry, vol.56. pp. 399-430, Mineralogical Society of America and Geochemical Society, Washington, D.C.

Schmidt, M. W. and Thompson, A. B.（1996）Epidote in calcalkaline magmas; an experimental study of stability, phase relationships, and the role of epidote in magmatic evolution. *American Mineralogist*, **81**: 462-474.

Schreyer, W.（1988）Experimental studies on metamorphism of crustal rocks under mantle pressures. *Mineralogical Magazine*, **52**: 1-26.

Schreyer, W. and Abraham, K.（1976）Three-stage metamorphic history of a whiteschist from Sare Sang, Afghanistan, as part of a former evaporite deposit. *Contributions to Mineralogy and Petrology*, **59**: 111-130.

関 陽太郎・大場忠道・森 隆二・栗谷川幸子（1964）紀伊半島中央部の三波川変成作用．岩石鉱物鉱床学会誌，**52**: 73-89.

Seki, Y., Oki, Y., Matsuda, T., Mikami, K. and Okumura, K.（1969）Metamorphism in the Tanzawa mountains, central Japan. *Journal of Japanese Association of Mineralogists, Petrologists and Economic Geologists*, **61**: 1-24.

Selverstone, J., Spear, F. S., Franz, G. and Morteani, G.（1984）High-pressure metamorphism in the SW Tauern Window, Austria; P-T paths from hornblende-kyanite-staurolite schists. *Journal of Petrology*, **25**: 501-531.

Shannon, R. D.（1976）Revised effected ionic radii and systematic studies of interatomic distances in halides and chalcogenides. *Acta Crystallographica*, **A32**: 751-767.

Shannon, R. D. and Prewitt, C. T.（1969）Effective ionic radii in oxides and fluorides. *Acta Crystallographica*, **B25**: 925-946.

Shannon, R. D. and Prewitt, C. T. (1970) Revised values of effective ionic radii. *Acta Crystallographica*, **B26**: 1046-1048.

Shido, F. (1958) Calciferous amphibole rich in sodium from jadeite-bearing albitite of Kotaki, Niigata Prefecture. *Journal of Geological Society of Japan*, **64**: 595-600.

Shimoda, G., Tatsumi, Y., Nohda, S., Ishizaka, K. and Jahn, B. M. (1998) Setouchi high-Mg andesites revisited; geochemical evidence for melting of subducting sediments. *Earth and Planetary Science Letters*, **160**: 479-492.

Shiraki, K., Kuroda, N., Urano, H. and Maruyama, S. (1980) Clinoenstatite in boninites from the Bonin Islands, Japan. *Nature*, **285**: 31-32.

周藤賢治・小山内康人 (2002)『岩石学概論 上 記載岩石学 岩石学のための情報収集マニュアル』. 272p., 共立出版.

Sibson, R. H. (1983) Continental fault structure and the shallow earthquake source. *Journal of Geological Society, London*, **140**: 741-767.

Simpson, C. and Schmid, S. M. (1983) An evaluation of criteria to deduce the sense of movement in sheared rocks. *Geological Society of America Bulletin*, **94**: 1281-1288.

Skjerlie, K. P. and Johnston, A. D. (1993) Fluid-absent melting behavior of an F-rich tonalitic gneiss at mid-crustal pressures; implications for the generation of anorogenic granites. *Journal of Petrology*, **34**: 785-815.

Smith, D. (1971) Stability of the assemblage iron-rich orthopyroxene-olivine-quartz. *American Journal of Science*, **271**: 370-382.

Smith, D. C. (1984) Coesite in clinopyroxene in the Caledonides and its implications for geodynamics. *Nature*, **310**: 641-644.

Sobolev, N. V. and Shatsky, V. S. (1990) Diamond inclusions in garnets from metamorphic rocks; a new environment for diamond formation. *Nature*, **343**: 742-746.

Spear, F. S. (1981) An experimental study of hornblende stability and compositional variability in amphibolite. *American Journal of Science*, **281**: 697-734.

Spear, F. S. (1993) Metamorphic Phase Equilibria and Pressure-Temperature-Time Paths. "Mineralogical Society of America Monograph", 799p., Mineralogical Society of America, Washington, D.C.

Spear, F. S. and Cheney, J. T. (1989) A petrogenetic grid for pelitic schists in the system SiO_2-Al_2O_3-FeO-MgO-K_2O-Na_2O-H_2O. *Contributions to Mineralogy and Petrology*, **101**: 149-164.

Spear, F. S., Ferry, J. M. and Rumble, I. D. (1982) Analytical formulation of phase equilibria: the Gibbs' method. *In*: "Characterization of metamorphism through mineral equilibria", Ferry, J. M. (ed.), Reviews in Mineralogy, vol.10. pp. 105-152,

Mineralogical Society of America, Washington, D.C.

Spear, F. S., Kohn, M. J., Florence, F. P. and Menard, T. (1990) A model for garnet and plagioclase growth in pelitic schists; implications for thermobarometry and P-T path determinations. *Journal of Metamorphic Geology*, **8**: 683-696.

Spear, F. S. and Peacock, S. M. (1989) "Metamorphic Pressure-Temperature-Time Paths". Short Courses in Geology, vol.7. 102p., American Geophysical Union, Washington, D.C.

Spear, F. S. and Selverstone, J. (1983) Quantitative P-T paths from zoned minerals: theory and tectonic applications. *Contributions to Mineralogy and Petrology*, **83**: 348-357.

St-Onge, M. R. (1987) Zoned poikiloblastic garnets: P-T paths and syn-metamorphic uplift through 30 km of structural depth, Wopmay Orogen, Canada. *Journal of Petrology*, **28**: 1-22.

Stöffler, D., Keil, K. and Scott, E. R. D. (1991) Shock metamorphism of ordinary chondrites. *Geochimica et Cosmochimica Acta*, **55**: 3845-3867.

Stüwe, K. (1997) Effective bulk composition changes due to cooling; a model predicting complexities in retrograde reaction textures. *Contributions to Mineralogy and Petrology*, **129**: 43-52.

杉村 新（1958）"七島-東北日本-千島"活動帯．地球科学，**37**，34-39．

砂川一郎・竹内慶夫（1989）第 1 部 結晶学の発展 第 5 章 地球を作る者 1．鉱物結晶学―その始まりと伊藤の問題―．『日本の結晶学：その歴史的展望』．（日本結晶学会「日本の結晶学」出版委員会 編），pp. 126-130, 日本結晶学会．

Sutherland, F. L., Coenraads, R. R., Schwarz, D., Raynor, L. R., Barron, B. J. and Webb, G. B. (2003) Al-rich diopside in alluvial ruby and corundum-bearing xenoliths, Australian and SE Asian basalt fields. *Mineralogical Magazine*, **67**: 717-732.

鈴木和博（1975）岐阜県春日村の接触変成帯に発達する特異な交代変成岩と脈について．地質学雑誌，**81**: 487-504.

Suzuki, K. (1977) Local equilibrium during the contact metamorphism of siliceous dolomites in Kasuga-mura, Gifu-ken, Japan. *Contributions to Mineralogy and Petrology*, **61**: 79-89.

Swamy, V., Saxena, S. K., Sundman, B. and Zhang, J. (1994) A thermodynamic assessment of silica phase diagram. *Journal of Geophysical Research*, **99**: 11787-11794.

Tagiri, M. (1981) A measurement of the graphitization-degree by X-ray powder diffractometer. *Journal of Japanese Association of Mineralogists, Petrologists and Economic Geologists*, **76**: 345-352.

高橋栄一（1986）玄武岩マグマの起源．火山，**30**: 特別号，S17-S40.

Takahashi, E. (1990) Speculations on the Archean mantle: missing link between komatiite and depleted garnet peridotite. *Journal of Geophysical Research*, **95**: 15,941-15,954.

高橋栄一（1996）分化．『地球惑星科学入門』，岩波講座 地球惑星科学 第1巻. pp. 101-161, 岩波書店．

Takahashi, E. and Kushiro, I. (1983) Melting of a dry peridotite at high pressures and basalt magma genesis. *American Mineralogist*, **68**: 859-879.

高橋正樹（2000）『島弧・マグマ・テクトニクス』．322p., 東京大学出版会．

高橋裕平（1993）角閃石中のAl量―花崗岩類に有効な地質圧力計．地質調査所月報，**44**: 597-608.

高橋裕平（2005）偏光顕微鏡活用例：斜長石双晶．地質ニュース，609号，63-69.

Tarduno, J. A., Duncan, R. A., Scholl, D. W., Cottrell, R. D., Steinberger, B., Thordarson, T., Kerr, B. C., Neal, C. R., Frey, F. A., Torii, M. and Carvallo, C. (2003) The Emperor Seamounts: Southward motion of the Hawaiian hotspot plume in Earth's Mantle. *Science*, **301**: 1064-1069.

Tarduno, J. A., Sliter, W. V., Kroenke, L., Leckie, M., Mayer, H., Mahoney, J. J., Musgrave, R., Storey, M. and Winterer, E. L. (1991) Rapid formation of Ontong Java Plateau by Aptian mantle plume volcanism. *Science*, **254**: 399-403.

Tatsumi, Y. (1982) Origin of high-magnesian andesites in the Setouchi volcanic belt, southwest Japan, II. Melting phase-relations at high-pressures. *Earth and Planetary Science Letters*, **60**: 305-317.

巽 好幸（1983）小豆島の火山地質―瀬戸内火山岩類の噴出環境―．地質学雑誌，**89**: 693-706.

巽 好幸（1995）『沈み込み帯のマグマ学』．186p., 東京大学出版会．

巽 好幸（2003）『安山岩と大陸の起源 ローカルからグローバルへ』．213p., 東京大学出版会．

Tatsumi, Y. and Ishizaka, K. (1981) Existence of andesitic primary magma — an example from southwest Japan. *Earth and Planetary Science Letters*, **53**: 124-130.

Tatsumi, Y., Sakuyama, M., Fukuyama, H. and Kushiro, I. (1983) Generation of arc basalt magmas and thermal structure of the mantle wedge in subduction zones. *Journal of Geophysical Research*, **88**: 5815-5825.

Taylor, R. N., Nesbitt, R. W., Vidal, P., Harmon, R. S. and Croudace, I. W. (1994) Mineralogy, chemistry, and genesis of the boninite series volcanics, Chichijima, Bonin Islands, Japan. *Journal of Petrology*, **35**: 577-617.

Taylor, S. R. (1977) Island arc models and the composition of the continental crust.

Maurice Ewing Series, **1**: 325-335.

Taylor, S. R. and McLennan, S. M.（1985）"The Continental Crust: Its Composition and Evolution". 312p., Blackwell Scientific Publications, Oxford.

Terabayashi, M., Maruyama, S. and Liou, J. G.（1996）Thermobaric structure of the Franciscan complex in the Pacheco Pass region, Diablo Range, California. *Journal of Geology*, **104**: 617-636.

Thompson, A. B.（1976）Mineral reactions in pelitic rocks: I. Prediction of P-T-X（Fe-Mg）phase relations. *American Journal of Science*, **276**: 401-424.

Thompson, A. B. and Ridley, J. R.（1987）Pressure-temperature-time（P-T-t）histories of orogenic belts. *Philosophical Transactions of Royal Society of London, Series A*, **321**: 27-45.

Thompson, A. B., Tracy, R. J., Lyttle, P. and Thompson, J. B. J.（1977）Prograde reaction histories deduced from compositional zonation and mineral inclusions in garnet from the Gassetts schist, Vermont. *American Journal of Science*, **277**: 1152-1167.

Thompson, J. B. J.（1957）The graphical analysis of mineral assemblages in pelitic schists. *American Mineralogist*, **42**: 842-858.

Tissot, B. P. and Welte, D. H.（1984）"Petroleum Formation and Occurrence". 699 p., Springer-Verlag, New York.

Tomita, T.（1935）On the chemical compositions of the Cenozoic alkaline suite of the circum-Japan Sea region. *Jornal of Shanghai Sience Institute, Section II*, **1**, 227-306.

坪井誠太郎（1959）『偏光顕微鏡』. 312p., 岩波書店.

Tsujimori, T. and Harlow, G. E.（2012）Petrogenetic relationships between jadeitite and associated high-pressure and low-temperature metamorphic rocks in worldwide jadeitite localities: a review. *European Journal of Mineralogy*, **24**: 371-390.

Tuttle, O. F. and Bowen, N. L.（1958）"Origin of Granite in the Light of Experimental Studies in the System $NaAlSi_3O_8$-$KAlSi_3O_8$-SiO_2-H_2O". Geological Society of America, Memoir, vol.74. 153p., Geological Society of America, New York.

Verma, S. P., Torres-Alvarado, I. S. and Velasco-Tapia, F.（2003）A revised CIPW norm. *Schweizerische Mineralogische und Petrographische Mitteilungen*, **83**: 197-216.

Vermeesch, P.（2006a）Tectonic discrimination diagrams revisited. *Geochemistry Geophysics Geosystems*, **7**: Q06017.

Vermeesch, P.（2006b）Tectonic discrimination of basalts with classification trees. *Geochimica et Cosmochimica Acta*, **70**: 1839-1848.

Vielzeuf, D. and Holloway, J. R.（1988）Experimental determination of the fluid-absent melting relations in the pelitic system. *Contributions to Mineralogy and Petrology*, **98**: 257-276.

Wager, L. R. and Deer, W. A.（1939）Geological investigations in East Greenland. Part III. The petrology of the Skaergaard intrusion, Kangerdlugssuak region. *Meddelelser om Grønland*, **105**: 1-352（都城・久城（1975）より引用）.

Wang, X., Liou, J. G. and Mao, H. K.（1989）Coesite-bearing ecologite from the Dabie Mountains in central China. *Geology*, **17**: 1085-1088.

Wark, D. A. and Watson, E. B.（2006）TitaniQ: a titanium-in-quartz geothermometer. *Contributions to Mineralogy and Petrology*, **152**: 743-754.

Waters, D. J. and Martin, H. N.（1993）Geobarometry of phengite-bearing eclogites. *Terra Abstracts*, **5**: 410-411.

Watson, E. B., Wark, D. A. and Thomas, J. B.（2006）Crystallization thermometers for zircon and rutile. *Contributions to Mineralogy and Petrology*, **151**: 413-433.

Waychunas, G. A.（1991）Crystal chemistry of oxides and ocyhydroxides. *In*: "Oxide Minerals: Petrologic and Magnetic Significance", Lindsley, D. H.（ed.）, Reviews in Mineralogy, vol.25. pp. 11-68, Mineralogical Society of America, Chelsea, MI.

Wedepohl, K. H.（1971）"Geochemistry". 231p., Holt, Rinehart and Winston, New York.

Wei, C., Wang, W., Clarke, G. L., Zhang, L. and Song, S.（2009）Metamorphism of high/ultrahigh-pressure pelitic-felsic schist in the South Tianshan Orogen, NW China: Phase equilibria and P-T path. *Journal of Petrology*, **50**: 1973-1991.

Wells, P. R. A.（1979）Chemical and thermal evolution of Archaean sialic crust, Southern West Greenland. *Journal of Petrology*, **20**: 187-226.

White, A. J. R.（1979）Sources of granitic magmas. *Geological Society of America Program with Abstracts*, **11**: 539.

Whitney, D. L. and Evans, B. W.（2010）Abbreviations for names of rock-forming minerals. *American Mineralogist*, **95**: 185-187.

Whitney, D. L. and Seaton, N. C. A.（2010）Garnet polycrystals and the significance of clustered crystallization. *Contributions to Mineralogy and Petrology*, **160**: 591-607.

Wieser, M. E. and Coplen, T. B.（2011）Atomic weights of the elements 2009（IUPAC Technical Report）. *Pure and Applied Chemistry*, **83**: 359-396.

Wilson, J. T.（1963）A possible origin of the Hawaiian Islands. *Canadian Journal of Physics*, **41**: 863-870.

Wilson, M.（1989）"Igneous Petrogenesis: A Global Tectonic Approach". 466p., Unwin

参考文献

Hyman, London.
Winkler, H. G. F.（1979）"Petrogenesis of Metamorphic Rocks（5th edition）". 348 p., Springer-Verlag, New York.
Winter, J. D.（2010）"Principles of Igneous and Metamorphic Petrology（2nd edition）". 702p., Prentice Hall, New York.
Wirth, R. and Rocholl, A.（2003）Nanocrystalline diamond from the Earth's mantle underneath Hawaii. *Earth and Planetary Science Letters*, **211**: 357-369.
Wirth, R., Vollmer, C., Brenker, F., Matsyuk, S. and Kaminsk, F.（2007）Inclusions of nanocrystalline hydrous aluminium silicate "Phase Egg" in superdeep diamonds from Juina（Mato Grosso State, Brazil）. *Earth and Planetary Science Letters*, **259**: 384-399.
Wolf, M. B. and Wyllie, P. J.（1994）Dehydration-melting of amphibolite at 10 kbar: the effects of temperature and time. *Contributions to Mineralogy and Petrology*, **115**: 369-383.
Wood, B. J.（1974）The solubility of alumina in orthopyroxene coexisting with garnet. *Contributions to Mineralogy and Petrology*, **46**: 1-15.
Wood, J. B. and Banno, S.（1973）Garnet-orthopyroxene and orthopyroxene-clinopyroxene relationships in simple and complex systems. *Contributions to Mineralogy and Petrology*, **42**: 109-124.
Wyckoff, R. W. G.（1966）"The structures of aliphatic compounds（2nd edition）". Crystal structures, vol.5. 785p., Interscience, New York.
Wyllie, P. J.（1981）Plate tectonics and magma genesis. *Geologische Rundschau*, **70**: 128-153.
山田直利・足立 守・梶田澄雄・原山 智・山崎晴雄・豊 遙秋（1985）高山地域の地質, 地域地質研究報告（5万分の1地質図幅）. 11p., 地質調査所.
Yang, J. and Smith, D.C.（1989）Evidence for a former sanidine-coesite-eclogite at Lanshantou, Eastern China, and the recognition of the Chinese 'Su-Lu coesite-eclogite province', East China. *Terra Nova Absracts*, **1**: 26.
Yasuzuka, T., Ishibashi, H., Arakawa, M., Yamamoto, J. and Kagi, H.（2009）Simultaneous determination of Mg# and residual pressure in olivine using micro-Raman spectroscopy. *Journal of Mineralogical and Petrological Sciences*, **104**: 395-400.
Ye, K., Yao, Y., Katayama, I., Cong, B., Wang, Q. and Maruyama, S.（2000）Large areal extent of ultrahigh pressure-metamorphism in the Sulu ultrahigh-pressure terrane of East China: new implications from coesite and omphacite inclusions in zircon of granitic gneiss. *Lithos*, **52**: 157-164.
Yoder, H. S. J.（1976）"Generation of Basaltic Magma". 265p., National Academy of

Sciences, Washington, D.C.

Yoder, H. S. J. and Tilley, C. E. (1962) Origin of basalt magmas: An experimental study of natural and synthetic rock systems. *Journal of Petrology*, **3**: 342-532.

横井研一（1983）平岡-門谷地域の領家変成岩中に共存する紅柱石と珪線石の Fe_2O_3 含有量．岩石鉱物鉱床学会誌，**78**: 246-254.

吉田大祐・平島崇男 (1999) シュライネマーカースの束の方法を用いた相解析データの反応曲線網作図アルゴリズム．岩鉱，**94**：254-260.

Zen, E-an (1966) Construction of pressure-temperature diagrams for multicomponent systems after the method of Schreinemakers— a geometric approach. *United States Geological Survey Bulletin*, vol. 1225: 5.6p.（坂野 (1979) より引用）．

Zen, E-an and Hammarstrom, J. (1984) Magmatic epidote and its petrologic significance. *Geology*, **12**: 515-518.

Zhang, R. Y., Liou, J. G., Iizuka, Y. and Yang, J. S. (2009) First record of K-cymrite in North Qaidam UHP eclogite, western China. *American Mineralogist*, **94**: 222-228.

Zhang, R. Y., Liou, J. G. and Zheng, J. P. (2004) Ultrahigh-pressure corundum-rich garnetite in garnet peridotite, Sulu terrane, China. *Contributions to Mineralogy and Petrology*, **147**: 21-31.

Zuluaga, C. A., Stowell, H. H. and Tinkham, D. K. (2005) The effect of zoned garnet on metapelite pseudosection topology and calculated metamorphic P-T path. *American Mineralogist*, **10**: 1619-1628.

索　引

あ　行

アイソグラッド　149
青色片岩相　146
アセノスフェア　88
アルカリ岩　81

イオン半径　7
一致融解　170

雲母族　26

A″FM 図　136
AKF 図　134
ACF 図　134
液相　64
液相線　64
液相濃集元素　96
液相面　72
エデナイト置換　33
塩基性岩　57
塩基性変成岩　124
エンタルピー　49
エントロピー　49

温度−圧力経路　174
温度−圧力シュードセクション　160

か　行

海溝　88
海山　93
海洋底玄武岩　91
海洋島玄武岩　95
海洋島ソレアイト　95
海洋プレート　90
海嶺　88

化学組成式　194
化学ポテンシャル　44
核　2
角閃石族　32
過剰成分　135
加水反応　117
活性化エネルギー　21
活動度　107
活動度係数　163
カルクアルカリ系列　82
緩衝作用　168
完晶質　56
岩石　1
岩石成因論的グリッド　157
完全移動性成分　45
カンラン石族　35

輝石族　28
輝石台形　29
希土類元素　39
揮発性成分　97
ギブズの相律　43
ギブズ法　181
凝固点　65
凝固点降下　66
共晶点　67
共融系　66
共融線　72
共融点　67

苦鉄質　59
苦鉄質鉱物　55
クラウジウス−クラペイロンの式　48

ケイ酸塩鉱物　5
珪長質　59

珪長質鉱物　55
結晶　2
結晶構造　1
結晶軸　4
結晶分化作用　75
結晶面　10
限界反応　133
元素分配係数　96
広域変成岩　119
広域変成作用　119
広域変成帯　119
降温期変成作用　118
交換反応　164
格子面　10
洪水玄武岩　96
後退変成作用　118
鉱物　1
鉱物学的相律　45
鉱物組合せ　117
鉱物帯　148
鉱物モード組成　60
固相　64
固相圧　207
固相線　64
固定性成分　45
固溶体　14

さ　行

再結晶　117
最低融点　67
ザクロ石族　36
サブソリダス　67
サリック鉱物　198
酸性岩　57
酸素フガシティー　37

索　引

CIPW ノルム　197
識別図　97
示強変数　43
軸角　4
指標鉱物　147
斜方輝石　28
自由エネルギー　49
集積岩　58
自由度　44
シュードセクション法　184
シュライネマーカースのルール　47
準安定状態　208
準安定相　21
準長石族　25
昇温期変成作用　117
晶系　4
衝撃変成作用　122
晶相　11
晶癖　10
初生マグマ　58
示量変数　43

スカルン　122
スーパープルーム　96
スラブ　52

正則溶液　205
石英長石質変成岩　123
石灰質変成岩　124
石墨化度　166
石基　56
接合面　11
接触変成域　120
接触変成岩　120
接触変成作用　120
線構造　125

造岩鉱物　2
双晶　11
相転移　12
双変領域　46
相律　43
組成累帯構造　15

ソリダス　64
ソルバス　16
ソレアイト系列　82

た　行

体積　49
タイライン　131
タイライン転換反応　132
大陸衝突帯　153
大陸プレート　93
多形　12
脱水融解（反応）　109, 170
単位格子　4
炭酸塩鉱物　38
単斜輝石　28
端成分　14
断熱減圧過程　91
単変曲線　46

チェルマック置換　27
地温勾配　118
地質温度圧力計　161
秩序状態　13
秩序-無秩序相転移　14
中央海嶺玄武岩　91
中間質　59
中性岩　57
超塩基性岩　57
超塩基性変成岩　124
超苦鉄質　59
超高圧変成岩　138
超高圧変成作用　186
超高温変成岩　138
超高温変成作用　186
長石族　22
調和融解　170
沈積岩　58

対になった変成帯　151

泥質変成岩　123
適合元素　96
てこの原理　66

同化作用　97
同形　13
島弧　88
島弧玄武岩　92
島弧ソレアイト　92
等粒状組織　56
時計回りの温度-圧力経路　174

な　行

熱的障壁　83

ノルム鉱物　197

は　行

パーアルミナス　103
配位数　7
背弧海盆　95
High-Field-Strength（HFS）元素　96
斑晶　56
斑状組織　56
斑状変晶　125
反時計回りの温度-圧力経路　176
反応系　69
反応原理　75
反応点　69

非アルカリ岩　81
非調和融解　170

不一致融解　170
フィールド温度-圧力曲線　150
フェミック鉱物　198
副成分鉱物　2
不混和　16
プチスポット　88
不適合元素　96
部分融解　58
不変点　46
プレート　90

246

索　引

プレート収束境界　88
プレートテクトニクス　151
プレート発散境界　88
分配係数　165
分別結晶作用　75

平衡結晶作用　75
劈開　12
劈開面　12
変形作用　118
変成岩　117
変成作用　117
変成条件　138
変成相　138
変成相系列　150
変成度　117
変成分帯　148
変成流体　118

包晶系　69

捕獲岩　77
ホットスポット　88
ホットリージョン　88
ポテンシャル・マントル温度　91
本源マグマ　83

ま　行

マグマ　55
マントル　2
マントル・ウェッジ　52
マントルプルーム　94

無秩序状態　13

メタアルミナス　103
面角一定の法則　11
面構造　125
面指数　11

や　行

融点　65

ら　行

Large-Ion-Lithofile（LIL）元素　96

リキダス　64
リキダス相　68
理想溶液　205
リソスフェア　90
流体圧　207
離溶　16
緑れん石族鉱物　39

累進変成作用　118

裂開　12
連晶　12

247

欧文索引

A

accessory minerals 2
ACF diagram 134
acidic rock 57
activation energy 21
activity 107
activity coefficient 163
adiabatic decompression process 91
A″FM diagram 136
AKF diagram 134
alkaline rock 81
amphibole group 32
anticlockwise P-T path 176
assimilation 98
asthenospher 90
axial angle 4

B

back-arc basin 95
basic metamorphic rock 124
basic rock 57
blueschist facies 146
buffer action 168

C

calc-alkaline series 82
calcic metamorphic rock 124
carbonate mineral 38
chemical formula 194
chemical potential 44
CIPW norm 197
Clausius-Clapeyron equation 48
cleavage 12
cleavage plane 12
clinopyroxene 28
clockwise P-T path 174
compatible element 96
compositional zonal structure 15
compositional zoning 15
composition plane 11
congruent melting 170
contact metamorphic aureole 120
contact metamorphic rock 120
contact metamorphism 120
continental collision belt 153
continental plate 93
convergent plate boundary 88
coordination number 7
core 2
cotectic line 72
counter-clockwise P-T path 176
crystal 2
crystal axis 4
crystal face 10
crystal habit 10
crystallization differentiation 75
crystal plane 10
crystal structure 1
crystal system 4
cumulate 58

D

deformation 118
degree of graphitization 166
degrees of freedom 44
dehydration melting 109
discrimination diagram 97
disordered state 14
distribution coefficient 165
divariant field 46
divergent plate boundary 88

E

edenite substitution 33
element partition coefficient 96
endmember 14
enthalpy 49
entropy 49
epidote group mineral 39
equigranular texture 56
equilibrium crystallization 75
eutectic point 67
eutectic system 66
excess component 135
exchange reaction 164
exsolution 16
extensive variable 43

F

feldspar group 22

feldspathoid group 25
felsic 59
felsic mineral 55
field P-T curve 150
fixed component 45
flood basalt 96
fluid pressure 207
foliation 125
fractional crystallization 75
free energy 49
freezing point 65
freezing-point depression 66
fugacity 37

G

garnet group 36
geothermal gradient 118
geothermobarometry 161
Gibbs method 181
Gibbs' phase rule 43
groundmass 56

H

holocrystalline 56
hot region 88
hotspot 88
hydration reaction 117

I

IAB 92
IAT 92
ideal solution 205
immiscibility 16
impact metamorphism 122
incompatible element 96
incongruent melting 170
index mineral 147
index of crystal plane 11
inert component 45
intensive variable 43
intergrowth 12
intermediate 59
intermediate rock 57
invariant point 46
ionic radius 7
island arc 88
island arc basalt 92
island arc tholeiite 92
isograd 149
isomorphism 13

L

lattice plane 10
law of constancy of interfacial angles 11
lever rule 66
lineation 125
liquid phase 64
liquidus 64
liquidus phase 68
liquidus surface 72
lithosphere 90

M

mafic 59
mafic metamorphic rock 124
mafic mineral 55
magma 55
mantle 2
mantle plume 94
mantle wedge 52
melting point 65
metaluminous 103
metamorphic conditions 138
metamorphic facies 138
metamorphic facies series 150
metamorphic field gradient 150
metamorphic fluid 118
metamorphic grade 117
metamorphic rock 117
metamorphic zonal mapping 148
metamorphism 117
metastable condition 208
metastable phase 21
mica group 26
mid-ocean ridge basalt 91
mineral 1
mineral assemblage 117
mineral modal composition 60
mineralogical phase rule 45
mineral zone 148
minimum melting point 67
MORB 91

N

normative mineral 197

O

ocean floor basalt 91
oceanic plate 90
ocean island basalt 95
ocean island tholeiite 95
OIB 95
OIT 95
olivine group 35
order-disorder transition 14
ordered state 13
original magma 83
orthopyroxene 28

P

paired metamorphic belts 151
parental magma 83
partial melting 58
parting 12

249

partition coefficient 165
pelitic metamorphic rock 123
peraluminous 103
perfectly mobile component 45
peritectic system 69
peritictic point 69
petit-spot 88
petrogenetic grid 157
phase transition 12
phenocryst 56
plate 90
plate tectonics 151
PMT 91
polymorphism 12
porphyritic texture 56
porphyroblast 125
potential mantle temperature 91
primary magma 58
prograde metamorphism 117
progressive metamorphism 118
P-T path 174
P-T pseudosection 160
pyroxene group 28
pyroxene quadrilateral 29

Q

quartzo-feldspathic metamorphic rock 123

R

rare earth element 39
reaction point 69
reaction principle 75
reaction system 69
recrystallization 117
REE 39
regional metamorphic belt 119
regional metamorphic rock 119
regional metamorphism 119
regular solution 205
retrograde metamorphism 118
ridge 88
rock 1
rock-forming minerals 2

S

Schereinemakers' rule 47
seamount 93
shock metamorphism 122
silicate minerals 5
skarn 122
slab 52
solid phase 64
solid pressure 207
solid solution 14
solidus 64
solvus 16
subalkaline rock 81
subsolidus 67
super plume 96

T

terminal reaction 133
thermal divide 83
tholeiitic series 82
tie-line 131
tie-line switching reaction 132
trench 88
tschermak substitution 27
twin 11

U

ultrabasic rock 57
ultra-high pressure metamorphic rock 138
ultra-high pressure metamorphism 186
ultra-high temperature metamorphic rock 138
ultra-high temperature metamorphism 186
ultramafic 59
ultramafic metamorphic rock 124
unit cell 4
univariant line 46

V

vapor-absent dehydration melting reaction 170
volatiles 97
volume 49

X

xenolith 77

岩石・鉱物名索引

あ 行

アクチノ閃石　33
アスベスト　53
アダカイト　99
アラレ石　38
アルカリ玄武岩　83
アルビタイト　126
アルマンディン　36
アルミノセラドナイト　27
アンケライト　38
安山岩　98
アンドラダイト　36

石綿　53
イーストナイト　27
異剝石　12
インド石　41

ウィンチ閃石　34
ウヴァロバイト　36
ウグランダイト　36
ウラストナイト　198
ウルボスピネル　37

エクロジャイト　147, 187
エジリン　30
エデン閃石　33
エンスタタイト　28, 198

黄鉄鉱　21, 167
黄銅鉱　170
大隅石　191
オージャイト　29
オパール　2
オンファス輝石　30

か 行

灰曹長石　165
灰長石　22, 198
灰れん石　39
角閃岩　139
角閃石　32
花こう岩　103
花こう閃緑岩　102
火山岩　55
霞石　25
火成岩　55
滑石　124
褐れん石　39
カーボナタイト　88
カミングトン閃石　33
カリ霞石　26
カリ長石　22
カルシライト　26
カルパチア石　2
カンラン岩　3
カンラン石　35, 198
カンラン石ソレアイト　83

輝石　28
キュムリ石　40
金雲母　26
菫青石　41, 103
キンバリー岩　122

苦灰岩　122
苦灰石　38
クトナホライト　38
グラニュライト　139
クリストバル石　21
クリノゾイサイト　39
クリプトメレン　18

グリュネ閃石　33
黒雲母　27
クロス閃石　34
グロッシュラー　36
クロマイト　198
クロム苦土鉱　37
クロム鉄鉱　37
クロリトイド　41

珪線石　12
珪長質片麻岩　187
結晶片岩　119
玄武岩　56

紅柱石　12
紅れん石　39
黒曜石　55
コース石　21, 187
コマチアイト　58
コランダム　51, 198
コンドライト　122

さ 行

ザイフェルト石　21
砂岩　123
ザクロ石　36
定永閃石　33
讃岐岩　98
サフィリン　191

磁鉄鉱　37, 198
シデライト　38
シデロフィライト　27
斜長岩　1
斜灰れん石　39
蛇紋岩　93, 124
蛇紋石　18, 124

岩石・鉱物名索引

十字石　40
重土長石　40
準片麻岩　187
蒸発岩　126
磁硫鉄鉱　167
ジルコン　18
白雲母　26
深成岩　55

スティショフ石　21
ストロンチアン石　38
スペッサルティン　36

正長石　24, 198
正片麻岩　187
石英　19, 198
石英ソレアイト　83
赤鉄鉱　37, 198
石墨　12
セッコウ　2
ゼードル閃石　33
閃緑岩　102

ゾイサイト　39
曹長岩　126
曹長石　22, 126, 198
ソレアイト　81

た 行

ダイヤモンド　12
濁沸石　140
タルク　124

チェルマック閃石　33
チタナイト　111, 198
チタン鉄鉱　37, 198
千葉石　2
長石　22
直閃石　33

ディオプサイド　28, 198
デイサイト　56
泥質片麻岩　187
チェルマック輝石　29

鉄雲母　26
鉄スピネル　37

毒重石　38
トーナル岩　110
トリディマイト　21
トレモラ閃石　51
トロニエム岩　110
ドロマイト　38, 122

な 行

南極石　2

ネフェリン　25, 198

は 行

ハイパーシン　198
パイラルスパイト　36
パイロープ　36
パイロクスマンガン石　169
パイロフィライト　158
パーガス閃石　33
白榴石　26
ばら輝石　169
パラゴナイト　26
ハルツバージャイト　77
バロワ閃石　34
パンペリー石　39
斑れい岩　56

ピジョン輝石　28, 191
ヒスイ輝岩　126
ヒスイ輝石　30, 126

ファイアライト　35
ファヤライト　198
フェロシライト　29, 198
フェロ藍閃石　34
フェンジャイト　27
フォルステライト　35, 198
普通角閃石　33

普通輝石　29
沸石　17, 139
ぶどう石　39
ブラウン鉱　170
プレーナイト　39
噴出岩　55

ペグマタイト　22
ヘデンバージャイト　29, 198
ペロブスカイト　17
変泥質岩　123
変斑れい岩　42, 126
片麻岩　119

方解石　38
方沸石　140
ボーキサイト　126
ホランド鉱　18
ホルンフェルス　122
ホルンブレンド　33

ま 行

マーガライト　26
マグネサイト　38
マグネシオリーベック閃石　34

ミグマタイト　118
ミルメカイト　12

無人岩　98
ムライト　186

モナルバイト　25

ら 行

藍晶石　12
藍閃石　34

リヒター閃石　113
リーベック閃石　34
榴輝岩　147

岩石・鉱物名索引

硫砒鉄鉱　170
流紋岩　56
リューサイト　26
菱苦土鉱　38
菱鉄鉱　38
菱マンガン鉱　38
緑色片岩　139
緑泥石　124
緑れん石　39, 139
リン灰石　135, 198
鱗珪石　21

ルチル　37, 198

レールゾライト　77

ローソン石　40
ロードクロサイト　38

わ　行

ワイラケ沸石　140

欧　文

actinolite　33
adakite　99
aegirine　30
albite　22, 198
albitite　126
alkaline basalt　83
allanite　39
almandine　36
aluminoceladonite　27
amphibole　32
amphibolite　139
analcime　140
andalusite　12
andesite　98
andradite　36
ankerite　38
annite　26
anorthite　22, 198
anorthosite　1
antarcticite　2

anthophyllite　33
apatite　135, 198
aragonite　38
arsenopyrite　170
asbestos　53
augite　29

barroisite　34
basalt　56
bauxite　126
biotite　27
boninite　98
braunite　170

calcite　38
carbonatite　88
celsian　40
chalcopyrite　170
chibaite　2
chlorite　124
chloritoid　41
chondrite　122
chromite　37, 198
clinozoisite　39
coesite　21, 187
cordierite　41, 103
corundum　51, 198
cristobalite　21
crossite　34
cryptomelane　18
crystalline schist　119
cummingtonite　33
cymrite　40

dacite　56
diallage　12
diamond　12
diopside　28, 198
diorite　102
dolomite　38, 122
dolostone　122

eastonite　27
eclogite　147, 187
edenite　33

effusive rock　55
enstatite　28, 198
epidote　39, 139
evaporite　126

fayalite　35, 198
feldspar　22
ferroglaucophane　34
ferrosilite　29, 198
forsterite　35, 198

gabbro　56
garnet　36
gedrite　33
glaucophane　34
gneiss　119
granite　103
granodiorite　102
granulite　139
graphite　12
greenschist　139
grossular　36
grunerite　33
gypsum　2

harzburgite　77
hedenbergite　29, 198
hematite　37, 198
hercynite　37
hollandite　18
hornblende　33
hornfels　122
hypersthene　198

igneous rock　55
ilmenite　37, 198
indialite　41

jadeite　30
jadeitite　126

kalsilite　26
karpatite　2
K-feldspar　22
kimberlite　122

253

komatiite　58
kutnohorite　38
kyanite　12

laumontite　140
lawsonite　40
leucite　26
lherzolite　77

magnesiochromite　37
magnesioriebeckite　34
magnesite　38
magnetite　37, 198
margarite　26
metagabbro　42, 126
metapelite　123
migmatite　118
monalbite　25
mullite　186
muscovite　26
myrmekite　12

nepheline　25, 198

obsidian　55
oligoclase　165
olivine　35, 198
olivine tholeiite　83
omphacite　30
opal　2
orthoclase　24, 198
orthogneiss　187
osumilite　191

paragneiss　187

paragonite　26
pargasite　33
pegmatite　22
peridotite　3
perovskite　17
phengite　27
phlogopite　26
piemontite　39
pigeonite　28, 191
plutonic rock　55
prehnite　39
pumpellyite　39
pyralspite　36
pyrite　21, 167
pyrope　36
pyrophyllite　158
pyroxene　28
pyroxmangite　169
pyrrhotite　167

quartz　19, 198
quartz tholeiite　83

rhodochrosite　38
rhodonite　169
rhyolite　56
richterite　113
riebeckite　34
rutile　37, 198

sadanagaite　33
sandstone　123
sanukitoid　98
sapphirine　191
seifertite　21

serpentine　18, 124
serpentinite　93, 124
siderite　38
siderophyllite　27
sillimanite　12
spessartine　36
staurolite　40
stishovite　21
strontianite　38

talc　124
tholeiite　81
titanite　111, 198
tonalite　110
tremolite　51
tridymite　21
trondhjemite　110
tschermakite　29, 33

ugrandite　36
ulvöspinel　37
uvarovite　36

volcanic rock　55

wairakite　140
winchite　34
witherite　38
wollastonite　198

zeolite　17, 139
zircon　18
zoisite　39

著者紹介

榎並正樹（えなみ　まさき）

略　歴　1976年金沢大学理学部地学科卒業，1981年名古屋大学大学院理学研究科地球科学専攻・博士（後期）課程単位取得退学．1981年日本学術振興会奨励研究員，1984年名古屋大学理学部助手，1993年名古屋大学理学部助教授，2000年名古屋大学大学院理学研究科教授，2001年名古屋大学大学院環境学研究科教授などを経て，2012年より現職．
2008年日本地質学会賞受賞，2008年 Mineralogical Society of America Fellow 等．

現　在　名古屋大学名誉教授・理学博士
専　攻　地球惑星科学，岩石学
著　書　『アスベストーミクロンサイズの静かな時限爆弾―』（分担，2006年，東北大学出版会），『日本地方地質誌＜4＞中部地方』（分担，2006年，朝倉書店），"Reviews in Mineralogy & Geochemistry 56: Epidotes"（分担，2004年，Mineralogical Society of America & Geochemical Society）等．

現代地球科学入門シリーズ 16
岩石学

Introduction to
Modern Earth Science Series
Vol.16
Petrology

2013年9月15日　初版1刷発行
2024年9月1日　初版5刷発行

著　者　榎並正樹　©　2013
発行者　南條光章
発行所　共立出版株式会社
〒112-0006
東京都文京区小日向4丁目6番地19号
電話　03-3947-2511（代表）
振替口座　00110-2-57035
URL　www.kyoritsu-pub.co.jp

印刷
製本　藤原印刷

一般社団法人
自然科学書協会
会員

検印廃止
NDC 458, 459

ISBN 978-4-320-04724-2　Printed in Japan

■地学・地球科学・宇宙科学関連書　www.kyoritsu-pub.co.jp　共立出版

地質学用語集 和英・英和 ……… 日本地質学会編	国際層序ガイド 層序区分・用語法・手順へのガイド ……… 日本地質学会訳編
地球・環境・資源 地球と人類の共生をめざして 第2版 ……… 内田悦生他編	地質基準 ……… 日本地質学会地質基準委員会編著
地球・生命 その起源と進化 ……… 大谷栄治他著	東北日本弧 日本海の拡大とマグマの生成 ……… 周藤賢治著
グレゴリー・ポール恐竜事典 原著第2版 ‥ 東　洋一他監訳	地盤環境工学 ……… 嘉門雅史他著
天気のしくみ 雲のでき方からオーロラの正体まで ……… 森田正光他著	岩石・鉱物のための熱力学 ……… 内田悦生他著
竜巻のふしぎ 地上最強の気象現象を探る ……… 森田正光他著	岩石熱力学 成因解析の基礎 ……… 川嵜智佑著
桜島 噴火と災害の歴史 ……… 石川秀雄著	同位体岩石学 ……… 加々美寛雄他著
大気放射学 衛星リモートセンシングと気候問題へのアプローチ ……… 藤枝　鋼他共訳	岩石学概論（上）記載岩石学 岩石学のための情報収集マニュアル ……… 周藤賢治他著
土砂動態学 山から深海底までの流砂・漂砂・生態系 松島亘志他編著	岩石学概論（下）解析岩石学 成因的岩石学へのガイド ……… 周藤賢治他著
海洋底科学の基礎 ……… 日本地質学会「海洋底科学の基礎」編集委員会編	地殻・マントル構成物質 ……… 周藤賢治他著
ジオダイナミクス 原著第3版 ……… 木下正高監訳	岩石学Ⅰ 偏光顕微鏡と造岩鉱物（共立全書 189）……… 都城秋穂他共著
プレートダイナミクス入門 ……… 新妻信明著	岩石学Ⅱ 岩石の性質と分類（共立全書 205）……… 都城秋穂他共著
地球の構成と活動（物理科学のコンセプト7）……… 黒星瑩一訳	岩石学Ⅲ 岩石の成因（共立全書 214）……… 都城秋穂他共著
地震学 第3版 ……… 宇津徳治著	偏光顕微鏡と岩石鉱物 第2版 ……… 黒田吉益他共著
水文科学 ……… 杉田倫明他編著	宇宙生命科学入門 生命の大冒険 ……… 石岡憲昭著
水文学 ……… 杉田倫明訳	現代物理学が描く宇宙論 ……… 真貝寿明著
環境同位体による水循環トレーシング ……… 山中　勤著	めぐる地球 ひろがる宇宙 ……… 林　憲二他著
陸水環境化学 ……… 藤永　薫編集	人は宇宙をどのように考えてきたか ……… 竹内　努他共訳
地下水モデル 実践的シミュレーションの基礎 第2版 ‥ 堀野治彦他訳	多波長銀河物理学 ……… 竹内　努訳
地下水流動 モンスーンアジアの資源と循環 ……… 谷口真人編著	宇宙物理学（KEK物理学S 3）……… 小玉英雄他著
環境地下水学 ……… 藤縄克之著	宇宙物理学 ……… 桜井邦朋著
復刊 河川地形 ……… 高山茂美著	復刊 宇宙電波天文学 ……… 赤羽賢司他共著